海技士2E
解説でわかる
問題集

商船高専海技試験問題研究会 編

海 文 堂

収録問題の選定や分類に際しては
東京海洋大学海技試験研究会編
『海技士2E徹底攻略問題集』
を参考にさせていただきました。

第4版はしがき

　海技試験には，大きな特徴があります。それは，「機関に関する科目（その三）」における計算問題の数値に一部変更がある以外は，過去の問題がそのまま出題されるということです。このため，一見，簡単に合格できそうですが，出題される問題や試験問題集の解答には専門用語が多く，暗記のみに頼った勉強では合格は難しいと言えます。2級海技士の筆記試験合格は，就職において有利になるため，多くの学生が挑戦しますが，暗記するにはボリュームがあり，途中で挫折する学生を多く見てきました。

　このため本書は，解答の丸暗記ではなく，解答の内容が理解されやすいように，参考となる図や専門用語の解説を多く加えた問題集となっています。紙数に限りがあるため，参考書のような詳細な解説はできませんが，必要最少限の図と解説を掲載しました。また，本書は2014年2月定期から2023年10月定期までの10年間の問題に加え，2013年10月定期以前でも出題が予想される問題を加えて掲載していますが，過去の問題がそのまま出題される海技士試験においては，直近に出題された問題を試験勉強の対象から外すことができます。このため，今回，2014年2月定期から2023年10月定期までの過去10年間に出題された問題の出題年月を，本文中に2014年2月定期試験の場合，1402のように4桁の数字で表記しました。出題頻度や出題傾向を予測する際の参考にしてください。このように，本書は受験者の合格を支援できる問題集となっており，2級海技士試験の受験対策用問題集として自信を持ってお勧めできます。

　本書を十分に活用され，受験者諸氏が一人でも多く合格されることをお祈りいたします。そして，今後のご活躍に寄与できれば幸いです。

　おわりに，本書の編集に貢献いただきました先生方及び海文堂出版の熱意に対して厚く感謝申し上げます。

令和6年2月吉日　　　　　　　　　　　　　　　　　　編者代表　中島邦廣

本書の利用法など

1．解答の書き方について

問題には，下記のように，解答に項目のみを求める場合があります。

> 問　燃料油の添加剤を使用する場合，その効果を考慮しなければならないが，添加剤の効果にはどのようなものがあるか。4つあげよ。

このような場合，本書でも解答は次のように項目のみを記載しています。

解答
① 燃焼の促進
② 水分の分離
③ スラッジの分散
④ セタン価の向上

しかし，実際の試験においては，次に示す下線部のような補足書きがあれば丁寧な解答になるでしょう。

解答
燃料油添加剤の効果には
① 燃焼の促進
② 水分の分離
③ スラッジの分散
④ セタン価の向上
などがある。

本書に示してある解説などからも補足すると，より丁寧な解答になります。

2．解説について

本書では，解答を理解する上で参考になる　解説　欄を設けました。
（注）：解答上の注意事項や補足説明を記載しています。
◆：専門用語の説明を記載しています。

3．挿入図について

《**解答図**》： 問題に「図を描いて説明せよ。」のように略図などが求められた場合に，解答に必要な図を表しています。

　上記以外の図は解答に描く必要はありません。題意を理解する上での参考にしてください。

4．出題年月の表記について

　本文中に，2014 年 2 月定期試験から出題された年月を 4 桁の数字で表記しています。

5．ボイラの問題について

　　　　☐で囲んである問題は「二級機」対象問題を表しています。
　　　　☐で囲んである問題は「二級内」対象問題を表しています。

目　次

機関その一
 1　蒸気タービン ……………………………………… *1*
 2　ガスタービン ……………………………………… *25*
 3　ディーゼル機関 …………………………………… *36*
 4　ボイラ ……………………………………………… *92*
 5　プロペラ …………………………………………… *131*

機関その二
 1　ポンプ ……………………………………………… *153*
 2　冷凍装置 …………………………………………… *168*
 3　電気 ………………………………………………… *178*
 4　計測装置 …………………………………………… *210*
 5　油圧回路 …………………………………………… *225*
 6　油清浄機 …………………………………………… *234*
 7　空気圧縮機 ………………………………………… *236*
 8　イナートガス装置 ………………………………… *242*
 9　海洋生物付着防止装置等 ………………………… *244*
 10　配管装置 ………………………………………… *247*

機関その三
 1　燃料油・潤滑油 …………………………………… *253*
 2　金属材料 …………………………………………… *264*
 3　船舶工学 …………………………………………… *277*
 4　計算問題 …………………………………………… *282*
 5　製図 ………………………………………………… *308*

執務一般 ……………………………………………… *327*

索引 …………………………………………………… *362*

機関その一

1 蒸気タービン

> **問1** 蒸気タービンのノズルに関する次の問いに答えよ。　（1607/2302）
> (1) ノズルの出口圧が，入口圧に対する臨界圧より高い場合及び低い場合は，それぞれどのようなノズルを使用するか。
> (2) 下記㋐～㋓のタービンは，上記(1)の2種のノズルのうち，どちらのノズルをそれぞれ使用するか。
> 　㋐　カーチスタービン　　　㋑　ツェリータービン
> 　㋒　デラバルタービン　　　㋓　ラトータービン

解答
(1) ① 高い場合：先細ノズル　　② 低い場合：末広ノズル
(2) ① 先細ノズル：㋑，㋓　　② 末広ノズル：㋐，㋒

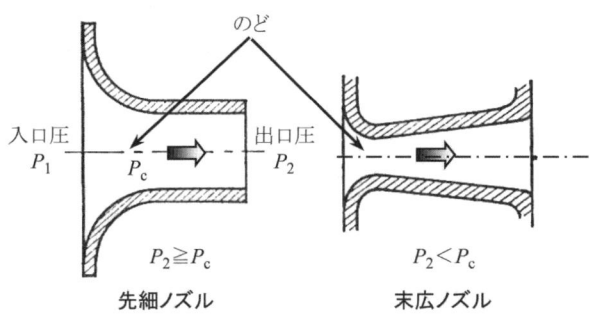

機関その一

解説

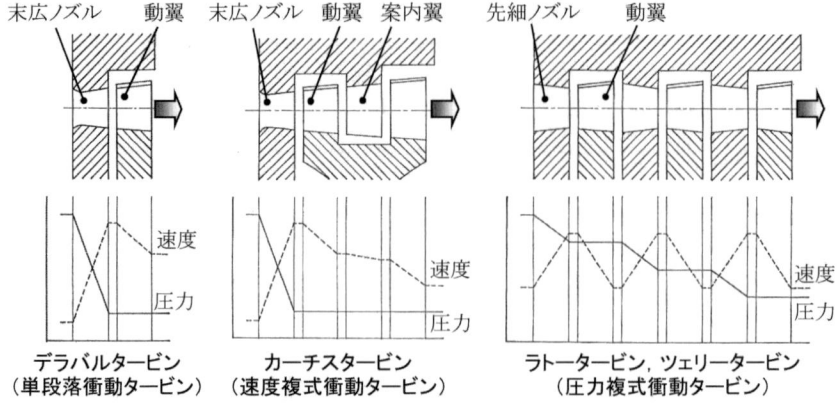

デラバルタービン
（単段落衝動タービン）　　カーチスタービン
（速度複式衝動タービン）　　ラトータービン，ツェリータービン
（圧力複式衝動タービン）

〔機関長コース1985年5月号「受験講座・蒸気タービン」第1回（橘高弘幸）より〕

◆蒸気タービン：タービンとは，羽根の付いた回転部分を持つ機械の総称をいう。タービンには高温高圧蒸気を利用した蒸気タービンや高温ガスを利用したガスタービン以外にも，水車や風車などの水力タービン，風力タービンがある。蒸気タービンは，蒸気を衝動タービンのノズルまたは反動タービンの静翼を通して膨張させ，蒸気の持つ熱エネルギを速度エネルギに変えて高速になった蒸気をロータの動翼に吹き付けてロータを回転させる。蒸気タービンには，蒸気の作動によって衝動タービンと反動タービンに大別される。

◆衝動タービン：ノズルから噴き出す高速の蒸気が，動翼（回転羽根）に衝突する際の衝撃力によってロータを回転させる。一段あたりの熱落差を大きくできるので，羽根が大形になり段数は少なくなる。

◆反動タービン：静翼（固定羽根，衝動タービンのノズルに相当）から噴き出す高速の蒸気が，動翼に衝突し衝撃力を与える過程までは同じであるが，動翼でも圧力降下させ，蒸気が高速で噴き出す反動力（ロケットの飛行原理と同じ）によってロータを回転させる。衝動式とは反対に一段あたりの熱落差が衝動式の半分程度のため，羽根は小形で段数が多くなる。

◆ノズル（噴出口）：流れの方向に流路断面積を小さくして（「絞り」という）流れを加速させる流路。ノズルに対して逆に流路断面積を拡大して流れを減速させる（または高圧にする）流路はディフューザという。ノズルは「静翼」ともいい，反動段では，羽根と同様な構造をしているので「固定羽根」とも

いう。カーチス段では「案内羽根」とも呼ばれる。
◆臨界圧：ノズル断面積の最小の箇所をのどという。のどにおける圧力を臨界圧（P_c）という。
◆静翼：蒸気の流動に対し案内の作用を行うとともに，反動タービンではノズルの作用も行う。案内羽根，固定羽根，固定翼ともいう。

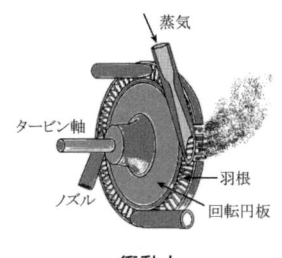

衝動力 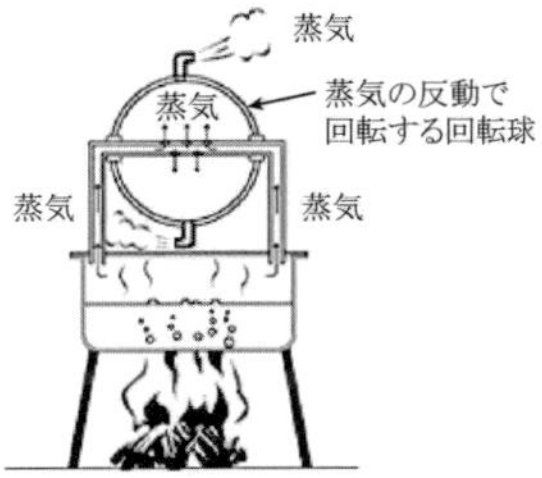　　　　　　　　**反動力**
〔新日本造機（株）HPを基に作成〕

問2 蒸気タービンのノズルに起こる次の(1)及び(2)の現象は，それぞれどのようなことか。概要を記せ。　　　　　（1510/1910/2307）
(1) 不足膨張　　　　(2) 過飽和

解答
(1) ノズル内で膨張（注1）が完了しないで，蒸気がノズルを出た後に背圧（外圧）以下に低下し，その後，背圧まで圧縮されて圧力が上昇する脈動流れが生じる現象
(2) 飽和または過熱度の低い蒸気が極めて短時間にノズル内で膨張すると，飽和蒸気線を超え，湿り域に達しても，凝縮する余裕がなく，一時的に乾き飽和蒸気として存在する（注2）現象

解説
（注1）ノズルの役目は蒸気の速度を高めることである。このため速度が高くなるとベルヌーイの定理より圧力は減少する。圧力が低くなると蒸気の体積は増加する。よって，ノズル内を蒸気が通過すると蒸気の体積が増すので"蒸気は膨張する"ことになる。ノズル内の蒸気が理想的に膨張することを完全膨張という。

(注2) 凝縮潜熱を放出しない（できない）ので湿り蒸気にならない。
◆ベルヌーイの定理：流体のもつ3つのエネルギの関係は「速度エネルギ＋圧力エネルギ＋位置エネルギ＝一定」という流体に関する法則。このため，位置エネルギを一定とすれば，流体の速度と圧力の間には，圧力が低下すると流体の速度は増加する関係が成り立つ。このためノズルでは圧力低下により蒸気の高速流が得られる。

問3　図は，衝動蒸気タービンの動翼の入口及び出口における蒸気の速度線図を示す。図に関する次の問いに答えよ。　　　　　　(1410/1610/1802/1907)
(1) $w_1 > w_2$ となる理由は，何か。
(2) 動翼の速度比は，どのような式で表されるか。
(3) 動翼の転向角は，どのような式で表されるか。
(4) 動翼の入口角及び出口角を大きくすると，転向角は大きくなるか，それとも小さくなるか。

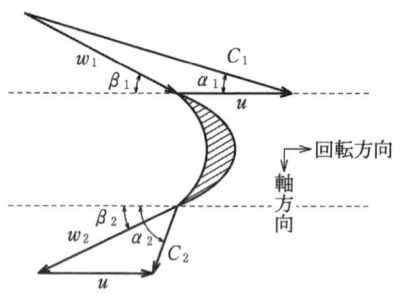

解答
(1) 損失がなければ $w_1 = w_2$ であるが，摩擦損失やうず流れ損失により減速されて $w_1 > w_2$ となる。
(2) 速度比 $\xi = u/C_1$
(3) 転向角 $\theta = 180 - (\beta_1 + \beta_2)$
(4) 小さくなる。

解説
◆速度比：ロータの回転速度が蒸気の噴流速度の何割かを表す。
◆転向角：蒸気が翼内を流れるとき，方向転換する角度を転向角といい，翼の湾曲の程度を示す。
◆速度線図：動翼の入口と出口における蒸気と動翼の速度との関係をベクトル図で表したもの。タービンの外から蒸気の流れを見ると，ノズルから噴出した蒸気は速度 C_1 で表される。一方，現実ではありえないが，仮に蒸気の流

れを，動翼から見たとすると，動翼は周速度 u で動いているので蒸気は動翼に対して速度 w_1 で進入する。入口（出口）角は翼の角度を表し，流入（流出）角は蒸気の角度を表す。

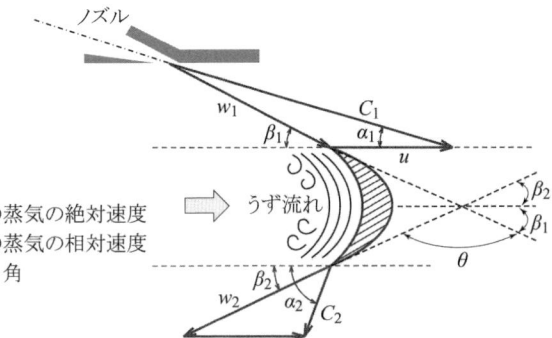

C_1, C_2：動翼入口，出口の蒸気の絶対速度
w_1, w_2：動翼入口，出口の蒸気の相対速度
β_1, β_2：動翼の入口，出口角
u：周速度
α_1：ノズル角

問4 衝動蒸気タービンに関する次の問いに答えよ。（1704/1810/2010/2210）
蒸気の速度線図において，ノズル角及び動翼入口における蒸気の相対速度は，どのように示されるか。

解答

α_1：ノズル角
w_1：動翼入口における蒸気の相対速度

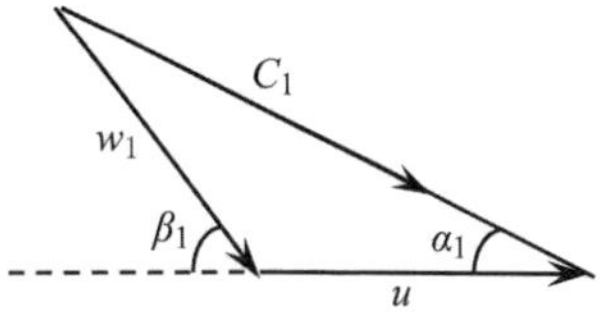

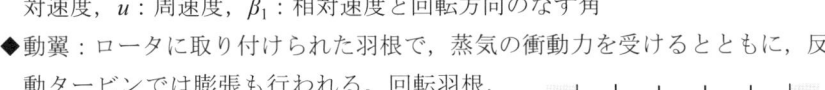

《解答図》

解説

（注）ただし，C_1：動翼入口における蒸気の絶対速度，u：周速度，β_1：相対速度と回転方向のなす角

◆動翼：ロータに取り付けられた羽根で，蒸気の衝動力を受けるとともに，反動タービンでは膨張も行われる。回転羽根，ブレード，回転翼ともいう。

◆相対速度と絶対速度：流速 u の川を A から B に向かう場合，船長は B′ に向かって速度 w で航行する。一方，岸から船を見ると速度 C で移動している。このように2つの速度は見

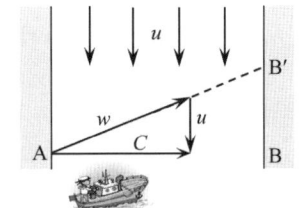

る位置により異なる。一方の速度（船の船長）から見た場合を相対速度といい，静止した場所（岸）から見た場合を絶対速度という。2台の電車の速度も，動いている一方の電車から他方の電車を見る場合と，静止したホームから2台の電車を見る場合で速度の見方が異なる。前者が相対速度，後者が絶対速度となる。

問5 衝動蒸気タービンの動翼に関する次の問いに答えよ。
(1) 運転状態が変化しても蒸気が動翼の背面に衝突しないようにするには，動翼の入口角をどのようにすればよいか。　　(1704/1810/2010/2210)
(2) 効率をよくするためには，動翼の出口角は入口角より大きくしたほうがよいか，それとも小さくしたほうがよいか。

解答
(1) 蒸気の流入角よりも動翼入口角を多少大きくする(注1)。
(2) 動翼の出口角は入口角よりも小さくする(注2)。

解説
(注1) 一般に $\beta_1 = \beta' + (2～5°)$ とされる。
(注2) 入口角より小さくすると蒸気通路は長くなり効率は良くなる。

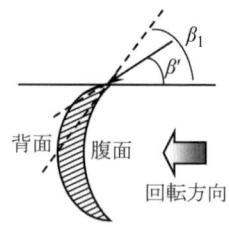

β_1：動翼の入口角
β'：蒸気の流入角

問6 蒸気タービンの動翼に関する次の問いに答えよ。
(1) テーパ翼を用いる目的は，何か。　　(1504/1904/2207)
(2) ねじれ翼を用いる目的は，何か。　　(1504/1904/2207)
(3) 動翼が損傷する場合の原因には，どのようなものがあるか。　　(2110)
(4) 速度線図から動翼のどのような事項を知ることができるか。　　(2110)

解答
(1) 回転中の翼に作用する最大の力は遠心力で，特に低圧段の長い翼で問題になる(注1)。強度の面からこの力を軽減する目的で翼の根元から先端にいくほど断面積を減少したテーパ翼を用いる。

(2) 長大な翼では，翼の根元と先端では翼の周速度が大きく異なるため，翼の入口角が同一の場合，翼の先端部分では蒸気は翼の背面に衝突する。そこで，蒸気が円滑に翼に流入するよう翼の入口角を周速度の違いに応じて変化させたねじれ翼を用いる。

(3)(注2)
① 暖機不十分あるいは無理な冷機によるタービンロータとケーシングとの接触
② ドレンアタック
③ 過回転
④ 翼材料の選定不良や翼の加工不良
⑤ ボイラからのキャリオーバなどによる異物の混入
⑥ 腐食疲労

(4)
① 蒸気が動翼に作用する機械仕事
② 運転時における出力や損失の概算
③ 翼の寸法，角度（入口角，出口角など），形状などの決定
④ 動翼の強度

テーパ付きねじれ翼
〔機関長コース1982年5月号71頁より〕

解説
(注1) 長大な翼では，翼自体の質量が大きく，また周速度も大きくなるので，遠心力により大きな応力が発生する。
(注2) 動翼の損傷には，羽根のき裂，折損，緩み，侵食及び腐食などがある。
◆テーパ：「傾斜」，「勾配」の意味
◆周速度：円運動における接線方向の速度で，動翼の速度を表す。
◆ドレンアタック：ドレン（水滴）による衝撃
◆キャリオーバ（気水共発）：蒸気ボイラ水中に溶けている固形物や水分が蒸気と共にドラム外に送り出される現象

問7 高圧及び低圧の2シリンダからなる蒸気タービンにおいて，衝動段（反動段）は，高圧（低圧）タービンに用いられる理由を述べよ。
（衝：1507/1710/2010/2202，反：1404/1702/1807/2107）

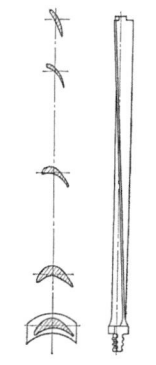

機関その一

|解答|
(1) 衝動段が高圧タービンに用いられる理由
　① 衝動段の動翼前後には圧力差がないため(注1)，翼先端での漏れ損失が少なく，温度変化の大きい高圧段で必要とされる翼先端のすきまを大きく取れる(注2)。
　② 1つの段の熱落差が大きいので(注3)，段数が少なく，タービン全長が短くなり，質量・容積が小さくできる。
　③ 第1段を部分流入としてノズル締切り調速とすることができるので(注4)，部分負荷での効率の低下が少ない。
　④ ノズル内で蒸気を膨張させるので高温高圧の蒸気を使用できる(注5)。
　⑤ 第1段での圧力降下が大きいので，以後の段は低圧となり設計が容易となる。
(2) 反動段が低圧タービンに用いられる理由
　① 低圧側では，翼が長く(注6)，段が低圧になるほど翼前後の圧力差が減少する(注7)。このため翼先端漏えい損失が減少し，低圧蒸気の熱落差を有効に利用できる。
　② 反動段は，連続的に蒸気が膨張するので(注8)，低圧側の比容積の大きい蒸気に対し，摩擦損失が少なく効率が良い。

|解説|
(注1) 衝動段では，蒸気の膨張（圧力降下）はノズルだけで行われ，動翼内では膨張しない。
(注2) 温度変化が大きい高圧段では，翼先端のすきまを大きくしないと熱膨張により翼と車室が接触する。
(注3) 衝動段では，高速蒸気を得るため，高圧蒸気を十分膨張させて，蒸気のもつ熱エネルギを速度エネルギに変換する。
(注4) 衝動段では，高速蒸気を動翼に吹き付けるので，全周にノズルを設ける必要はない。（かざ車を回す要領）
(注5) ノズルのみを高温高圧の過熱蒸気に耐えるような構造にすればよく，タービンは過度な力を受けない。
(注6) 翼先端の漏れ損失は，翼先端すきま／翼長さの比に比例するので，翼長さが大きくなると損失は小さくなる。
(注7) 反動段では動翼においても膨張するので，動翼前後には圧力差が生じ，

翼先端において漏れ損失が生じる。
（注8）反動段では，ノズルと動翼においても膨張するので連続的な膨張となる。

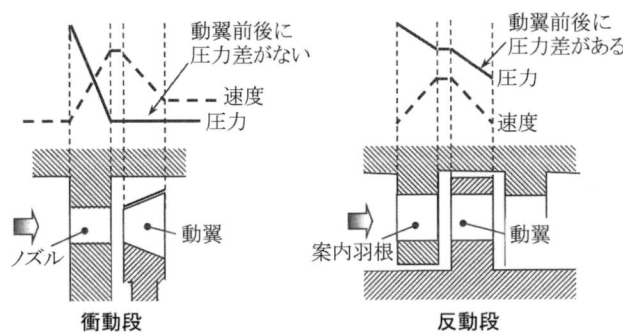

衝動段　　　　　　　　反動段

◆段：静翼と動翼の1組を1段という。
◆熱落差：入口，出口におけるエンタルピ（熱量，エネルギ）の差
◆比容積：単位質量当たりの容積（m³/kg）

問8　前進低圧蒸気タービンの排気側に接続して設ける後進蒸気タービンに関して，次の問いに答えよ。　　　　　　　　　（1502/1707/1902/2102）
(1) 後進タービンに用いられる形式は，一般に，何か。また，その形式が用いられる理由は，何か。
(2) 後進タービンの出力は，どのような事項を基準として決められるか。
(3) 後進運転中，排気が前進タービンに衝突するのを防止するため，どのような方法がとられているか。

解答
(1) カーチスタービン：小型で大出力が得られるため（注1）。
(2) ① 定格前進回転速度の50％の後進回転速度で，定格前進トルクの80％のトルクを発生でき，後進タービンの使用蒸気量が定格前進蒸気量以下であること。
　　② 定格前進回転速度の70％の回転速度で連続（30分以上）後進運転ができ，かつ，前進から後進に切り換えたとき，船舶に有効な制動を与えられること。

(3)（注2）
　①　円板状の排気除き板（デフレクタ）を設け，排気の方向を転換させる。
　②　排気案内板や排気案内羽根を設け，排気を復水器に導く。
　③　ディフューザ形排気室を採用する。

解説

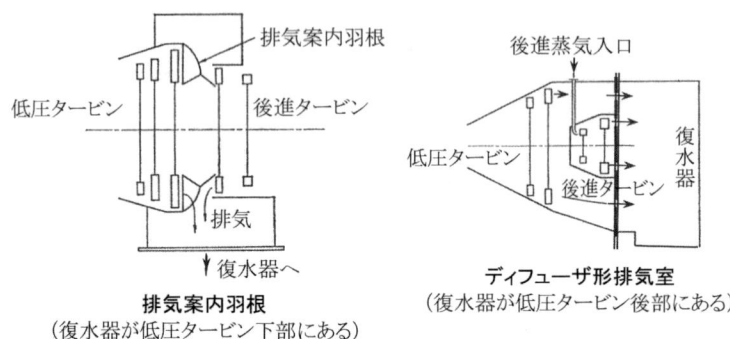

〔機関長コース 1981 年 3 月号「受験講座・蒸気機関とその取扱い」第 3 回（多田勝）より〕

(注1) 後進タービンは前進回転中空転するので，形及び長さが小さく簡単な構造とし，かつ大馬力が求められる。

(注2) 空転中の翼内に蒸気が入ると，蒸気が撹拌されて温度が急上昇し翼やケーシングを過熱する。

問9　蒸気タービンにおいて，復水器の真空度が一定の場合，排気の乾き度（湿り度）は，蒸気の初圧及び初温とどのような関係があるか。h–S 線図を描いて説明せよ。ただし，蒸気はタービン内にて断熱膨張をするものとする。
(1604/1804/2004/2207/2310)

解答

①　初温 T_1 を一定として，初圧を P_1 から P_2 に高め P_3 まで断熱膨張した場合，排気の乾き（湿り）度は X から X_2 へ減少する（増加する）。

②　初圧 P_1 を一定として，初温のみを T_1 から T_2 へ高めると，排気の乾き（湿り）度は X から X_1 へ増加する（減少する）。

1 蒸気タービン

解説

（注）「湿り度」が問いの場合は解答は（　）内となる。

◆乾き度：湿り蒸気（蒸気＋水）中の蒸気の割合で，湿り度は水の割合をいう。

◆断熱膨張：熱の出入りが無い状態での膨張。断熱変化はエントロピ S 一定で行われ，等エントロピ変化ともいう。

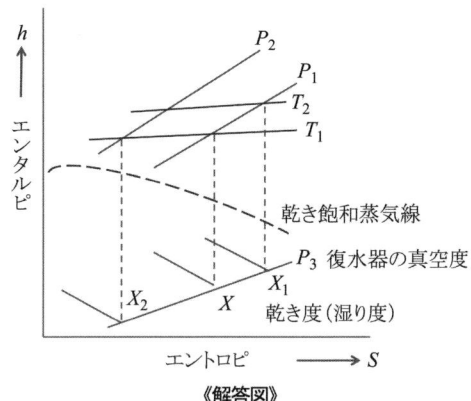

《解答図》

問10 図は，蒸気タービン主機において，2段抽気を行って表面式給水加熱器を使用した場合の再生サイクルの系統図を示す。図に関する次の問いに答えよ。

(1407/1602/1904)

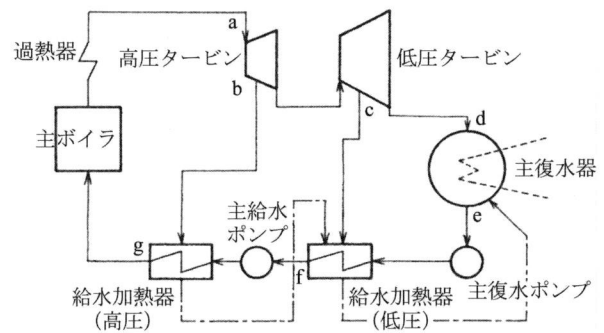

(1) 再生サイクルを T-S 線図に描いて，下記のa〜gの各点を示すと，どのようになるか。

　　a　高圧タービン入口点　　　b　第一段抽気点　　　c　第二段抽気点
　　d　主復水器入口点　　　　　e　主復水器出口点
　　f　給水加熱器（低圧）出口点　　g　給水加熱器（高圧）出口点

(2) 給水加熱器（高圧）へ入る第一段抽気の蒸気流量は，ある制御弁で制御されている。その名称は何か。

(3) 表面式給水加熱器は，混合式給水加熱器と比べてどのような利点と欠点があるか。（それぞれ1つずつあげよ。）

解答
(1) 図のとおり
(2) 抽気加減弁
(3) ①利点：蒸気側圧力と給水側圧力が互いに影響を受けない。
　　②欠点：熱交換効率が混合式よりも悪い。

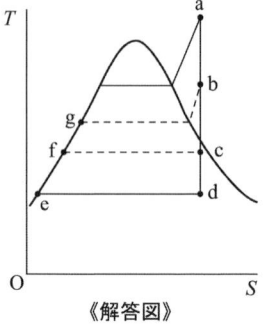

《解答図》

解説
◆抽気：抽出蒸気の略。タービン内から蒸気の一部を取り出し給水加熱などに利用する。
◆再生サイクル：タービン内から抽気した蒸気で給水を加熱して，復水器での放熱量を減少させ，熱効率を向上させる蒸気タービンの理論サイクルである。燃料消費量を抑えることができ，低圧タービンを小型化できる。
◆表面式給水加熱器：伝熱管を通して熱交換する給水加熱器。一方，混合式は蒸気と給水を直接混合する。

問11 蒸気タービン車室の上半を開放して検査した後，復旧する場合の注意事項をあげよ。　　　　　　　　　　　　　　　　　(2002/2304)

解答
① 圧縮空気を用いて車室内部を清掃し，落とし物や忘れ物，異物がないことを確認する。
② 支えを取り外し，車室が翼に接触することがないよう案内柱に沿って徐々に，また，水平に車室上半を下ろす。
③ 車室フランジ面に焼付き防止のためモリコートなどを塗布するが，締付けの際に内側へはみ出さないようにする(注1)。
④ フランジ締付けボルトはモリコートなどを塗布し，開放前と同じ穴に入れ，フランジ全体を均等に締め付ける。

1　蒸気タービン

解説

（注1）内側にはみ出すと，硬くなったモリコートと翼が接触する。

◆モリコート：焼付き防止剤。耐熱性の潤滑剤。高温で硬くなる。

蒸気タービン車室の上半開放

（案内柱／フランジ面）

問12　蒸気タービン車室の上半を開放した場合，計測する箇所をあげよ。
　　　　　　　　　　　　　　　　　　　　　　　（1502/1804/2104）

解答
① 　タービンロータの振れ
② 　ラビリンスパッキンのフィンと車軸との半径方向のすきま
③ 　動翼の半径方向及び軸方向のすきま
④ 　軸受のすきま及び摩耗量

解説
◆ロータ（回転子）：ロータの周上に蒸気を受ける動翼（回転羽根）が植え付けられている。

問13　蒸気タービンのジャーナル軸受の摩耗量を，次の(1)及び(2)の計測器具を用いて測定する方法についてそれぞれ記せ。
　　　　　　　　　　　　　　　　　（1407/1702/1810/2110/2307）
(1) デプスマイクロメータ　　　(2) ブリッジゲージ

解答
(1) 軸受上半部にあるマイクロメータ取付け孔にマイクロメータを取り付け，摩耗量を測定し基準すきまと比較する。
(2) 軸受上半部を取り外し，ブリッジゲージを取り付け，頂部・右舷・左舷の各すきまをすきまゲージで測定し基準すきまと比較して摩耗量を求める。

解説
（注）　軸受が摩耗すると，ロータ軸の下降によって半径方向すきまが変化し，

翼先端と車室内面やロータ軸とラビリンスが接触し大きな事故につながる。このため開放時の軸受摩耗量の測定は重要である。
◆ジャーナル軸受：主軸受ともいう。ロータ軸の半径方向の荷重を支持する。
◆デプス（depth）：深さのこと。

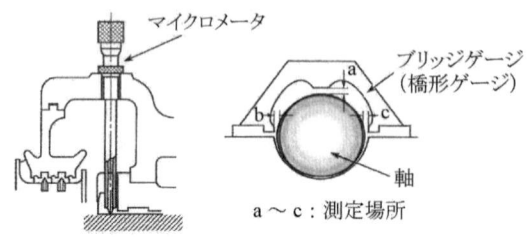

〔海技と受験 機関 定期試験解答集（平成9年10月定期試験）を基に作成〕

問14 2シリンダ形蒸気タービン主機における高圧タービンの車室とロータの膨張に関して，次の文の（　）の中に適合する字句を記せ。(1910)
(1) タービン車室とロータの膨張の差は，両金属の膨張率の差と（ ⑦ ）の相違によるが，一般に膨張率の差は少ないので，両者の膨張の差は，⑦の相違による影響が大きいと考えられる。
(2) 船尾側軸受台は据付け台に固定し，船首側軸受台は（ ⑦ ）脚（⑦支持板）で支持し，車室は船首方向へ自由に膨張できるようにする。ロータは船首側軸受台に設けた（ ⑦ ）を基準として膨張する。このため，車室とロータの膨張が（ ㊀ ）方向となって，軸方向の（ ㊂ ）の変化が比較的小さくなる。
(3) 始動にあたり，車室とロータは同じ割合で膨張しなくて，ロータが車室よりいくぶん（ ㊅ ）ので，この点に注意が必要である。

解答
⑦：温度　　⑦：たわみ　　⑦：スラスト軸受
㊀：反対　　㊂：すきま　　㊅：早

解説
（注）回転軸は運転時と休止時の間で伸び縮みするため，両端を固定できない。
◆スラスト軸受：ロータ軸の軸方向の荷重を支持する軸受

1 蒸気タービン

◆シリンダ：車室

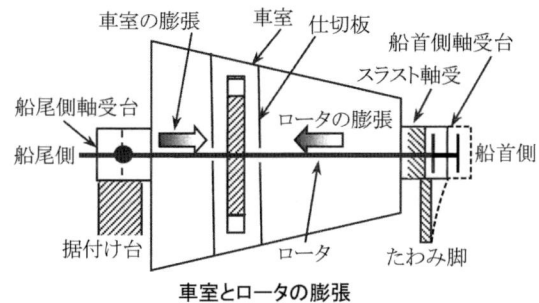

車室とロータの膨張

> 問15 蒸気タービンの調速に関する次の文の（　）の中に適合する字句を記せ。
> （1504/1902/2007/2204）
> (1) 絞り調速法では，低負荷時には，蒸気は操縦弁によって絞られるから，等（㋐）変化をし，このとき温度降下よりも圧力降下のほうが大きいから，（㋑）度が増加する。
> (2) ノズル締切り調速法では，低負荷時においてもタービン入口蒸気状態は変わらないが，第1段の熱落差が著しく増加して速度比が（㋒）くなる。
> (3) 低負荷時においては，絞り調速法の方がノズル締切り調速法よりも単位出力当たりの蒸気消費量は，（㋓）くなる。
> (4) 操縦弁やノズル弁には，弁座が3～6°のテーパ状になった（㋔）形弁座を用いて，蒸気の速度エネルギの一部を（㋕）として回収する。

解答
㋐：エンタルピ　㋑：過熱　㋒：小さ　㋓：多
㋔：ディフューザ　㋕：圧力

解説
◆調速：タービンの出力はタービンの回転速度を変化させて行い，回転速度の制御を調速という。出力は

出力 ≒ タービン効率 × タービン内での熱落差 × 蒸気流量

より求まるので，タービン効率を一定と仮定すれば，出力は蒸気流量または

熱落差，あるいはその両者を加減して行う。絞り調速は，絞り弁の開度を加減し，蒸気流量と熱落差を変化させて調速を行い，反動タービンや衝動タービンに使用する。ノズル締切り（ノズル加減）調速は，ノズル数を変更し，蒸気通路の断面積を増減させて蒸気流量を加減し調速を行う。衝動タービンだけに使用する。両形式を併用したものでは，出入港時の低速運転には絞り調速，航海中はノズル締切調速で調速する

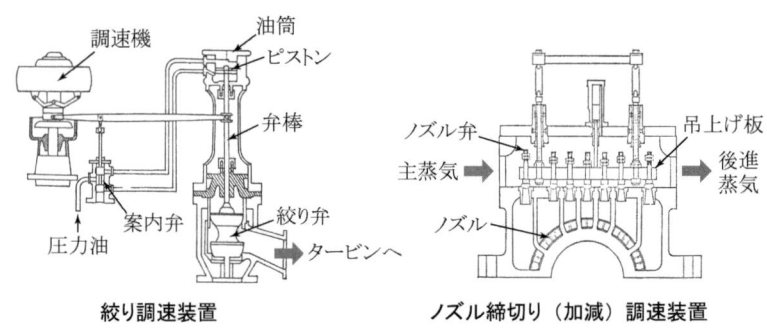

絞り調速装置　　　　ノズル締切り（加減）調速装置

〔久保利介『舶用ボイラ・タービン』を基に作成〕

問16　蒸気タービン主機のグランドパッキン蒸気に関する次の問いに答えよ。　　　　　　　　　　　　　　　　　　　　（1402/1704/2007）
(1) 入港時，グランドパッキン蒸気にドレンが含まれやすいのは，なぜか。
(2) グランドパッキン蒸気にドレンが含まれると，どのような害があるか。

解答
(1) 主機出力が低下すると，タービングランドからの漏えい蒸気が減少するのでグランドパッキン蒸気が補助蒸気管より供給されるが，それまで使用されていない補助蒸気管は冷態なので，供給される蒸気が冷やされドレンを含むことになる。
(2) ① ロータ軸の軸端部が冷却されるので，ロータ軸の不同膨張や軸の変形，タービンの振動の原因になる。
　　② ドレンにより，ラビリンスパッキン損傷の原因になる。

1 蒸気タービン

解説

◆グランドパッキン蒸気：ロータ軸が車室を貫通する部分を「グランド」といい，グランド部の気密装置を「グランドパッキン」という。蒸気タービンは気密装置にラビリンスパッキンを採用し，気密を完全にするためグランドパッキン部に蒸気を注入する。この蒸気をグランドパッキン蒸気という。

> **問17** 蒸気タービンのグランドパッキンには，遊動リング式（遊動式）ラビリンスパッキンが多く用いられるが，このパッキンの利点は何か。また，このパッキンの構造を略図を描いて示せ。　　　　（1410/1607/1907）

解答

① 利点
- 抑えばねにより，すきまを一定にして気密を保持するので発熱や摩耗が少ない。
- すきまが小さいので蒸気の漏えいが少ない。
- 抑えばねの作用によりロータ軸の振動などで両者が接触しても被害を最小限に抑えることができる。

② 図のとおり

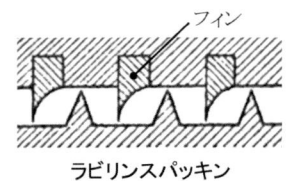
《解答図》

解説

◆ラビリンスパッキン：蒸気タービンの入口側では蒸気の圧力が高いために，タービン軸とケーシング（車室）のすきまから蒸気が漏れる。また，タービンの出口側は低圧であるので外部から空気が流入する。これらを防止するため高速回転のタービンでは接触型は焼付くのですきまを設けた軸封装置を用いる。黄銅（真ちゅう）あるいは特殊青銅製の鋭利な先端を持つ「フィン（ひれ）」を多数並べ，蒸気の漏れる通路にせまい部分と広い部分を交互に設けて，蒸気の圧力を次第に低下させて漏れを防ぐ。ラビリンスとは「迷路」の意味

問18 蒸気タービンのジャーナル軸受に関する次の問いに答えよ。
（1602/1802/2102）
(1) オイルホワールとは，どのような現象か。
(2) 軸受を油溝及び油すきまなどの相違から分類すると，軸受の形式は，圧力形のほかどのような形式があるか。（形式名をあげ，その概要を説明せよ。）
(3) 球面軸受を用いると，どのような利点があるか。

解答
(1) 油膜の作用に基づき，軸が軸中心回りを不安定に旋回運動すること。
(2) ① シリンダ形：標準形，真円形ともいい，すきま a, b が等しい。
　　② だ円形：すきま a, b が $a ≒ 2b$ の関係にある。
(3) 内輪と外輪が球面接触により，軸受が可動となり，軸のたわみに一致するように支持するため，軸と軸受の片当たりを防止できる。

《解答図》
シリンダ形 $a = b$
だ円形 $a ≒ 2b$
球面軸受（外輪（固定）／内輪（可動））

解説
◆ジャーナル軸受：主軸を支える軸受
◆ホワール：「回転」，「旋回」の意味

問19 蒸気タービン主機の2段歯車減速装置に関する次の問いに答えよ。
（1404/1510/1710/2202）
(1) たわみ軸は，歯車減速装置のどこに設けられるか。
(2) 上記(1)のたわみ軸を設置する理由は，何か。

解答
(1) 第1段大歯車と第2段小歯車との間
(2) ① 大歯車及び小歯車のかみ合い誤差を吸収する。
　　② プロペラからくる急激なトルク変動及び軸系の振動から歯面を保護す

③ 歯形のピッチ誤差を吸収する。

|解説|

◆たわみ軸：新造時，各車軸の中心線が一致していても，熱膨張や軸受の摩耗などにより軸心に誤差が生じ歯面を損傷する。このため，たわみ軸のたわみによって不当な応力が緩和され歯面を保護する。

◆減速装置：高速回転（5000 min^{-1}前後）が有利なタービンと低速回転（100 min^{-1}前後）で推進効率のよいプロペラとの間に設ける装置。伝達効率，減速比から歯車減速法が最も多く用いられる。

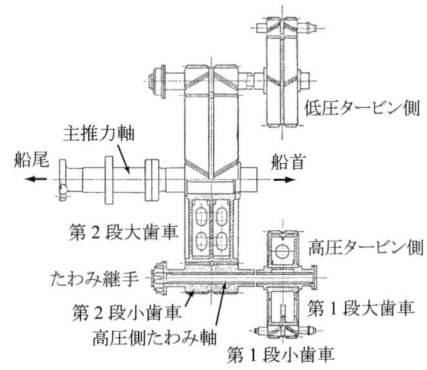

2段減速歯車装置
〔久保利介『舶用ボイラ・タービン』を基に作成〕

◆小歯車はピニオン，大歯車はホイールともいう。

|問20| 蒸気タービン主機の2段歯車減速装置の歯車に関する次の問いに答えよ。　　　　　　　　　　　　　　　　　　　（1507/2002/2310）
(1) 歯の摩耗は，どのようにして計測するか。　　（1404/1510/1710/2202）
(2) 歯当たり検査の記録は，どのようにして行うか。

|解答|

(1) ① 製造時の歯形に合わせて作った歯形ゲージを使用し，そのすきまを計測する。歯形ゲージを合わせた箇所に合いマークが打ってあるので，計測は必ずその歯で行う。

② 歯車計測用のすきまゲージで歯車のバックラッシを計測する。

③ その他の2～3か所についても歯の厚さを直接歯厚マイクロメータを用いて計測し摩耗量を調べる。

歯形ゲージ

(2) 大歯車に赤ペイント，小歯車に青ペイント（その逆でもよい）を2～3μm程度に薄く塗って，歯車を前後方向に回転して歯当たりを行い，それをセロハンテープで採取するか，写真やスケッチで記録する。

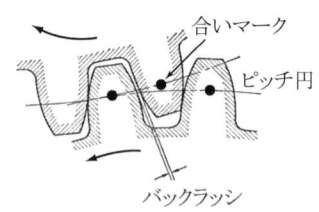

〔機関長コース1981年6月号「受験講座・蒸気機関とその取扱い」第6回（多田勝）を基に作成〕

解説
◆バックラッシ：歯車の噛み合い背面のすきま

問21 蒸気タービン主機の2段歯車減速装置において，歯車室内をのぞき穴から点検する場合の要領を記せ。　　　　　(2004/2302)

解答
給油を止めて減速装置をゆっくりターニングしながら以下についてのぞき穴から点検する。のぞき穴カバーを外す前に，のぞき穴付近を掃除しておく。
① 歯面のさび及び点食の有無ならびにその程度
② 歯面の歯当たり
③ 焼付きや傷などの損傷の有無
④ 油噴射器噴射穴の異物の有無
⑤ 給油を開始して噴油方向や噴油量などの噴油状況
　なお，のぞき穴を開放中は異物を内部に落とさないよう十分注意する。

解説
◆のぞき穴：内部点検用の穴
◆点食（ピッチング）：腐食による点状の傷
◆歯当たり：歯車と歯車の歯面の当たり具合。均一に接触していないと歯が欠ける。
◆焼付き：潤滑油が不足すると，歯面の表面が摩擦熱で溶け金属同士が固着すること。

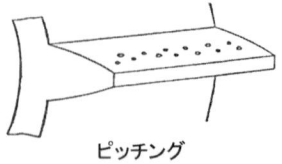

問22 図は，蒸気タービン主機の遊星歯車減速装置を示す。図に関する次の問いに答えよ。　　　　　　　　　　　　　　　　(1402/1707/2107)

(1) 遊星歯車減速装置を用いた場合，どのような利点があるか。
(2) この遊星歯車減速装置における減速比を式で表すと，どのようになるか。（図中の記号を用いて示せ。）
(3) 太陽歯車を矢印の方向に回転させると，出力軸は，㋐又は㋑のどちらへ回転するか。

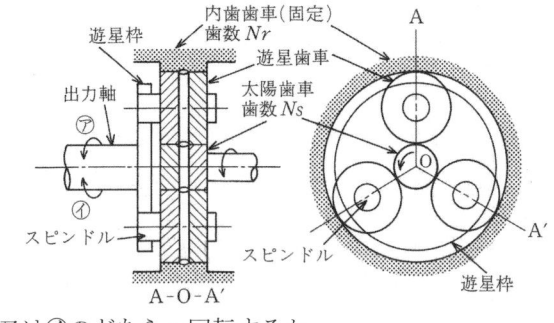

【解答】

(1) ① 小形軽量でコンパクトに設計できる。
　　② 多くの歯車で負荷を分担するので高速，高出力の減速に適する。
　　③ 伝達効率が高い。
　　④ 減速比が大きい。
　　⑤ 入力側と出力側が同軸上に配置できる(注1)。

(2) $1 + \dfrac{Nr}{Ns}$ (注2)

(3) ㋐の方向

【解説】

(注1) 良好なかみ合いができる。
(注2) 遊星歯車自身も内歯歯車を1回転する。

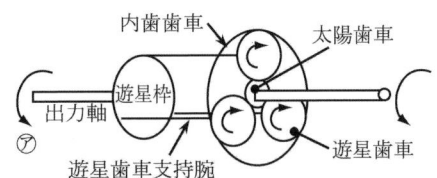

出力軸は遊星枠，支持腕を通して遊星歯車に接続されている。太陽歯車が矢印の方向に回転すると，内歯歯車は固定されているので出力軸は㋐の方向に回転する。

◆遊星歯車：遊星とは「惑星」のことで，太陽（太陽歯車）の周りを惑星（遊星歯車）が回ることをイメージした歯車

問23 蒸気タービンの主復水器に関する次の問いに答えよ。　(2304)

> (1) 真空度を高くするために，構造上どのような方法がとられているか。
> (2) 冷却管が漏えいした場合，どのような方法で漏えい管を発見するか。

【解答】
(1) ① 伝熱を良くするため，<u>蒸気流入部に広い空間を設け</u>(注1)，<u>管群を幾つかの組に分け</u>(注2)，1つの管群で生じた復水が他の管群内に入らないようにする(注3)。
② <u>各管群の配置及び形状を左右対称として復水器内の蒸気通路を短くし</u>(注4)，<u>蒸気通路に沿っての通路断面積を減少させる</u>(注5)。
③ <u>抽気孔を冷却水温度の低い冷却水入口側で蒸気通路の終端部に設ける</u>(注6)。

(2) ① 水圧試験：復水器蒸気側に水圧をかけ，冷却水側から漏れを調べる。
② 気圧試験：復水器蒸気側に空気圧をかけ，冷却水側に石鹸水を塗布して漏れを調べる。
③ 真空試験：復水器内を真空にして，煙の吸込みから漏れを調べる。
④ 冷却水管にうず電流探傷器を用いて損傷程度を検知する。

【解説】
(注) 復水器はタービンの排気を復水して回収すること，及び器内を高真空として終圧を低く保ち，タービン内で蒸気を十分膨張させて効率よく多くの仕事を得るために設ける。

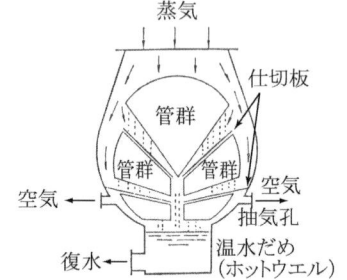

〔久保利介『舶用ボイラ・タービン』を基に作成〕

(注1) 蒸気が復水管群に均等に導かれるようにする。
(注2) 管群内部にも蒸気を流入させるため。
(注3) 仕切板（バッフル板，じゃま板，そらせ板，衝突板）を設ける。
(注4) 蒸気の流動抵抗を少なくし，蒸気が管群内部にまで入りやすくする。
(注5) 復水により蒸気体積が減少するため。
(注6) 効果的に空気を抽出するため空気の比体積を小さくする。
◆うず電流探傷器：コイルに電流を流して，うず電流の変化によって欠陥を調べる検査

1 蒸気タービン

問24 蒸気タービンの主復水器に関する次の問いに答えよ。
(1610/1807/2204)
(1) 復水の過冷却を防止するため，どのような構造とするか。
(2) 冷却管の冷却水側に生じる損傷を防ぐために，どのような対策が行われているか。

【解答】
(1) 管群と管群との間に通路を設け，下部には仕切板を設ける（問23の図参照）。上部の管群の冷却管に触れて復水した水滴が通路を落下する間に排気に触れて再熱される。また再熱された復水が下方の管群によって再冷却されないように仕切板によって温水だめに集まる。
(2) ① 冷却水入口部をベルマウス形に成形加工する(注1)。
② 冷却水入口部内面に非金属製（ナイロンなど）の保護筒を装着する。
③ 管内の流速を高くしない(注2)。
④ 局所的な不均一流をなくす。
⑤ 水室ののぞき蓋内面に純鉄や亜鉛板を取り付ける。
⑥ 海水中に硫酸第一鉄を投入する(注3)。
⑦ 外部電源法を行う(注4)。

【解説】
(注1) 流動抵抗を減少し，キャビテーションによる侵食を防止する。
(注2) 侵食は流速の影響を受ける。（一般には1.8m/s以下とする）

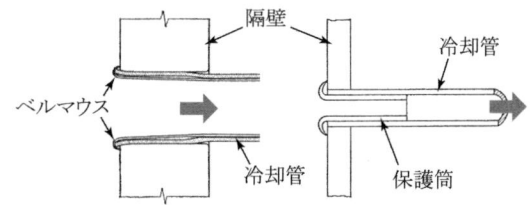

〔機関長コース1981年5月号「受験講座・蒸気機関とその取扱い」第5回（多田勝）ならびに山田廣中『基本蒸気タービン』を基に作成〕

(注3) 冷却管内面に硫化鉄の防食被膜を作る。
(注4) 防食電流を流す。
◆過冷却：過冷却＝排気温度－復水温度。復水の温度低下は給水の温度低下となり，プラントの熱効率が低下する。
◆ベルマウス（bell mouth）：「ラッパ口」，「鐘形の口」の形状

問25 蒸気タービン主機の2段式空気エゼクタに関する次の問いに答えよ。
(1604/2104/2210)
(1) 空気エゼクタの冷却器は，何によって冷却されるか。
(2) 主機が低負荷となった場合，空気エゼクタ冷却器の冷却不足を防ぐため，どのようにするか。
(3) 第1段及び第2段のエゼクタ蒸気の復水は，それぞれどこへ導かれるか。
(4) 第1段の復水の配管には，どのような工夫がなされているか。また，それは，なぜか。

解答
(1) 復水ポンプからの復水によって冷却される。
(2) 冷却水を復水器に戻し再循環させる循環ラインを設ける。
(3) 第1段の復水は主復水器へ，第2段の復水は大気圧ドレンタンクに導かれる。
(4) ①配管：U字形にしたループ封じを設ける。
   ②理由(注1)
   ● 主復水器と第1段エゼクタ冷却器との圧力差を維持したまま，復水を圧力の低い主復水器に戻すため。
   ● 主復水器の真空を破壊しないため。

解説

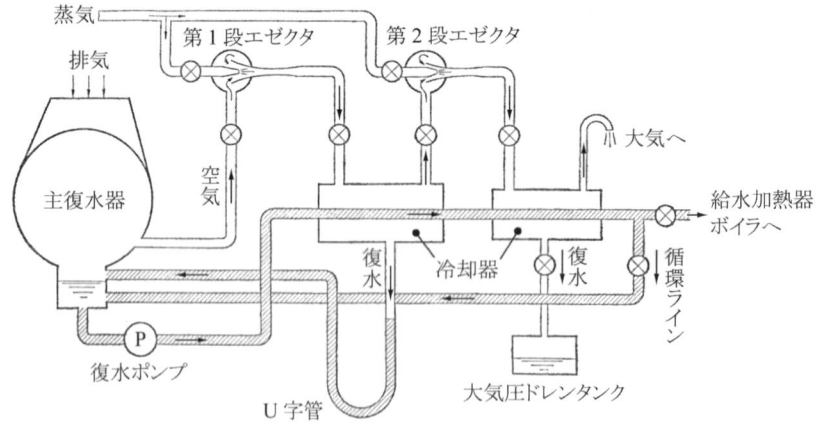

〔機関長コース1981年5月号「受験講座・蒸気機関とその取扱い」第5回（多田勝）を基に作成〕

(注1) 主復水器の真空度は 720 mmHg 前後，1 段のエゼクタで得られる真空度は 650 mmHg 程度と圧力差がある。
◆ 空気エゼクタ：霧吹きの原理で復水器内の空気を抽出する真空増進装置。エゼクタは「排出器」，「放出器」の意味
◆ ループ封じ：圧力の異なる装置間に U 字管を設け内部に封水を入れて，両圧力を保持したまま水の移動を可能にする。
◆ ドレンタンク：復水（蒸気が水に戻った状態）を集めたタンク

2 ガスタービン

問1　ガスタービン機関の軸流圧縮機に関する次の問いに答えよ。
(1704/2004)
(1) 反動度とは，どのようなことか。　(2210)
(2) 圧力比を大きくした場合，圧縮機効率は，良くなるか，悪くなるか，それとも変わらないか。
(3) 静翼及び動翼が使用時間の経過に伴って汚れてくると，どのような害を生じるか。
(2210)

解答
(1) 1 段あたりの仕事のうち，動翼での仕事の割合をいう。
(2) 流れ損失が増大するので悪くなる。
(3) ① 圧縮機効率が低下する。　② 吸入空気量が減少する。
　　③ 圧力比が小さくなる。(注1)　④ ガスタービンの出力が低下する。
　　⑤ 燃料消費量が増加する。

解説
(注1) 圧縮機吐出圧が低下すること。
◆ ガスタービン：遠心式または軸流式の圧縮機で燃焼用空気を圧縮して燃焼器に吹き込み，同時に燃料も噴射して燃焼させ，発生した高温高圧の燃焼ガスでタービンを回転させ回転運動エネルギを得る内燃機関

◆圧力比：大気圧力と圧縮後の空気圧力との比。圧力比が2以上の場合は圧縮機，2に達しない場合は送風機という。
◆段：静翼（車室側）と動翼（ロータ側）の1対を「段」という。
◆軸流圧縮機：空気が軸方向に進むにつれて加圧されていく方式

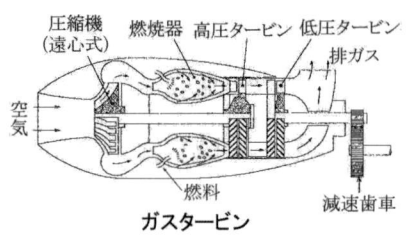
ガスタービン

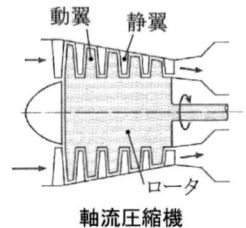
軸流圧縮機

問2　ガスタービン機関の軸流圧縮機における失速（ストール）防止構造に関して，次の問いに答えよ。
（1507/1702/2010）
(1) 図は，失速防止構造の装備箇所を示す。①及び②はそれぞれ何という失速防止構造か。
(2) 軸流圧縮機を2つ以上に分割し，それぞれ機械的に独立して駆動する失速防止構造を何というか。

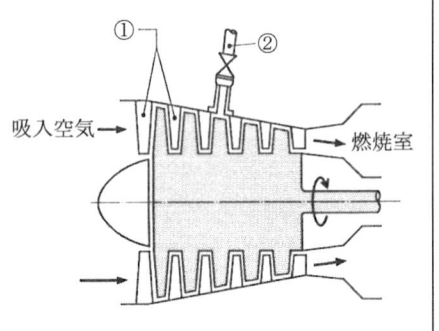

|解答|
(1) ①　可変静翼構造(注1)　　②　抽気弁構造(注2)
(2) 多軸式構造(注3)

|解説|
(注1) 静翼の取付け角を可変にして空気の流入角度を変える。
(注2) 圧縮機の途中段から空気の一部を放出する。放風弁ともいう。
(注3) 圧縮機を高・低圧に分け，それぞれ別個のタービンで異なる回転速度で運転する。「圧縮機の分割」ともいう。
◆ストール：失速。翼表面に沿って流れていた空気流が，翼表面から離れる現

象。正常な流れができなくなり逆流したり，圧縮の働きが失われる。ストール防止には，前後方向の空気の流れのバランスを保ち，円滑に流れるようにする。

> 問3　ガスタービンの軸流圧縮機に関する次の問いに答えよ。(1707/2007)
> (1) 遠心圧縮機と比較した場合，軸流圧縮機の利点は何か。
> (2) 段数が増えると，どのような害を生じやすいか。
> (3) 上記(2)の害を防止するため，圧縮機本体にどのような対策がとられているか。

解答
(1) ① 効率が良い。　② 圧力比を大きくできる。
　　③ 大量の空気が処理できる。
(2) 安定運転範囲が狭くなり，失速を起こしやすくなる。
(3) ① 可変静翼構造　② 抽気弁構造　③ 多軸式構造

> 問4　図は，ガスタービンの燃焼器（筒形）を示す。図に関する次の問いに答えよ。
> 　　　　　　　　　　　　　　　　　　　　(1404/1710/2207)
> (1) 内筒前部及び周囲から流入する⑦及び①の空気の名称は，それぞれ何か。
> (2) 内筒後部から流入する⑦の空気の名称と役目は，何か。
> (3) 燃料噴射ノズルの周囲に設けられた㊀の名称と役目は，何か。

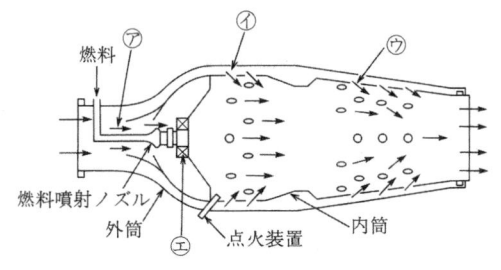

解答
(1) ⑦　一次空気(注1)　　①　二次空気(注2)
(2) 混合用空気：燃焼ガスと混合し，燃焼ガス温度を規定値に調節する。
(3) 保炎器：逆流域を作って，火炎の安定を図る(注3)。

解説
- （注1） 着火と火炎安定のための空気
- （注2） 燃焼用空気
- （注3） 燃焼器内のガス流速が大きいので，吹き消えを生じる。このため保炎器で燃焼器上流側に逆流域（循環流領域）を形成し保炎を図る。

◆ 混合用空気：希釈用空気ともいう。
◆ 保炎器：旋回器（スワーラ）ともいう。

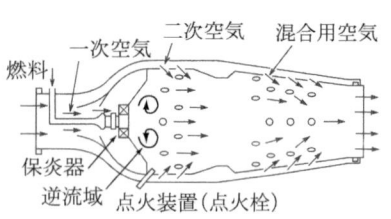

燃焼器の断面

問5 図は，ガスタービンの燃焼室の作動原理を示す。また，㋐及び㋑は，燃焼器内部を機能別に分類した領域を示している。図に関する次の問いに答えよ。
(1504/2102)

(1) ㋐の領域は，何領域というか。
(2) ㋑の領域は，何領域というか。また，この領域を設ける目的は，何か。

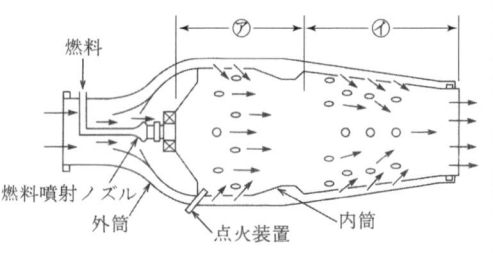

解答
(1) 燃焼領域
(2) ①名称：混合・冷却領域
    ②目的
     ● 燃焼ガスと混合し，燃焼ガス温度を規定値に調節する。
     ● 燃焼室壁面の冷却

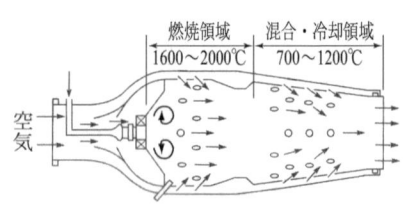

問6 ガスタービンの燃焼器について述べた次の文の（　）の中に適合する字句を記せ。
(1610/1904)

(1) 燃焼器を構成する主要素は，外筒（スリーブ），内筒（ライナ），燃料噴射ノズル及び（⑦）である。
(2) 内筒には保炎板，旋回器，燃焼用空気の導入口及び（④）用空気の導入口を有する。これらによって燃料と空気の（⑨）比を適当に保って常に安定した連続燃焼を行うとともに，（㊤）入口の燃焼ガス温度を規定値とする。
(3) 外筒は耐圧，耐熱の容器である。外筒と内筒の形状及び配置により，燃焼器は，キャン形（筒形），（㊥）及び（㊞）の3形式に分けられる。

解答
⑦：点火装置（または点火栓）　　④：希釈　　⑨：混合
㊤：タービン　　㊥：カンニュラ形　　㊞：アンニュラ形

問7　ガスタービンの燃焼器に関する次の問いに答えよ。　　(1604/2110)
(1) 図は，3種類の燃焼器を示す。Ⓐ，Ⓑ及びⒸの形式名称は，それぞれ何か。また，ⓐは，何か。
(2) 内筒に設けられる保炎器の役目は，何か。また，どのようなものが用いられるか。
(3) 燃焼器へ送られてきた圧縮空気は，燃焼用空気及び内筒冷却用空気として用いられるほか，どのような用途として用いられるか。

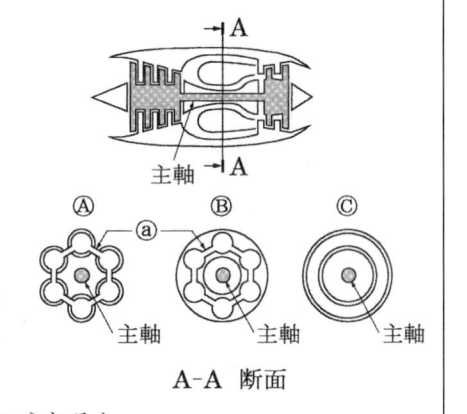

解答
(1) Ⓐ　キャン形　　Ⓑ　カンニュラ形　　Ⓒ　アンニュラ形
　　ⓐ　連絡管
(2) ①役目：逆流域を作って火炎の安定を図る。

②種類：バッフル板あるいはバッフル板と空気旋回器
(3) 希釈用空気としてタービン入口燃焼ガス温度を規定値に調節する。

[解説]
◆バッフル板：そらせ板，じゃま板，衝突板，仕切板ともいう。
◆キャン形（缶形／筒形）：それぞれ独立した 5～10 個の筒形燃焼室を円周上に並べたもの。
◆カンニュラ形（環状多筒形）：キャン形とアンニュラ形を組み合わせた形式
◆アンニュラ形（環状形）：ドーナツ断面のものに，多くの小孔を開けた籠のような一本の燃焼缶

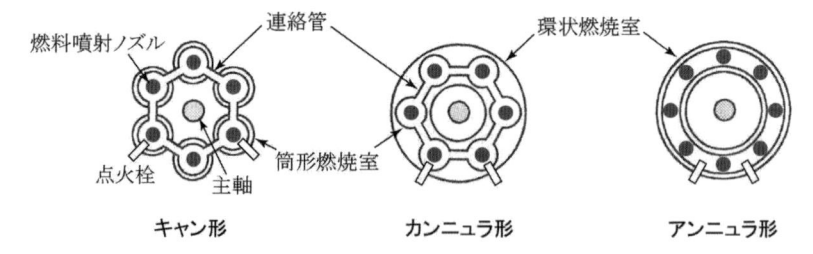

[問]8 図はガスタービン機関の燃焼器の構成図である。図に関する次の問いに答えよ。　　　　　　　　　　(2307)
(1) 図のような燃焼器の形式は何というか。
(2) ①及び②は，それぞれ何か。
(3) この燃焼器の利点は，何か。

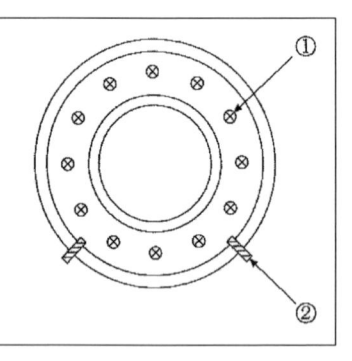

[解答]
(1) アンニュラ形
(2) ①：燃料噴射ノズル　②：点火栓
(3) ●コンパクトにできる。　●燃焼効率が良い。　●有害排気が少ない。

[解説]
(注) アンニュラ形は，ケーシング外に無駄な空間がなく，空気流路も直線的

になるので，燃焼器全体の直径を小さく，また，空気量も少なくできるが，整備性に劣る。

問9 ガスタービンに関する次の問いに答えよ。　(1502/1807)

(1) 図は，翼の空気による冷却法を示す説明図である。図の(a)～(d)は，それぞれ下記㋐～㋓の中のどれか。

　㋐ 膜冷却（フィルム冷却）
　㋑ 吹付け冷却（インピンジメント冷却）
　㋒ 対流冷却（コンベクション冷却）
　㋓ 浸出冷却（トランスピレーション冷却）

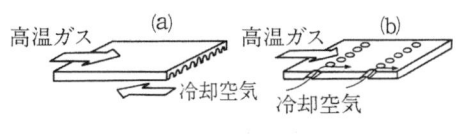

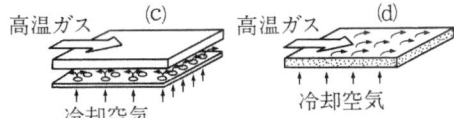

(2) 冷却空気は，動翼や静翼のほかどのような箇所の冷却を行っているか。

解答
(1) (a) ㋒　(b) ㋐　(c) ㋑　(d) ㋓
(2) 燃焼器，環状流路壁，タービン円板，軸受など。

解説
(注) 高温部では，動翼及び静翼とも内部は空洞構造でこれに冷却空気を流す。
◆膜冷却：翼内面から噴出する冷却空気が翼面上に冷却膜を形成する。
◆吹付け冷却：翼内面に多数の穴から冷却空気をジェット状に吹き付ける。
◆対流冷却：翼内面に沿って冷却空気を流す。
◆浸出冷却：冷却空気を滲み出させ，対流と膜冷却効果を組み合わせた冷却法

問10 図は，オープンサイクルの単純サイクルガスタービンの構成図である。図を参考にして，次の(1)～(3)の機器を加えたそれぞれのサイクルガスタービンの構成図を描け。　(1410/2202/2304)

(1) 再生器を加えた再生サイクルガスタービン
(2) 再熱器を加えた再熱サイクルガスタービン
(3) 中間冷却器を加えた中間冷却サイクルガスタービン

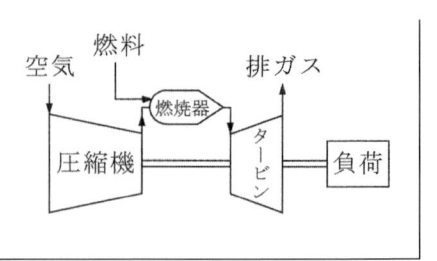

解答
(1) 図のとおり
(2) 図のとおり
(3) 図のとおり

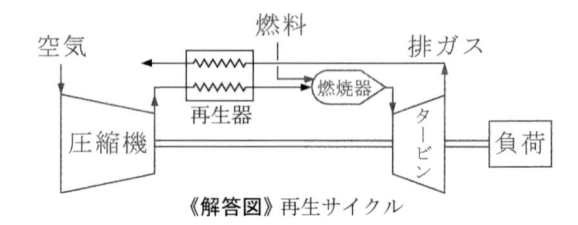

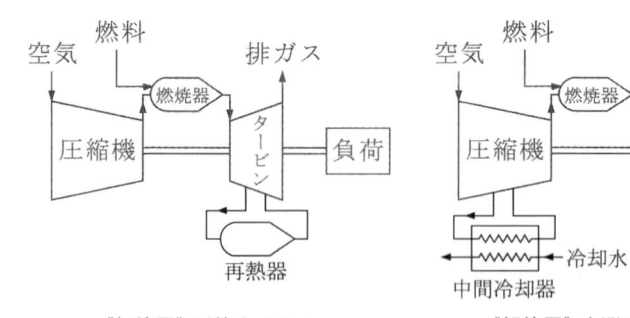

《解答図》再生サイクル

《解答図》再熱サイクル

《解答図》中間冷却サイクル

解説

◆オープン（開放）サイクル：高圧空気中に燃料を吹き込んで燃焼させ，高温・高圧のガスをタービンで膨張させ，翼車を回し，仕事の終わった燃焼ガスはそのまま排気として大気中へ排出される。タービンを出た排気を冷却器で冷却し，再び圧縮機に戻して循環させるサイクルは密閉サイクルという。

問11 ガスタービンに関する次の問いに答えよ。　　（1607/1810/2104/2302）
(1) 大気中の塩分の吸入は，ガスタービンにどのような害を与えるか。
(2) 上記(1)の防止には，どのような対策があるか。

2 ガスタービン

解答
(1) ① 圧縮機翼への塩分付着により性能を低下させ，腐食の原因となる。
　　② 燃焼器やタービンなどの高温部材を腐食させる。
(2) ① 空気入口部にミストセパレータを設置して塩分を除去する。
　　② 定期的に圧縮機翼やタービン翼などを水や薬品で洗浄する。
　　③ 腐食しやすいところは耐食性の金属材料を使用する。

解説
◆ミストセパレータ：湿分分離器

問12 航空転用形ガスタービン主機に関する次の問いに答えよ。
　　　　　　　　　　　　　　　　　　　　　　　　（1802/1910/2204/2310）
(1) ガスタービンの空気入口部のミストセパレータは，ガスタービンのどのような害を防ぐために設けられるか。
(2) ガスタービンのエンクロージャは，どのような役目をするか。

解答
(1) ① 圧縮機翼への塩分付着による性能低下や腐食を防ぐ。
　　② 燃焼器やタービンなど高温部材の腐食を防ぐ。
(2) ① ガスタービンの騒音を遮蔽する。
　　② ガスタービンの振動を低減する。
　　③ ガスタービンを船内火災から防護する。
　　④ ガスタービンの輸送，現地据付け及び保守作業を容易にする。
　　⑤ 配管や配線用のパネルになる。

解説
（注）主機用ガスタービンは，航空転用形と重構造形（産業形）の 2 つに大別される。航空転用形ガスタービンは軽量，小形，大出力，急速加減速性などの特長があるので高速船用主機に適している。重構造形ガスタービンは前記の面では航空転用形に劣るが，重質燃料の使用が可能であること，再生サイクルの採用が容易であることなど経済面の利点がある。

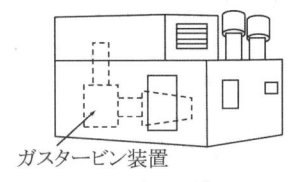

ガスタービン装置
エンクロージャ

機関その一

◆エンクロージャ：格納庫

> **問13** 航空転用形ガスタービンの潤滑油系統について述べた次の文の（　）の中に適合する字句を記せ。　　　　　　　　　　（1510/1804/2002）
> (1) 主軸受には，低温（ア）が容易な（イ）軸受が用いられ，潤滑油には，粘度・温度特性が石油系の鉱物油より優れた（ウ）油が使用されている。一般に，潤滑油系統は，次の3系統から成り立っている。
> (2) 圧力油系統は，潤滑油ポンプによって加圧された潤滑油をフィルタを通して各部に給油する。各軸受には，（エ）により噴射供給する。
> (3) 排油系統には，軸受部の潤滑と冷却を終えた潤滑油をタンクに戻す働きをする（オ）や異物の混入を調べる（カ）が組み込まれている。
> (4) （キ）系統は，軸受部の圧力を大気圧に対して，常に一定の差圧を保つ働きをしている。これは潤滑油系統の適切な流量と排油機能を維持するためのものである。

解答
ア：始動　　イ：ころがり　　ウ：合成　　エ：ノズル　　オ：排油ポンプ
カ：金属片検出器　　キ：ブリーザ

解説
◆合成油：原油を直接精製して作られる鉱物油と異なり，原油を精製したナフサなどを原料に化学合成して作られる。不純物の含有が無く非常に安定した特性をもつ油
◆ブリーザ系統：飛行中の高度つまり大気圧の変化に対応した潤滑油機能をもつ系統

ころがり軸受

> **問14** ガスタービンの内部冷却系統について述べた次の文の（　）の中に適合する字句を記せ。
> (1) ガスタービンは，（ア）燃焼を行うために，エンジン内部，特にホットセクションの中心部は非常な高温となる。構造材料の耐久性の維持や潤滑油の（イ）防止などのため冷却が必要である。この冷却のため，

2 ガスタービン

圧縮機からの抽気が用いられる。
(2) 低圧圧縮機からの抽気は，高圧圧縮機ロータ部の冷却や主軸受のラビリンス（⑦）部の圧力維持に用いられる。また，高圧圧縮機からの抽気は，燃焼器やタービン入口部の（㋑），タービン動翼，（㋺）などの高温部の冷却に用いられる。

【解答】
⑦：連続　　㋑：劣化　　㋺：シール　　㋑：タービンノズル
㋺：ロータディスク

【解説】
◆抽気：気体（空気や蒸気など）を抽出すること。この場合は空気を抽出すること。
◆シール：「気密」，「漏れ防止」の意味
◆ホットセクション：機関の中で高温の燃焼ガスにさらされる部分．すなわち，燃焼室やタービンなどの高温部分をいう。
◆ディスク：円板

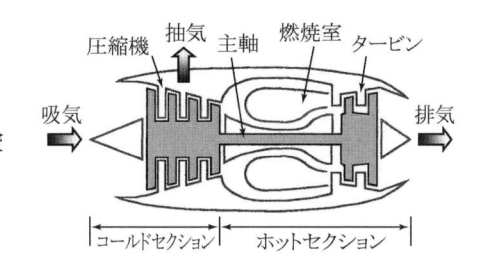

問15 ガスタービンの運転中，安全保護装置の作動によりガスタービンが停止するのは，どのような場合か。5つ記せ。　　（1407/1902/2107）

【解答】
① オーバスピード　　② 潤滑油圧力低下　　③ 排気温度過昇
④ 失火，着火失敗　　⑤ 過大振動

【解説】
（注）上記以外に，⑥潤滑油温度過昇，⑦低速度，⑧タービン入口・出口ガス温度過昇などがある。

問16 ガスタービンの無開放検査法に関する次の問いに答えよ。
（1402/1602/1907）

機関その一

> (1) 一般に用いられている無開放検査法とは，どのようなものか。（検査法の名称と，その概要をそれぞれ記せ。）
> (2) 上記(1)の検査の重要な検査箇所と検査項目は，それぞれ何か。

解答
(1) ①名称：ボアスコープ検査
　　②概要：ガスタービンを開放することなく，工業用内視鏡を用いて，直接目視出来ない部位の観察や検査を行う。
(2) ①検査箇所：燃焼器内筒やタービン翼などの高温部
　　②検査項目：過熱の有無，腐食の有無，き裂の有無，変形の有無，燃焼生成物やカーボンの付着状況

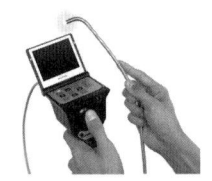

解説
(注) 燃料ノズルや点火栓などを取り外した孔や，ボアスコープ専用の孔より観察する。

工業用内視鏡

3　ディーゼル機関

> 問1　ディーゼル機関のピストン頂面の割れに関する次の問いに答えよ。
> 　　　　　　　　　　　　　　　　　　　　　　　（1704/1904/2104）
> (1) 割れを生じやすい箇所は，どこか。　　　　　　　　（1402）
> (2) 割れを生じる場合の原因は，何か。

解答
(1) ① ピストン頂面中央部
　　② ピストン頂面円周外縁部
　　③ ピストン吊り上げボルト穴部[注1]
　　④ 吸・排気弁の逃し部のすみ部

(2) ① ピストン頂部の触火面と冷却面の温度差による熱応力
　　② 頂部肉厚の不適 (注2)
　　③ ピストンの材質あるいは工作の不良
　　④ 過負荷や異常燃焼の長時間運転による過熱
　　⑤ 機関発停時の低サイクル繰返し熱応力と燃焼に伴う爆発力による高サイクル繰返し応力による疲労 (注3)
　　⑥ ピストン冷却面が汚損し，冷却効果が低下することによる過熱

解説
(注1) ねじ山，段付き，穴などの切欠き（急激に形状が変化）部は応力の集中を受け，き裂の起点となる。
(注2) ピストン頭部は出来るだけ薄肉として，冷却効果を大きく熱応力を小さくする。
(注3) ピストン頭部は膨張・収縮や爆発力によって繰返しの応力を受ける。

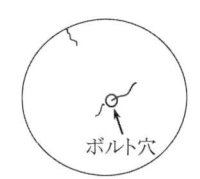

ピストン頂面の割れ（ボルト穴）

問2 ディーゼル機関のピストンに関する次の問いに答えよ。
(1610/1804/2210)
(1) 大形機関のピストンクラウン及びピストンスカートの材料には，それぞれ何が用いられるか。また，その理由は，なぜか。　(1402)
(2) 大形機関のピストンリング溝が，摩耗して大きくなった場合，どのようにするか。　(1402)
(3) ピストンスカート部に鉛青銅（鉛銅）リングを設ける目的は，何か。

解答
(1) ①材料：ピストンクラウンには，鋳鋼または鍛鋼を用い，ピストンスカートには，鋳鉄を用いる。
　　②理由：ピストンクラウンの材料は，耐熱性や耐圧性など強度を重視するが，ピストンスカートの材料は，シリンダとの耐摩性を考慮するので材料が異なる。
(2) ① リング溝を削正して，規定の溝すきまを保つオーバーサイズのピストンリングを装着する。

② リング溝を溶接肉盛りして，元の溝寸法に削正する。
　　③ 摩耗したピストンを取り替える。
(3)　① スカート部の焼付き防止
　　② シリンダの摩耗防止
　　③ ガス漏れの防止

|解説|
◆ピストンクラウンとピストンスカート：ピストンは上下で名称が異なる。上部をピストンクラウンまたはピストンヘッド（頭部）と呼び，下部はピストンスカート，またはピストン胴部という。スカートは「裾」の意味

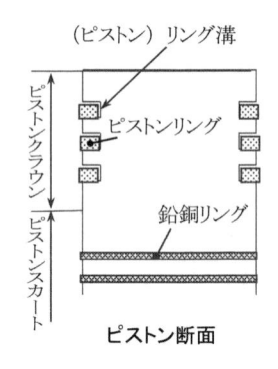

◆鉛銅リング：帯金ともいう。ピストンスカートの下部に焼ばめされた 2～3 本のリングで，ピストンとライナが直接接触するのを防止する。

問3　ディーゼル機関のピストンリングに関する次の問いに答えよ。
(1) 二サイクル機関において，リングの合い口部の面圧は，他の部分の面圧より小さくするのは，なぜか。　　　　　　　　　　　　　(1710/2007)
(2) 四サイクル機関において，リングの合い口部の面圧は，他の部分の面圧より大きくするか，それとも小さくするか，また，それはなぜか。
　　　　　　　　　　　　　　　　　　　　　(1404/1604/1804/2004)
(3) リングの面圧は，低速の大形機関と高速の小形機関では，一般に，どちらが大きいか。また，それはなぜか。　　　　(1404/1604/1807/2004)

|解答|
(1) 合い口部が掃気口や排気口に引っかかるのを防ぐため。
(2) 大きくする：四サイクル機関は掃・排気口がないので引っかかりを心配する必要はなく，合い口部の面圧を大きくしてガス漏れを小さくするため(注1)。
(3) 高速の小形機関：小形高速機関では，リングの慣性力によってリングフラッタ現象を起こしやすく，ガスの吹抜け（ブローバイ）が起こるので，この現象を防止するため面圧を大きくする。

3 ディーゼル機関

解説
（注1）合い口部はガス漏れのため，他の部分よりリング背面に働くガス圧が小さくライナとの密着が悪い。
◆面圧：ピストンリングがシリンダ単位面積当たりに押す力
◆リングフラッタ：フラッタとは「バタバタする」の意味。リングがリング溝内で上下に踊ること。

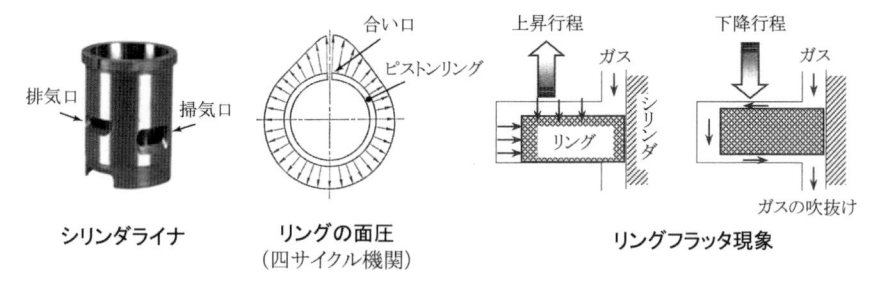

シリンダライナ　　リングの面圧（四サイクル機関）　　リングフラッタ現象

問4　ディーゼル機関のピストンリングに関する次の問いに答えよ。
　　　　　　　　　　　　　　　　　　　　　　　　　　（1507/2204）
(1) リングの幅が大きい場合は，小さい場合に比べて，どのような利点と欠点があるか。
(2) 初期なじみ及び防錆のため，リングの表面は，どのような処理が行われるか。

解答
(1) ＜利点＞　ピストンの熱をシリンダライナに伝えやすくピストンの過熱を防ぐとともに，リングの固着が減少する。
　　＜欠点＞　リングの慣性が大きくなり，リングフラッタによりリング溝を摩耗するので，ガス漏れや潤滑油の消費量が増加する。
(2) フェロックス処理やりん酸塩処理などの化成処理が行われる。

解説
◆フェロックス処理：防錆力を向上させる Fe_3O_4（黒さび）の皮膜を形成する。
◆りん酸塩処理：耐摩耗性のりん酸マンガンなどの皮膜を形成する。
◆化成処理：素材の表面に処理剤を作用させて化学反応を起こさせ耐食性や耐

機関その一

摩耗性など素材にない性質を与える処理

> **問5** ディーゼル機関のピストンリングに関する次の問いに答えよ。
> (1710/2007)
> (1) リングに一様な張りを与えるため，どのような加工法があるか。
> (2) リングの外周の角部を面取りするのは，なぜか。 (1507/2204)

解答
(1) ① リングをシリンダ径よりも大きく削り，一部を切り取り両端に力を加えて閉じ真円に仕上げる。
② リングをシリンダ径に仕上げた後，一部を切り取り，ハンマリング，ローリングまたはナーリングにより拡げる。あるいは拡げて熱処理を施す。
③ 周囲から均一な力を受けたとき，真円になるような形をあらかじめ求め，親リングまたはカムにより仕上げる。
(2) ① 上下に動く際に，リングの引っかかりをなくしてスムーズに動くようにするため。
② 摩耗による外周部のかえりを防止(注1)するため。
③ リング面に潤滑油を均一に供給するため。

解説
(注1) かえりがあるとシリンダ油膜を破壊し，シリンダを傷つける。
◆面取り：角を削って丸みを持たせること。
◆真円：完全な円形
◆ハンマリング：たたいて成形すること。
◆ローリング：転がして拡げること。
◆ナーリング：押さえつけて拡げること。
◆かえり：めくれてそりかえること。

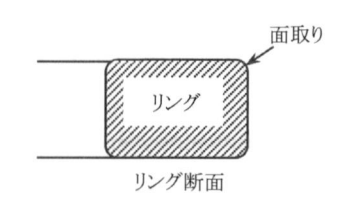

リング断面（面取り）

> **問6** ディーゼル機関のピストンリングに関する次の問いに答えよ。
> (1) ピストンリングにクロムめっきを施すと，どのような利点があるか。
> (2) クロムめっきを施したピストンリングを使用する場合は，どのような

注意が必要か。　　　　　　　　　　　　　　　　　（1404/1604/1807/2004）

解答
(1) ① クロムは硬さが大である。
　　② 摩擦係数が小さいので耐摩耗性に優れる。
　　③ 熱膨張率が鋳鉄に比べて小さくなる。
　　④ 耐食性が向上する。
　　⑤ 耐久性に優れる。
(2) ① クロムめっき(注1)を施したライナには使用しない。クロムとクロムは摩擦が大きくなりスカフィングを起こす。
　　② クロムめっきリングは高温にさらされる最上段に使用し，他はなじみの良い(注2)鋳鉄リングを使用する。
　　③ ライナとのなじみに劣るので偏摩耗しているライナに使用しない。ブローバイやスカフィングなどを起こす。
　　④ なじみ期間中の異常摩耗を避けるため，シリンダ油の注油量を多くする。
　　⑤ めっきのはく離に注意する。

解説
(注1) クロムめっきはち密なため，保油性に欠け油膜を形成しにくい。
(注2) なじみが良いとは，相手（この場合ライナ）を損傷させないことを意味する。
◆スカフィング：細い引っかき傷
◆ブローバイ：シリンダ内のガスがピストンとシリンダライナのすきまからクランクケースや掃気室へ吹き抜ける現象
◆偏摩耗：不均一な摩耗

問7　ディーゼル機関のシリンダライナに関する次の問いに答えよ。
　　　　　　　　　　　　　　　　　　　　　　　　　　（1410/1607）
(1) ライナに生じる機械的応力，熱応力及びこの両者の合成応力は，ライナの肉厚の増加によってどのように変わるか。（横軸に肉厚，縦軸に応力をとる図を描いて説明せよ。）
(2) ライナの材質として，鋳鉄が優れているのは，なぜか。

(3) ライナに発生するき裂は，燃焼室側よりも冷却水側に発生しやすいのは，なぜか。

解答
(1) 右図。肉厚を増すと，機械的応力は減少するが，熱応力は増加する。両者の和である合成応力は，肉厚 A のとき最小値をとる。
(2) 鋳鉄に含まれる黒鉛は，自己潤滑性を有し，かつ異物の埋没性や油の保持性に優れている。
(3) ライナは高温の燃焼室側と低温の冷却水側の温度差のために熱応力を受ける。このときライナに生じる熱応力は，燃焼室側には圧縮応力，冷却水側には引張応力が生じるが，ライナの材質である鋳鉄は引張応力に弱いので冷却水側に割れを生じやすい。また，冷却水側には疲労腐食による割れも発生しやすい。

《解答図》(注1)

解説
(注) シリンダライナは燃焼によるガス圧力と温度に耐え，ピストン（リング）との耐摩耗性が要求される。
(注1) 肉厚（ライナ壁厚さ）の決定は，ガス圧による外力の応力と膨張・収縮による熱応力の2点を考慮する。肉厚を増すほど機械的応力は減少し安全性は高くなるが，熱応力は肉厚が増すほど増大する。
◆鋳鉄：純鉄に炭素を加えると硬くなり鋼と呼ばれる。炭素量が 2% を超えると鋳物に使用されることから鋼から鋳鉄と名前が変わる。炭素量が多くなると硬くなるがもろくなり，炭素は遊離して黒鉛として存在するようになる。
◆黒鉛：鉛筆の芯と同質なもので軟らかく，金属粉のような硬いものは埋没させる。また自己潤滑性に優れる。
◆熱応力：拘束された物体に熱変化が加わったときに生ずる内力による応力

問8 ディーゼル機関のシリンダライナに関する次の問いに答えよ。
(1407/1604/1910/2302)

> (1) 大形機関の場合，ライナ表面仕上げの精度を上げても摩耗の減少には，あまり効果がないのは，なぜか。
> (2) 使用燃料中の硫黄分に対して，シリンダ油のアルカリ価が大き過ぎても小さ過ぎてもライナの摩耗が増すのは，なぜか。

解答
(1) 大形機関のシリンダライナは熱変形が大きく，潤滑油も十分に供給されにくいので，摩耗の減少にはライナ表面仕上げの精度より<u>潤滑油の供給をいかに確保するかの方が大きく影響する</u>(注1)。また，ライナ表面は極めて滑らかな仕上げをすると，かえって初期なじみが悪くなる。
(2) ① 低アルカリ価シリンダ油を使用している場合，燃料油中の硫黄分含有量が多いと，硫酸による腐食摩耗が増加する。
② 高アルカリ価シリンダ油を使用している場合，燃料油中の硫黄含有量が少ないと，燃焼生成物に硬い成分の炭酸カルシウムを生成するため，シリンダライナにスカフィングによる異常摩耗をおこす。

解説
(注1) ライナ表面仕上げの精度を上げると，油溜めになるような凹部がないため，油膜を保持しにくくなる。
◆アルカリ価：燃料中に硫黄が含まれていると硫黄は最終的に硫酸となり硫酸腐食が発生する。このため，ピストンとシリンダを潤滑するシリンダ油は，硫酸を中和するためアルカリ性にする。アルカリ成分の濃度をアルカリ価という。

> 問9 ディーゼル機関のシリンダライナに関する次の問いに答えよ。
> (1510/2004)
> (1) トランクピストン機関において，ライナの振動が生じやすい理由は，何か。また，ライナの振動が大きくなると，どこに，どのような損傷を生じやすいか。 (2307)
> (2) クロスヘッド機関において，ライナ下部の水密部からの漏水を発見しやすいようにするため，どのようにしたものがあるか。 (2307)
> (3) クロムめっきしたライナの取扱いについては，どのような注意が必要か。

機関その一

|解答|
(1) ① トランクピストン機関では連接棒の傾斜によりピストンに側圧が生じるので，これによってライナの横振動が起こる。特に側圧の変化が激しい上死点付近ではピストンがシリンダ壁に衝突し大きな振動を発生する。
　② 振動が大きい場合の損傷
　　● 冷却水入り口側またはその反対側の上下方向では，側圧による振動でキャビテーションが発生し，その大きな機械的衝撃力をライナ水側面に及ぼし，電気化学的腐食作用と相乗して激しいピッチングを起こしやすい。
　　● ライナ下部の水密部は，ジャケットを振動によって叩くことになるので，フレッチングコロージョンを生じやすい。
(2) 耐油性のゴムリングを2個用いて水漏れを防ぐが，その間に外気に通じる孔を設ける。
(3) ① <u>クロムめっきしたピストンリングは使用しない</u>(注1)。
　② 耐熱性に乏しいので，温度が上がり過ぎないように注意する。
　③ 白斑（はくはん）現象によるはく離に注意する。
　④ めっきの厚さが一様でないとピストンリングの摩耗を増大する。

|解説|
(注1) クロムとクロムとは摩擦が大きいので初期なじみの段階で異常摩耗を起こしやすい。
◆側圧：ピストンが回転方向のシリンダ壁を押す力。側圧が大きくなるとライナの偏摩耗によりガスの吹抜けを起こす。大形のトランクピストン機関ではその側圧を無視できなくなるのでクロスヘッド機関にする。
◆上死点：ピストンの上昇最高位。下降最下位を下死点という。
◆キャビテーション：空洞現象
◆ピッチング（点食）：金属の表面に生じた小さなくぼみ状の腐食
◆フレッチングコロージョン：こすれあう（摩擦する）ことによって生じる腐食
◆水密部：シール部分
◆白斑（ミルキスポット）：クロムめっきに見られる酸による腐食
◆はく離：表面が剥（は）がれること。

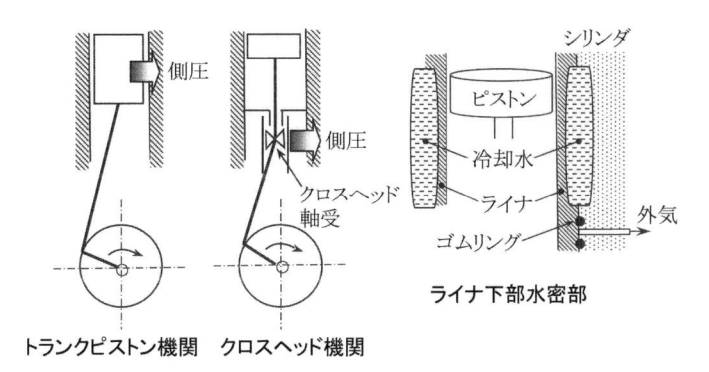

3 ディーゼル機関

トランクピストン機関 / **クロスヘッド機関** / **ライナ下部水密部**

問10 ディーゼル機関のシリンダライナに関する次の問いに答えよ。　（1402/1510/1702/2004/2202/2307）

図はシリンダライナのフランジ部を示す。シリンダヘッド（シリンダカバ）を締め付けた場合，このフランジ部には，どのような力が加わるか。（図を描いて示せ。）

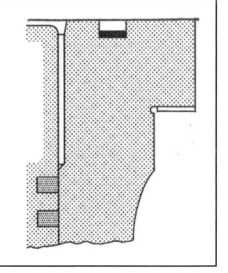

解答

① 引張り力 P_n
② せん断力 P_s
③ 曲げ力 P_d
④ 曲げモーメント $P_d \times a$

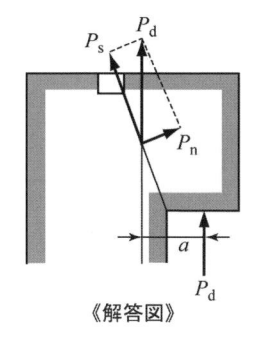

《解答図》

解説

（注）シリンダライナを締め付けている力 P は，シリンダジャケットからの反力 P_d と釣り合い，X-Y 部には曲げモーメント $P_d \times a$ が働き，割れを生じやすい。割れを防ぐには，a を小さくするためパッキン溝とフランジ部の距離を短くする。

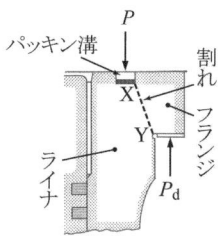

◆フランジ：鍔(つば)のこと。

問11 ディーゼル機関のシリンダライナに関する次の問いに答えよ。
(1402/1702/2202)
初期なじみ改善のため，どのような表面加工法があるか。（2つあげ，それぞれについてライナ表面の略図を描き，名称及び特徴を述べよ。）

【解答】
＜ウエーブカット＞　ホーニングの工程で作られる線状クロスハッチの凹部に潤滑油を保持するので、ピストンとの摺動は滑らかで摩擦が小さく摩耗を少なくできる。
＜プラトーホーニング＞　特殊なホーニング加工方法により、クロスハッチの山頂部を削り、プラトー仕上げ（高原仕上げ）として、潤滑油だまりを作りだす表面加工法。ピストン運動の抵抗を小さくし、ピストン（リング）の焼付きや摩擦をウエーブカットより低減できる。

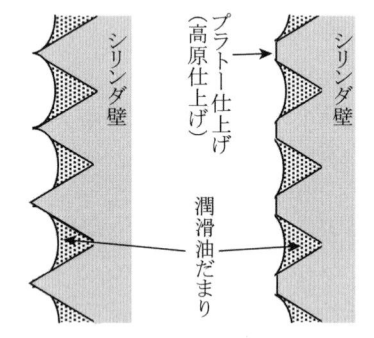

ウエーブカット（一般のホーニング）　　プラトーホーニング

【解説】
(注)　初期なじみ改善のため、ライナ表面に潤滑油保持のための溝を形成し、ピストンの運動を滑らかにする。
◆ホーニング（honing）：シリンダなど円筒形状の機械部品の内面を、砥石を押し付け回転させながら往復させて、磨き上げる加工方法。「hone」は砥石で研ぐという意味
◆クロスハッチ：加工面に作られた細かな網状の筋で、この網目（溝）が潤滑油を保持し、低摩擦を実現する。

問12　ディーゼル機関におけるアンチポリッシングリング（ファイヤリング）に関する次の問いに答えよ。
(1902/2207)

(1) このリングの材料は，どのようなものか。また，形状は，どのようになっているか。
(2) このリングを装備することにより，どのようにしてポリッシングを防ぐことができるか。
(3) 上記(2)により，機関にどのような効果が得られるか。

解答

(1) ＜材料＞　特殊鋳鉄(ライナと同じ材質)
　　＜形状＞　ライナ内径より若干小さい内径を有するリングで，シリンダライナの上部に挿入される。
(2) このリングにより，ピストン頂部外周に付着する硬質カーボンは，掻き落とされリングの内径以上に成長しないため，ライナ壁との接触を避けることができる。この結果，ライナ表面のホーニング加工溝が摩耗によって消失し，鏡面のようになるのを防止する。

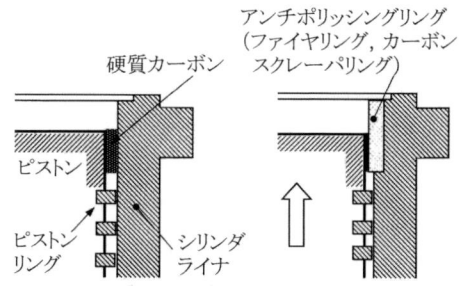

硬質カーボン　　アンチポリッシングリング（ファイヤリング，カーボンスクレーパリング）

ピストン　ピストンリング　シリンダライナ

ピストンに堆積した硬質カーボンはピストン上昇時にアンチポリッシングリングによって掻き落とされる。

(3) ライナの偏摩耗，潤滑油の消費増加や汚損の抑制に効果がある。

解説

◆アンチポリッシングリング：ピストンに付着した硬質カーボンは，ライナの偏摩耗や鏡面化を起こし潤滑油の消費を増加させる。このため硬質カーボンを除去する目的でライナ上部に装着されるリング
◆ポリッシング：磨くこと。

問13 ディーゼル機関の連接棒ボルト（クランクピンボルト）に関する次の問いに答えよ。
(1) 連接棒ボルトのねじ部に応力が集中しないようにするため，工作上どのような考慮が払われているか。　　　(1404/1610/1802/2002/2110/2307)
(2) ナットを締め付けて，ボルトの割ピン穴に合わない場合，ナットの当

たり面を削って合わせてはいけないのは、なぜか。

解答
(1) ① ボルトの軸部の径をねじ底の径まで細くして応力の分散を図る[注1]。
    ② ねじの仕上げ精度を高くし、ねじ底に丸みをつける[注2]。
    ③ ボルト頭及びナットの肌付き面の大きさをできるだけ小さくする[注3]。
    ④ ねじの形状は「角ねじ」としないで「細目ねじ」とする[注4]。
(2) ナットの座は水平に当たる必要があるので、これを不用意に削って[注5]傾くと、ナットの締付けでボルトに無理な曲げ応力が生じ、折損の原因となる。

解説
(注1) 細くしないとボルトにかかる引張り力がねじ山に集中して、ねじ部から切断する。
(注2) 丸みを付けると応力が分散出来る。
(注3) 肌付き面が大きいとボルトに作用する曲げモーメントが増加し、折損しやすくなる。
(注4) 角ねじはゆるみやすいが、ねじ山が多くピッチが小さい細目ねじはゆるみが少ない。
(注5) 合わない時は、割りピン穴を削って調整する。
◆割ピン：重要なボルトにはボルトとナットに割ピン穴をあけ、割りピンを挿入しナットが外れないようにする。
◆リーマ仕上げ：ボルトとボルト穴を精密な接触が保たれるよう加工精度を高めた仕上げ。研磨仕上げともいう。

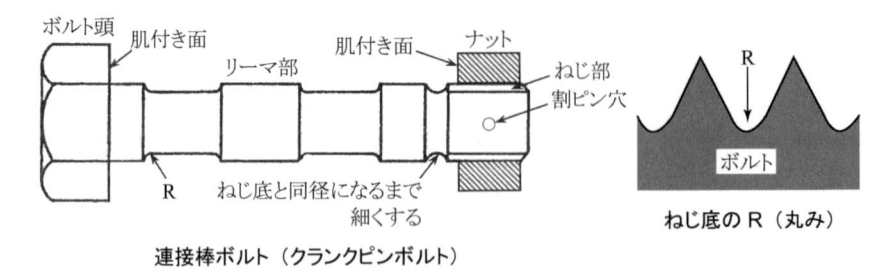

連接棒ボルト（クランクピンボルト）

ねじ底のR（丸み）

問14 ディーゼル機関の連接棒ボルト（クランクピンボルト）に関する次

3　ディーゼル機関

の問いに答えよ。　　　　　　　　　　　(1404/1610/1802/2002/2110/2307)

　　連接棒ボルトは，二サイクル機関より四サイクル機関のほうが折損事故が起こりやすいのは，なぜか。

解答

　二サイクル機関では，クランクピンはピストンの上昇行程，下降行程とも常に上メタルを押している。一方，四サイクル機関では，排気行程から吸気行程にかけて，ピストン及び連接棒の慣性力によって，クランクピンは上メタルから離れて下メタルに当たり，ボルトには大きな引張り力が衝撃的に作用するので，折損事故が起こりやすい。

解説

(注)　二サイクル機関では，クランクピンボルトにかかる引張り力には，連接棒大端部下半の重さだけが作用する。

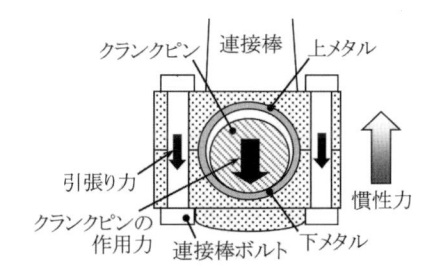

排気行程から吸気行程
（四サイクル機関）

問15　トランクピストン形ディーゼル機関に関する次の問いに答えよ。
(2104)

(1) 高過給機関において，斜め割りのクランクピン軸受が採用される理由は，何か。

(2) 上記(1)の上下軸受の合わせ部は，どのような加工がされているか。また，この合わせ面にフレッチングによる摩耗やへたりがあると，どのような害があるか。

解答

(1) 機関出力が大きくなるとシリンダ内径より連接棒大端部が大きくなる。このため，ピストンを抜き出すとき斜め割りの軸受にしないとピストンが抜けなくなる。

(2) セレーション加工されている。フレッチングによる摩耗やへたりがあるとクランクピンメタルに過大なクラッシュを与え，油すきまを確保できない。

機関その一

解説

◆ 高過給機関：過給機を取り付けた機関。過給機をつけるとシリンダに供給する空気量が多くなるので燃料噴射量を多くでき高出力となるが，高出力を支えるクランク軸も強度上太くなる。
◆ へたり：変形すること。
◆ クラッシュ：押しつぶすこと。
◆ セレーション：のこ歯状の形状
◆ フレッチング：こすれて摩耗する現象

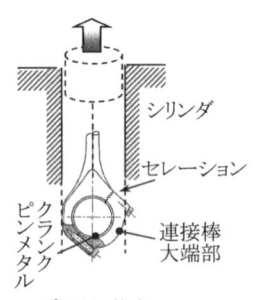

問 16 高過給トランクピストン形ディーゼル機関の斜め割り方式のクランクピン軸受に関する次の問いに答えよ。
(2104)
運転中，斜め割りの軸受の連接棒ボルト（クランクピンボルト）に加わる力は，普通の2つ割りの軸受の連接棒ボルトに加わる力と比べて，どのように異なるか。

解答

2つ割り軸受ボルトに加わる力を P とすると，斜め割り軸受のボルトにかかる力 P' (注1) は $P \times \cos\theta$ となり，P よりも小さくなる。

解説

(注1) 斜め割りの場合，$P' < P$ となり，連接棒ボルトの直径は細く，大端部の幅は小さくなる。

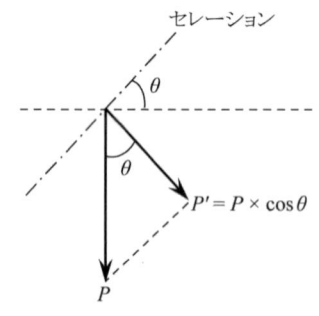

※図は要求されていないが，図を付け加えると P, P', θ が説明でき，わかりやすい。

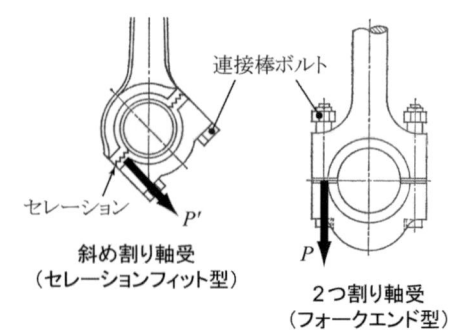

〔山根幸造『ディーゼル機関の実際』を基に作成〕

3 ディーゼル機関

> **問17** ディーゼル機関の副室式燃焼室に関する次の問いに答えよ。
> (1) 副室式燃焼室を採用すると、どのような利点があるか。
> (2) うず流室の構造は、予燃焼室の構造とどのような点が異なるか。
> (3) 予燃焼室機関においては、燃料と空気の混合及び燃料の燃焼は、どのように行われるか。

解答

(1) (注1)
① 高速回転においても、短時間で良好に燃焼できる。
② 低質な燃料油が使用できる。
③ 噴射圧を低く、ノズル孔を大きくできるので燃料噴射系の寿命が長い。
④ 振動や騒音が小さい。

(2) 燃焼の主体がうず流室なので、主燃焼室との連絡孔の面積及び副室の容積が予燃焼室に比べて大きい。

(3) ①混合：主燃焼室の空気は、圧縮行程で予燃焼室に流入して燃料と逆方向の乱流となり、予燃焼室内に噴出された燃料と混合気を作る。
　②燃焼：予燃焼室で燃料の一部が燃焼して高温高圧となり、その爆発力で残りの燃料を主燃焼室に噴出し、主燃焼室の空気と混合し完全燃焼する。燃焼の主体は主燃焼室で行う。

解説

(注) 大形低速機関では、混合気の形成と燃焼に時間的余裕があるので、燃焼室の形状が簡単な単室式が採用される。一方、混合気の形成が困難な小形高速機関では、混合気の形成に圧縮空気や燃焼ガスの噴流を利用する副室式を採用する。

(注1) 混合気の形成が容易なので、単室式に比べ燃料の噴射圧を高くしたり、ノズル孔を小さくする必要がない。噴射圧が高いと振動や騒音の原因となり、ノズル孔が小さいと孔が詰まりやすくなる。

◆単室式：ピストンの頂部にある凹形状の燃焼室に燃料を直接噴射し、燃焼させる方式

◆副室式：副燃焼室で発生させた燃焼ガスを主燃焼室に噴出し、残りの燃料を主燃焼室で燃焼させる二段燃焼式

機関その一

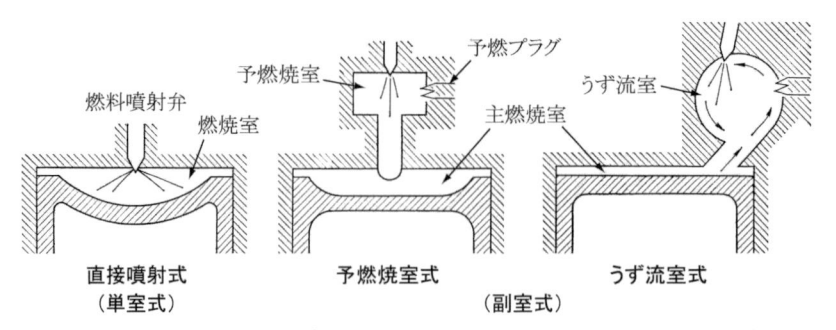

直接噴射式　　　　　予燃焼室式　　　　　うず流室式
（単室式）　　　　　（副室式）

〔機関長コース 1983 年 11 月号「受験講座・内燃機関」第 11 回（三原伊文）を基に作成〕

|問|18　ディーゼル機関の燃焼及び燃焼室に関する次の(1)～(3)の用語を，それぞれ説明せよ。　　　　　　　　　　　　　　　　(1404/1510/2010)
(1) 燃料噴射率　　　(2) スキッシュ　　　(3) スワール

|解答|
(1) ノズルから単位時間（1秒間）に噴射される燃料の量
(2) 圧縮うず。圧縮行程の終わりにピストン上面とシリンダヘッドのすきまから燃焼室中心に向けたガスの流れ
(3) 旋回うず。吸入過程におけるシリンダ中心軸周りのガスの旋回流

|解説|
(注)　単室式燃焼室では，燃料と空気の混合を良くするため，スワールやスキッシュなどの空気流動を利用する。
◆スキッシュ：「ぐしゃっと潰す」の意味
◆スワール：「旋回」，「うず流」の意味

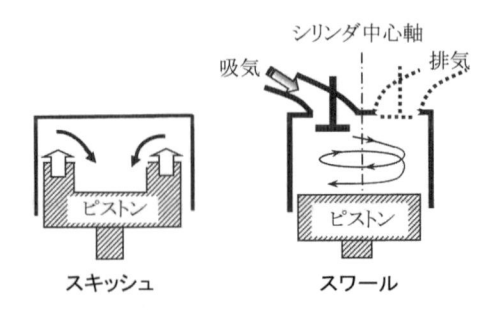

|問|19　クロスヘッド形ディーゼル機関において，ピストン棒がクランク室

3 ディーゼル機関

上部を貫通する部分に設けられるパッキン箱について，次の問いに答えよ。
(1402/1602/1707/1810/2207)
(1) パッキン箱の役目は，何か。
(2) 運転中，パッキン箱の働きが正常かどうかは，何を検査して判断するか。
(3) パッキン箱を開放した場合の検査箇所及び計測箇所は，それぞれどこか。

【解答】
(1) ① 掃気室とクランク室の密閉
② クランク室内の潤滑油の上り防止
③ クランク室内への燃焼残渣の侵入防止
(2) パッキン箱に接続された漏えい管から
① リークオイル（ドレン）の量と汚損状態
② 空気の漏れ状態
を点検する。
(3) ① 検査箇所
- ピストン棒摺動面(しゅうどう)のかじり，縦傷の有無
- リングの汚れや摩耗の状態
- ばねのへたり，伸び及び折損の有無

② 計測箇所
- リングの摩耗量（合い口すきま）
- リングとケーシング間のすきま

【解説】
(注) ピストン棒（ピストンロッド）は掃気室とクランク室を往復するため，ピストン棒下降時には掃気室内の燃焼残渣が，上昇時にはクランク室内のシステム油が付着するので隔壁にパッキン箱を設け，これらの付着物をかき取る。

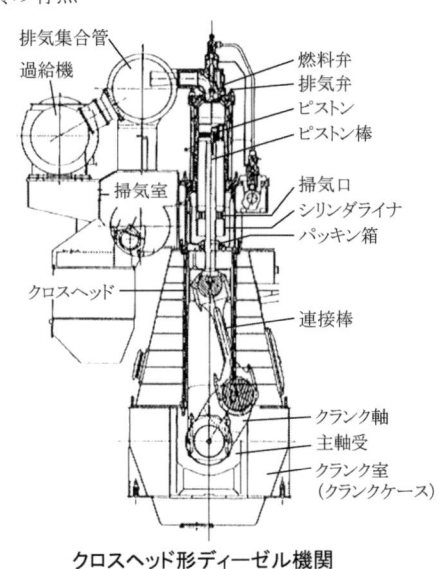

クロスヘッド形ディーゼル機関

◆クロスヘッド形：ピストンとクランク軸はピストン棒とクロスヘッド及び連接棒でつながれる。
◆パッキン箱：スタフィングボックスともいう。

> **問20** ディーゼル機関のクランク軸に関する次の問いに答えよ。
> (1902/2202)
> (1) クランクアーム開閉量を計測する場合，どのような注意が必要か。
> (1602)
> (2) クランクアーム開閉量を計測したところ，クランクピンが上死点にあるときのダイヤルゲージの読みが−8，下死点付近にあるときの読みが0であれば，クランク軸心は，どのような状態になっているか。（略図を描いて示せ。）［ダイヤルゲージは，スピンドルが入っていくと＋の数値（1/100 mm 単位）が増すものとする。］
> (1604)
> (3) クランクアーム開閉量が許容限度以上であるのに，そのまま運転を続行したためクランク軸が折損した場合，クランク軸の折損面の模様は，どのようになるか。

解答
(1) ① 軸受上半部は取り付けたままで計測を行う。
　　② 計測中にクランク軸が軸受面から浮いていないことを確認する。
　　③ <u>ダイヤルゲージを取付け位置に正確に取り付ける</u>(注1)。
　　④ 積荷の状態や喫水の変化に注意する。
(2) 図に示す。クランク位置が上死点にある時，下死点にある時に比べて 8/100 mm クランクアームが開いた状態，いわゆる下ぞりの状態にある。
(3) 繰返し曲げ応力により，折損面は軸心と直角の方向で，模様は貝殻状を呈する。

解説
(注1) 右下図参照。
◆クランクデフレクション：クランクアームのたわみ。クランクアームの開閉作用とは，俗にワクワクとも呼ばれ，クランクアームの間隔が広がったり，狭まったりする現象。この開閉作用が起こるとク

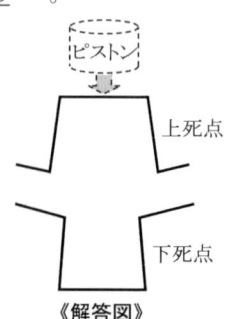

《解答図》
（破線部分は描画不要）

ランク軸に曲げの繰返し応力が作用して，クランク軸の折損につながる。これは，主軸受の不同摩耗や台板の変形などによるクランク軸の軸心の狂いが原因で起こる。

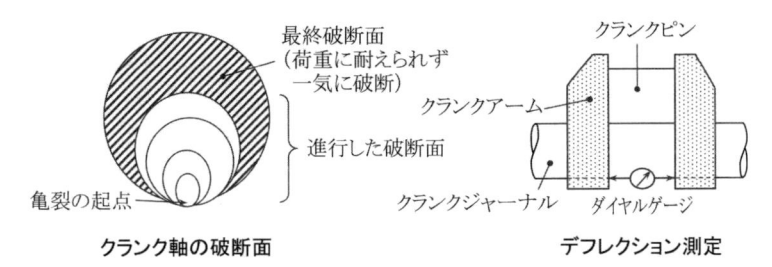

クランク軸の破断面
- 亀裂の起点
- 最終破断面（荷重に耐えられず一気に破断）
- 進行した破断面

デフレクション測定
- クランクピン
- クランクアーム
- クランクジャーナル
- ダイヤルゲージ

問21 ディーゼル機関のクランク軸に関する次の問いに答えよ。

(1) クランク軸の油穴を図のように設けると，燃焼ガス圧による最大負荷のかかる位置と開口部が一致し，軸受を大きくしなければならなくなる。そのため，特に高出力機関では，どのような油穴を設けるか。（略図を描いて説明せよ。） (1707/1810/2007/2107/2304)

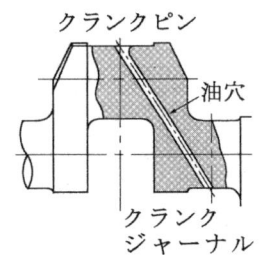

(2) クランク軸の製造時，ジャーナルの中心線が一直線であるかどうかは，一般に，どのような方法で調べるか。

(3) クランク軸にヘアクラックを発見した場合，どのような処置をするか。
(1604/1707/1810/2007/2107/2304)

解答

(1) 高出力機関では，燃焼ガス圧による最大負荷のかかる位置と開口部が一致しないようにし，かつクランク軸のどの位置においても各部に十分な量の潤滑油を供給するために，図のようにジャーナル及びクランクピンのサイドに開口部を設ける。

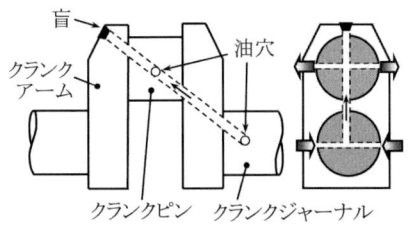

《解答図》
主軸受に流入した潤滑油は，ジャーナル部のサイドの油穴を通ってクランクピンにいき，ピンサイドの油穴から流出しクランクピン軸受を潤滑する。

(2) クランクアームの開閉量を測定する。
(3) ① ヘアクラックの軽微なものはグラインダでクラックを完全に削除し，十分な丸み（R）をつけて，油砥石で滑らかに仕上げる。この場合，負荷を軽減する必要はない。
② ヘアクラックが①の方法で除去できない場合は，クラックの端部にドリルで割れ止めの小孔を開けるか，ポンチマークを打って，原因の修正に努める。この場合，クランク軸にかかる負荷はなるべく少なくし，定期的に点検してクラックの進行がないことを確認する。折損に至る前に早期に新替えする。

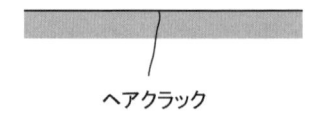

ポンチ

解説
◆ヘアクラック：ヘアは「髪の毛」，クラックは「き裂」，ヘアクラックは髪の毛のように細く微細なき裂のこと。

ヘアクラック

問22 ディーゼル機関の軸受材料に用いられる銅鉛合金に関して，次の問いに答えよ。
(1) ホワイトメタルと比べて，優れている点は，何か。
(2) 使用する場合，下記㋐〜㋓の事項については，どのような注意が必要か。
　㋐ 軸の表面かたさ　　㋑ 使用潤滑油
　㋒ 潤滑油こし　　　　㋓ 軸受の油すきま

解答
(1) ① 機械的強度が大きく，高温においても強度の低下が小さい。
② 熱伝導がよい(注1)ので，軸受面の温度を低く保つことができる。
③ 油膜が切れても，鉛が潤滑作用をするので，焼付きを起こすことが少ない。
(2) ㋐ 軸の摩耗を減じ(注2)，焼付きのとき軸を傷つけないようにするため，必ず軸を表面焼入れして硬度を高くする。
㋑ 潤滑油中に脂肪酸が含まれると鉛を腐食するので，中和型の潤滑油を

使用する。
- ㋒ 固形物を埋め込む性質がないので，潤滑油こしには目の細かいフィルタを使用する(注3)。
- ㋓ 熱膨張率が大きいので，軸受すきまはホワイトメタルより大きくする(注4)。

|解説|
- (注1) ホワイトメタルより3～6倍熱伝導性が良い。
- (注2) 軸受材の銅鉛合金は固いので，軸が柔らかいと軸が摩耗する。
- (注3) 埋没性（固形物を埋め込む性質）がないので潤滑油中に固形物があると軸を傷つける。
- (注4) すきまが大きいと潤滑油の漏れも多くなるので，循環量を増やすため潤滑油ポンプの容量が大きくなる。

- ◆銅鉛合金：ケルメットとも呼ばれ，高速・高荷重軸受として使用される軸受用合金
- ◆ホワイトメタル（白色合金）：Sn（すず）や Pb（鉛）を主体とした軟質の軸受用合金
- ◆表面焼入れ：鋼を加熱して急冷し表面のみ硬化する熱処理

問23 トリメタル（三層メタル）は，どのような材料によって構成されているか。

|解答|
トリメタルは軟鋼製の裏金に，ケルメット（銅鉛合金）を鋳込み，その上にホワイトメタルをオーバレイして3層とした軸受

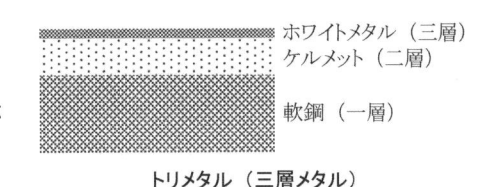

ホワイトメタル（三層）
ケルメット（二層）
軟鋼（一層）

トリメタル（三層メタル）

|解説|
- ◆トリメタル：3種類の金属が層になった軸受で，トリは「3」，メタルは「金属」の意味
- ◆オーバレイ：0.2mm 程度の表面の薄膜
- ◆鋳込み：溶けた金属を型に流し込んで，冷やして目的の形状を得る加工法

問24 ディーゼル機関の軸受に関する次の問いに答えよ。　（1607/2010）
(1) 裏金にホワイトメタルを鋳込んだ軸受において，メタルの厚さは薄い方がよいのは，なぜか。
(2) 軸受すきまを計測する場合，軸受の内径と軸の外径をマイクロメータで計測して求めた値と鉛線締めによって計測した値では，一般にすきまの値はどちらが大きく現れやすいか。
(3) 図は，主軸受のトリメタル下部を示す。軸受の合わせ目のa部が少し削ってあるのは，なぜか。また，クラッシュ(c)を設けるのは，なぜか。

【解答】
(1) 厚さが薄いほど，熱伝導性が良く，耐疲労性も向上する。
(2) 軸受の内径と軸の外径をマイクロメータで計測して求めた場合
(3) ① 削ってある理由
　　　・締付け後の膨らみを防ぐ。
　　　・冷却する潤滑油量を増す。
　　　・油中のきょう雑物を除く。
　　② クラッシュの目的
　　　・ボルトの締付け力で軸受裏金と軸受台とを完全に密着させるため。

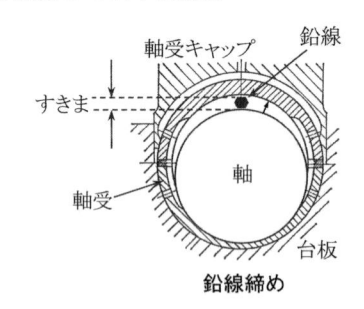

【解説】
◆鉛線締め：軸受すきまに鉛線を挿入して軸受を締め込み，鉛線のつぶれを測定してすきまを求める方法。面倒であるが最も正確な計測法
◆クラッシュ（crush）：「押しつぶす」という意味から「押込み代（しろ）」

問25 ディーゼル機関に関する次の(1)～(4)の事項を説明せよ。
(1) 軸受のクラッシュ　　　　　　　　　（1504/1704/1807/2104/2207）
(2) 潤滑油系統のフラッシング

(3) 燃料噴射装置に発生するベーパロック　　（1504/1704/1807/2104/2207）
(4) 発電機駆動用ディーゼル機関のハンチング　（1504/1704/1807/2104/2207）

[解答]
(1) 軸受をはめ込む際，裏金の背面を軸受台の腹面に密着させるため，軸受台の分割面からわずかに裏金をはみ出させている。このはみ出し量のこと。ボルトの締付け力で密着させる。
(2) 機関の据付け後，試運転前にフラッシング油を用いて潤滑油系統内に残留する異物や付着物を除去するために行う循環洗浄
(3) 燃料油系統内に，燃料蒸気や燃料油中の水蒸気及び空気が多量に溜って，燃料の供給が妨げられる現象(注1)
(4) 調速機付き機関(注2)で，設定した回転速度に対し，その回転速度が周期的に変化すること。

[解説]
(注1) 燃料の加熱温度が高過ぎたり，燃料ポンプの昇圧が低い場合に発生しやすい。
(注2) 発電機駆動用ディーゼル機関では，回転速度を一定にするため，一般に定速度調速機（ガバナ）が装備される。
◆フラッシング：洗浄
◆ベーパロック（蒸気閉そく）：液中に蒸気などが発生し，作動に不具合を生じること。
◆ハンチング：乱調

問26 ディーゼル機関の吸気弁及び排気弁に関する次の問いに答えよ。
　　　　　　　　　　　　　　　　　　　　　　　（1510/1702/1904）
(1) 弁座の当たり幅が広い場合及び狭い場合には，それぞれどのような利点があるか。
　　　　　　　　　　　　　　　　　　　　　　　（1404）
(2) 小形機関において，弁座環を直接シリンダヘッド（シリンダカバ）に設ける場合，どのようにして弁座環をシリンダヘッドに取り付けるか。
　　　　　　　　　　　　　　　　　　　　　　　（2302）
(3) 弁ばねを複式にしたものでは，両ばねの巻き方向は，同じ方向か，それとも逆方向か。また，それは，なぜか。

解答

(1) ① 広い場合：熱伝導が良く，閉弁時の衝撃も少ない(注1)。
　　② 狭い場合：すすのかみ込みが少なく，気密性が良い。
(2) 圧入，焼きばめ，冷やしばめ，ねじ込みなどの方法がある(注2)。
(3) 逆方向：一方が折れても他方のばねの間にかみ込まないようにするため。

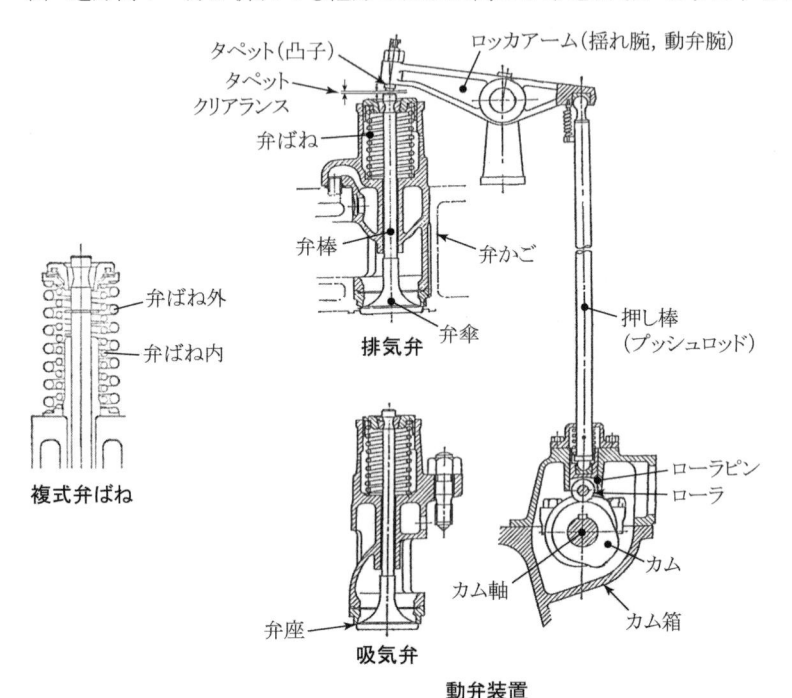

複式弁ばね

排気弁

吸気弁

動弁装置

〔機関長コース1984年1月号「受験講座・内燃機関」第12回（三原伊文）を基に作成〕

解説

(注1) ばねの張力を大きな面積で受けるため。
(注2) 衝撃によって緩まないように，また伝熱を害さないように取り付ける。

◆弁座環：弁座を弁座環として分離すれば，弁座が摩耗してもシリンダカバを取り換える必要がない。
◆焼きばめ：シリンダカバを100℃位に加熱して広げて弁座環を装着する。
◆冷やしばめ：弁座環を-40℃位に冷却して縮小し，シリンダカバに装着する。

3　ディーゼル機関

問27 ディーゼル機関の吸気弁及び排気弁に関する次の問いに答えよ。
(2302)

　弁座の当たり面の幅は，吸気弁と排気弁では，一般にどちらを大きくするか。また，それはなぜか。

解答

　排気弁の方を大きくする。理由：吸気弁，排気弁とも弁傘の下面は，燃焼ガスにさらされるが，吸気弁は吸気中，弁傘の上側から冷却される。一方，排気弁の弁傘は，排気中も上側から排ガスに熱せられるので，弁座の当たり面の幅を大きくして冷却効果を高めている。

解説

（注）　排気弁と吸気弁は基本的には同じ形状であるが，排気弁は過熱を防止するため冷却水で冷却し，当たり面にステライトなど耐熱，耐摩耗性の高い金属を溶着している。

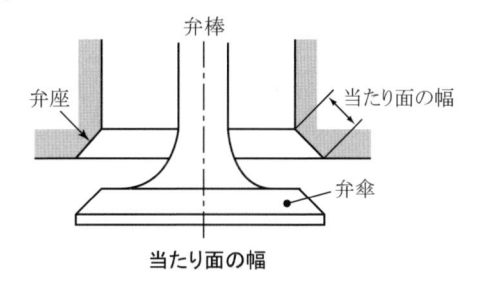

当たり面の幅

問28 ディーゼル機関の吸気弁及び排気弁に関する次の問いに答えよ。
(1404)

　弁と弁座の位置の関係を図の(A)～(C)のようにした場合，それぞれどのような問題点があるか。

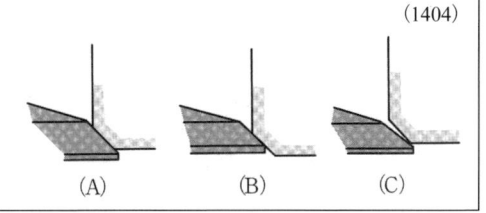

解答

(A) 弁に段ができると，<u>接触圧力が弱くなり</u>(注1)，円すい面の接触が悪くなる。
(B) 摩耗しても当たりは悪くならないが，<u>弁座に段ができて修正が困難になる</u>(注2)。

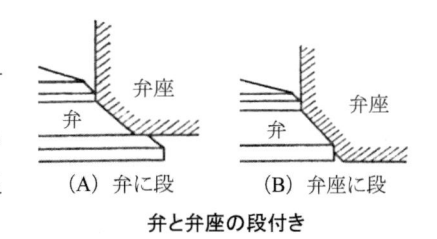

弁と弁座の段付き
(A) 弁に段　　(B) 弁座に段

(C) 閉鎖が確実で，燃焼不良で生じるすすのかみ込みが少なく，弁座に溝ができないが，接触面積が少なく伝熱が悪い。

解説
（注1）弁が沈むと，弁を閉じるばねの圧縮量も減り，円すい面の接触圧力は弱くなる。
（注2）弁座を修正するよりは弁を修正する方が簡単である。

問29 ディーゼル機関の排気弁に関する次の問いに答えよ。
(1) 弁棒と弁案内とのすきまが大きくなると，どのような害があるか。　　　(1404)
(2) 弁棒の下部に段（図のⒶに示す部分）を設けるのは，なぜか。
(3) 弁棒に 2～3 本の浅い溝（図のⒷに示す部分）を設けるのは，なぜか。

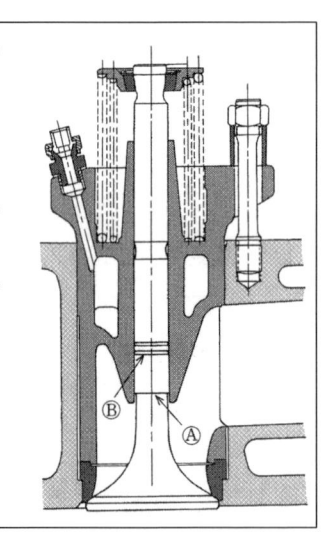

解答
(1) ① 弁が首振り運動をして弁と弁座の当たりが悪くなり，ガス漏れを生じる。
　　② 弁案内への伝熱(注1)が悪く，過熱されやすくなる。
　　③ 高温ガスが侵入し，潤滑を妨げ，摩耗や焼付きを助長する。
(2) すきまへのすすのかみ込みを防ぐ。
(3) 排気ガスが弁棒を伝わって漏洩するのを防止する。また，潤滑油溜まりとして弁棒の潤滑を助ける。

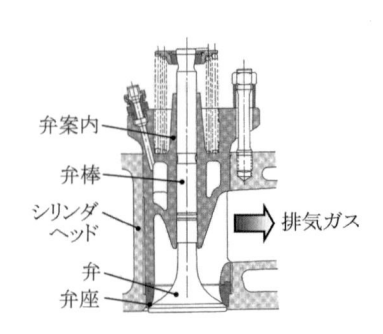

解説
（注1）弁案内は弁の熱をシリンダヘッドに伝える。

問30 図は，四サイクルディーゼル機関の吸気弁及び排気弁の弁駆動装置の一部（カムとタペット）を示す。(A)のタペットローラの形式，(B)の平面タペットと凸面カムの形式及び(C)のスイングアームの形式は，それぞれどのような利点があるか記せ。
(1710/1910)

解答
(A) 摺動面の摩擦が少なく，動作が確実である。
(B) 弁の開閉が速い。
(C) カム，押棒のスラストを支点で受けるので，タペットガイドの構造を簡単にでき，また，カムの揚程を小さくできる。

解説
◆摺動：接する2金属が互いに滑って動くこと。
◆カム：カム軸に取り付けられ回転角度に対応した曲面によりタペットに周期的運動を与える部品
◆タペット：カムと押棒の間にある凸型の部品
◆押棒：プッシュロッド。軸方向に荷重を伝える棒

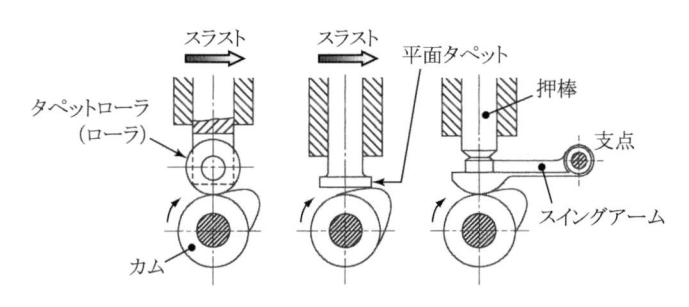

問 31 図は，大形二サイクルディーゼル機関に用いられている油圧駆動式の排気弁を示す。図に関する次の問いに答えよ。　(1407/1704/2002/2210)

(1) 排気弁はどのようにして開くか。
(2) 排気弁は，どのようにして閉じるか。
(3) ⑦の穴は，どのような目的で設けられているか。
(4) ⑦の板は，どのような目的で設けられているか。

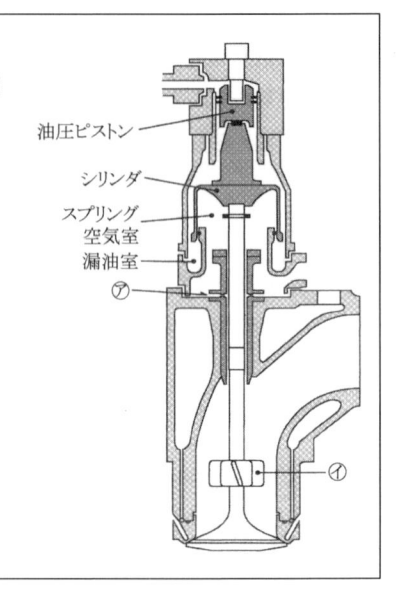

解答

(1) カム軸に装着されたカムにより，油圧ポンプ内で加圧された作動油がスプリング空気室内の空気圧に打ち勝って油圧ピストンを押し下げ排気弁を開ける。

(2) カムが頂点を越すと，油圧ポンプのピストンが下降し作動油が油圧ポンプに吸引される。これにより油圧ピストン上部の油圧が下がるので，スプリング空気室内の圧縮された空気圧により排気弁は押し上げられて閉じる。

(3) 排気弁棒を伝わって燃焼ガスが空気室に入らないように空気でシールするとともに，空気に混合された潤滑油によって弁棒を潤滑する。

(4) 排気ガスの流れがこの板に作用して排気弁を回転させ，弁と弁座の当たりを均等にすることにより偏摩耗を防止し，排気ガスの吹抜けを防ぐ。

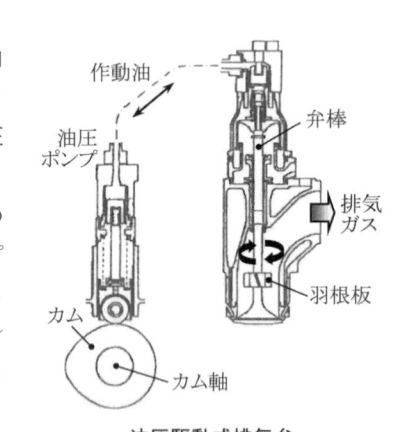

油圧駆動式排気弁
〔今橋武・沖野敏彦『舶用ディーゼル機関の基礎と実際』を基に作成〕

3　ディーゼル機関

> **問32** 二サイクルディーゼル機関の掃気に関する次の問いに答えよ。
> (1) 完全層状掃気とは，どのような掃気をいうか。　　　　(1710/1904/2310)
> (2) ユニフロー掃気が，横断掃気やループ掃気に比べて有利な点及び不利な点は，それぞれ何か。　　　　(1710/1904/2310)
> (3) 行程 (S) とシリンダ径 (D) の比 (S/D) が大きくなっても掃気効率が減少しないのは，ユニフロー掃気，横断掃気又はループ掃気のうちどれか。

解答
(1) 燃焼室に流入した掃気と残留ガスが完全分離して混ざり合うことなく，燃焼ガスは掃気に押し出される形で排出されると仮定した理想的な掃気
(2) ① 有利な点
　　　● 掃気はシリンダ断面を一様に流れるので掃気と燃焼ガスが混合することが少なく掃気効率がよい。
　　　● 掃気口の高さを低くでき(注1)，有効行程の減少が少ない。
　　　● 掃気口に角度をつけ，旋回流を起こして燃焼を促進できる。
　　　● 排気弁の開閉時期を適切に選ぶことができ，過給し易い。
　　② 不利な点
　　　● シリンダカバに排気弁を設ける必要があり，構造が複雑になる。
(3) ユニフロー掃気(注2)

　　　　　　　　燃料噴射弁　　　　　　　排気弁

　　　　　横断掃気　　　ループ掃気　　ユニフロー掃気

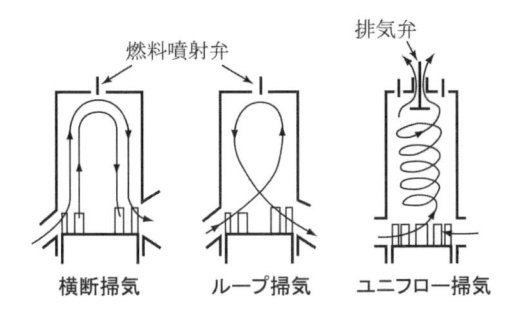

解説
(注1) 掃気口をシリンダ全周に設けることができるので穴の高さを低くできる。
(注2) S/D 比が大きくなると，シリンダ容積が同じ場合，シリンダ径が小さく

なり横断やループ式では，掃気と燃焼ガスが混ざり合うことなく置換することは難しい。また，シリンダ上部に燃焼ガスが溜まりやすい。
◆横断は「跳ね上がり」，ループは「環」，ユニフローは「単一流れ」の意味
◆掃気効率＝掃気後シリンダ内に留まった新気の質量／掃気後のシリンダ内全ガス質量

問33 二サイクルディーゼル機関の掃気に関する次の問いに答えよ。
(1710/1904/2310)
掃気に旋回流を与えるユニフロー掃気では，掃気をどのような方向に向けてシリンダ内へ流入させるか。

解答
掃気効率を良くするため，シリンダ径の半分程度の直径の同心円の接線方向へ向けて流入させ，掃気に旋回流を与える。

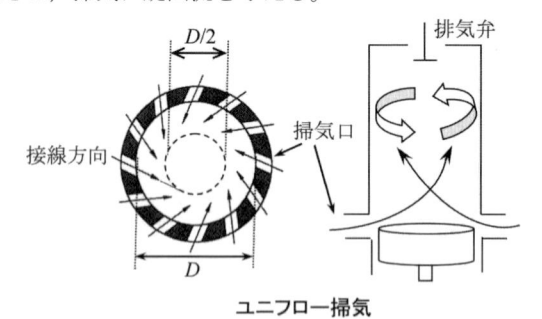

解説

ユニフロー掃気

問34 多シリンダ四サイクルディーゼル機関における排気干渉に関して，次の問いに答えよ。
(1410/1704/1902/2304)
(1) 排気干渉とは，どのようなことか。
(2) 排気干渉を除去するために，どのような方法がとられているか。

解答
(1) 多くのシリンダが短い排気枝管で共通の排気集合管に連結されている場合には，あるシリンダの排気の吹出しが他のシリンダの排気弁の閉じる直前に始まることがある。この場合には排気の吹出しによって生じた圧力波が排気弁の閉じつつある所へ到達し，このためにシリンダ内の残留ガス圧が高くなり体積効率を減少する。これを排気干渉という。
(2) ① 排気の時期が重ならないようなシリンダだけを共通とした複数の排気系統に分ける。
② シリンダから大容量の排気集合管へ長い枝管で連絡する。

解説
(注) 排気干渉は，他のシリンダの排気作用を阻害するので，吸込み空気量に影響を及ぼし機関出力の低下となる。
◆体積効率：体積効率＝実際に吸入した新気の体積／行程体積。シリンダ内に空気を吸い込む能力を示す尺度

問35 ディーゼル機関のボッシュ式燃料噴射ポンプに関する次の文の（ ）の中に適合する字句又は数字を記せ。　　　　　（1502/1607/2004）
(1) プランジャの直径は，機関の（ ㋐ ）直径の 5～9 ％とするが，プランジャの直径を大きくし過ぎると有効行程が短くなり，燃焼（ ㋑ ）が困難となって，各シリンダの出力を（ ㋒ ）ることがむずかしくなる。
(2) プランジャの直径を小さくし過ぎると噴射期間が長くなり，（ ㋓ ）が低下する。
(3) 一般に，有効行程は，ポンプの全行程の（ ㋔ ）くらいにする。
(4) 機関が高速になるほど，ポンプの実際の噴油量は，ポンプの有効行程の噴油量よりも（ ㋕ ）くなる傾向がある。

機関その一

解答
- ㋐：シリンダ
- ㋑：制御
- ㋒：そろえ
- ㋓：熱効率(注1)
- ㋔：1/3
- ㋕：多

解説
(注1) 噴射期間が長くなると，あと燃えを生じ，熱効率が低下する。

◆プランジャ：半径方向に対して軸方向の長い棒状のピストン

◆有効行程：プランジャの突きはじめから突き終わりまでの長さ

◆ラック：直線運動を回転運動にする歯車

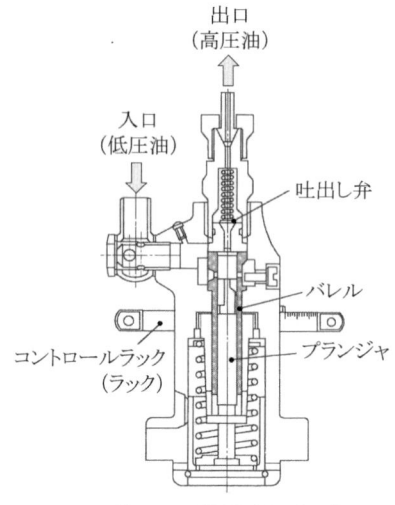

ボッシュ式燃料噴射ポンプ

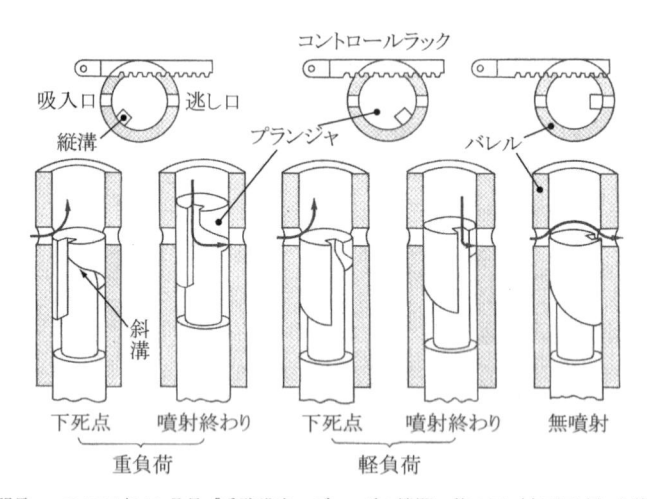

〔機関長コース1984年12月号「受験講座・ディーゼル機関」第6回（大西正幸）を基に作成〕

燃料ポンプの作動：プランジャが下死点にくると，油は吸入口から流入する。プランジャが上昇し，両端の口が塞がれると吐出が始まり，さらにプランジャが上昇し，斜溝と逃し口が出合うと，油は吸入側へ返され噴射は止まる。プランジャをラックで回せば斜溝と逃し口との通じる位置が変わるので吐出し量を加減できる。縦溝と逃し口が常に通じると噴射は行われない。

3 ディーゼル機関

問36 ディーゼル機関のボッシュ式燃料噴射ポンプに関する次の問いに答えよ。
(1710/2104/2307)
(1) 負荷に応じて突き始め時期を変えるため，プランジャの上部の形状をどのようにするか。(略図を描いて示せ。)
(2) 機関の回転速度が高くなると，ポンプの送出し量は，ポンプの有効行程容積より多くなる傾向があるのは，なぜか。
(3) 各シリンダのポンプのバレルとプランジャ間の漏れ具合は，どのようにして点検するか。

解答
(1) プランジャ上部の形状を図中の破線に示すように斜めにすると突き始め時期を変えることができる。
(2) ボッシュ式ポンプでは，吸込口がプランジャにより完全に閉じないうちにポンプ内の圧力は上昇を始め，逃がし口も瞬時に開かないので，その間燃料噴射が続けられるため。(注1)
(3) ① A重油使用運転中，ポンプ下部のタペット調整ねじ部付近を点検する。A重油は粘度が小さいので漏れを点検しやすい。
② 高圧管を取り外した後に圧力計を取り付け，十分に空気抜きしてからプランジャを突き上げたとき規定圧力まで上がるかどうかにより点検する(注2)。

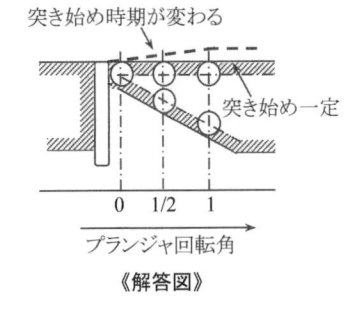

《解答図》

解説
(注1)及び(注2) 下図参照
◆燃料噴射ポンプ：燃料噴射弁に高圧油を送るポンプ
◆バレル(鞘)：プランジャを納める容器

機関その一

（注1）縦軸：毎行程噴油量、横軸：ポンプ回転速度

（注2）圧力計、燃料噴射ポンプ

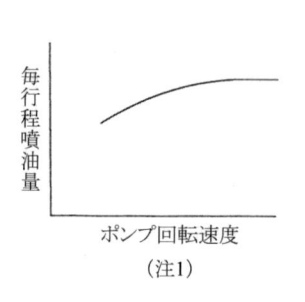

〔機関長コース 1975 年 2 月号
「受験講座・機関術―その 1―」
（小林淳利）より〕

問37　ディーゼル機関の噴射遅れに関する次の問いに答えよ。
　　　　　　　　　　　　　　　　　　　　（1504/1802/2110/2302）
（1）燃料の噴射遅れとは，どのようなことか。
（2）噴射遅れが大きくなるのは，どのような場合か。

解答
（1）燃料噴射ポンプのプランジャが燃料油を圧縮し始めてから，実際に燃料噴射が始まるまでの期間で，一般にクランク角度で表される。
（2）①　燃料噴射ポンプ
　　　　・燃料噴射ポンプのプランジャとバレルが摩耗して漏れがある場合
　　　　・燃料噴射ポンプの吸入弁，送出し弁，逃し弁が漏る場合
　　　　・燃料カム，ローラピンなどの運動部が摩耗した場合
　　②　燃料噴射弁
　　　　・燃料噴射弁の開弁圧が高過ぎる場合
　　　　・燃料噴射弁の噴口が汚れて狭くなった場合
　　③　燃料油
　　　　・燃料油の粘度が高過ぎる場合

解説
◆噴射遅れ：燃料噴射ポンプのプランジャが油を圧縮し始めてからポンプの送出し弁が開くまでの時間と燃料噴射管の中を圧力波が伝わる時間及び圧力波が燃料噴射弁に達してからニードル弁が開き燃料が噴射し始めるまでの時間

を合計した時間

問38 ディーゼル機関の自動弁式燃料噴射弁の噴射圧に関する次の文の（　）の中の⑦～㋖に適合する字句を，下記①～⑲の語群の中から選べ。　　　　　　　　　　　　　　　　　　　　　　(1410/1707)

(1) 燃料噴射弁の噴射開始圧は，ばね調整ねじによって調整するが，噴射中の噴射圧は，燃料噴射ポンプの送出し（⑦）と，燃料噴射弁の噴口（㋑）との関係により，一般に噴射開始圧より著しく高くなる。燃料噴射管は，その衝撃的高圧に対しても，管が（㋒）することのないように十分な肉厚のものを用意する。

(2) 燃料噴射弁の噴射開始圧が高い場合，噴射遅れが（㋓）し，燃料噴射ポンプの負荷が増加するため（㋔）性は下がる。また，燃料噴射管内の（㋕）が高くて，低負荷運転時には，（㋖）噴射となりやすい。

語群：①増加　②減少　③始動　④安定　⑤速度　⑥長さ　⑦面積
　　　⑧量　⑨温度　⑩残圧　⑪不規則　⑫加速　⑬後だれ　⑭振動
　　　⑮弁　⑯角度　⑰膨張　⑱収縮　⑲定常

解答
⑦：⑤速度　　㋑：⑦面積　　㋒：⑰膨張　　㋓：①増加
㋔：③始動　　㋕：⑩残圧　　㋖：⑪不規則

問39 ディーゼル機関の自動弁式燃料噴射弁に関する次の文の（　）の中に適合する字句を記せ。　　　　　　　　　　　(1907/2010/2304)

(1) 燃料噴射中の圧力は，燃料噴射ポンプの（⑦）速度と噴口の（㋑）との関係により，一般に開弁圧より著しく高くなる。

(2) ニードル弁のリフトが大きいと，弁の開弁時に瞬間的に（㋒）の低下をまねきやすい。

(3) ニードル弁と弁座の当たり面の径（ds）とニードル弁弁棒の径（dn）の比（ds/dn）が大きいと，閉弁圧は（㋓）る。

(4) 弁座から噴口までの容積が大きいと，燃料油の（㋔）を生じやすい。

[解答]
㋐：プランジャ　㋑：面積　㋒：噴射圧
㋓：下が(注1)　㋔：後だれ

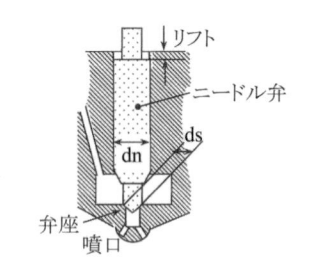

[解説]
(注1) 弁開閉の圧力差が大きくなり，閉弁圧が下がる。

◆ニードル弁：弁棒が針（ニードル）のように細い弁

問40 ディーゼル機関の自動弁式燃料噴射弁に関する次の問いに答えよ。
(1602/1810/2204) 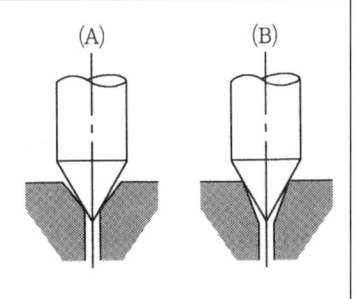
(1) 弁と弁座の当たりは，図の(A)のように弁座の下部で強く当たるほうがよいか，それとも(B)のように弁座の上部で強く当たるほうがよいか。また，それはなぜか。
(2) 弁のリフトは，弁開度面積が得られる限り小さい方がよいのは，なぜか。
(1107)

[解答]
(1) (B)がよい：弁座の上部で強く当たるほうが弁，弁座の摩耗が少なく(注1)，噴射の切れが良い。
(2) ① 弁の慣性が小さくなり，弁座の衝撃が小さくなる(注2)。
　　② 弁の開弁時に瞬間的な噴射圧の低下が小さい(注3)。

[解説]
(注1) (B)は，弁と弁座の接触面積が大きいので，弁座を押しつける圧力が(A)に比べ小さくなる。
(注2) リフト（問39の図参照）は普通1mm以内に抑える。
(注3) 噴射圧が低下すると燃料の霧化が悪くなる。

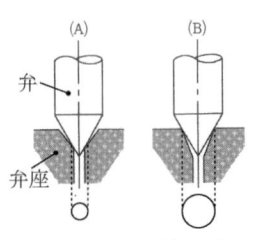

弁と弁座の接触面積

3 ディーゼル機関

問41 図は，ディーゼル機関の自動弁式燃料噴射弁の先端部分を示す。図に関する次の問いに答えよ。
(1504/1804/2107/2310)
(1) A部（ノズルサック）の容積は，小さい方がよいのは，なぜか。
(2) 噴口角（α）は，一般に，どのようなことから決められるか。
(3) 噴霧の到達距離は，噴口の l/d の大小とどのような関係があるか。
 （l：噴口の長さ，d：噴口径）

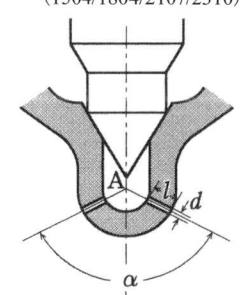

解答
(1) 容積が小さいと噴油の切れを良くし，後だれによる燃焼不良を防ぐ。
(2) 噴口角は，燃焼室の形状，ピストン頂部のすきま及びノズル取付け位置に関係するが，基本的には噴出される<u>燃料噴霧と空気との接触面積が最も大きく</u>[注1]なるように決められる。一般に 120° 程度の噴口角が用いられる。
(3) l/d が小さいと，燃料の分散は良くなるが到達距離は減少する。l/d が大きいと，ノズル内の摩擦のため噴出速度が減少して到達距離は小さくなる。$l/d ≒ 4$ 程度のとき到達距離は最大となる。

解説
(注1) 燃焼室の最も空気の多いところに燃料を噴射する。
◆ノズル：噴口ともいう。

問42 ディーゼル機関における燃焼に関して，次の問いに答えよ。
(1404/1510/1604/1804/2010/2210)
物理的点火遅れ及び化学的点火遅れとは，それぞれどのようなことか。また，機関の始動時及び運転中における点火遅れを，主に支配するのは，それぞれどちらか。

解答
① ●<u>物理的点火遅れ</u>[注1]：噴射された燃料が空気から熱を取って気化し，混合気を形成して自然発火温度に達するまでの期間で，加熱期間ともいわれる。

- 化学的点火遅れ^(注2)：自然発火温度に達した混合気が燃焼するまでの期間
② 機関の始動時における点火遅れは化学的点火遅れにより，運転中は物理的点火遅れにより支配される^(注3)。

解説
(注1) 油粒の直径や空気と油粒の相対速度に影響される。
(注2) 引火点や発火点など燃料の性質に左右される。
(注3) 機関が温まっていると，燃料の化学反応は急速に進むので，運転中は化学的点火遅れが短く物理的点火遅れがその大部分を占める。しかし，始動時のように冷えている場合には化学的点火遅れが支配的となる。
◆自然発火温度：火炎を近づけることなく自然に発火する最低の油温

問43 ディーゼル機関における燃焼に関して，次の問いに答えよ。
(1402/1604/1804)
(1) 燃料油の自然発火（自発点火）温度は，シリンダ内の圧縮圧が上昇するに従ってどのように変わるか。 (2210)
(2) 燃料噴射率とは，何か。
(3) 燃焼過程のうち，燃焼を制御できる期間の圧力上昇は，どのような事項に影響されるか。 (2210)

解答
(1) 圧縮圧の上昇に従って，自然発火温度は低下する^(注1)。
(2) ノズルから単位時間（1秒間）に噴射される燃料の量
(3) ① 燃料噴射率　　　　　　② 油粒と空気の相対速度
　　③ シリンダ内に残存する酸素量　　④ 燃料蒸気と酸素との拡散

解説
(注) 制御燃焼期間：いったんシリンダ内へ燃焼が広がると圧力・温度は著しく高くなるので，反応速度は促進され，発火遅れは短くなり，ノズルから炎が噴出されるような状態になる。この状態になると燃料噴射率に最も大きな影響を受ける。
(注1) ディーゼル機関では，圧縮圧を上げると着火しやすくなる。

3　ディーゼル機関

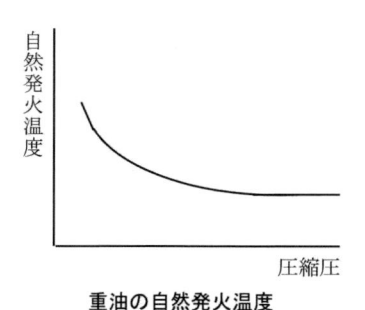

重油の自然発火温度
（縦軸：自然発火温度、横軸：圧縮圧）

（シリンダ内圧力のグラフ：横軸 クランク角度、上死点、燃料噴射A、着火B、C、D）

A→B：点火遅れ期間
B→C：爆発的燃焼期間
C→D：制御燃焼期間

問44 ディーゼル機関の排気タービン過給機に関する次の問いに答えよ。
(1507/2010/2307)

(1) タービン側の軸受へ排気ガスが漏入しないようにするため，どのような構造となっているか。

(2) 大形二サイクル機関の過給機に無冷却過給機を採用すると，どのような利点があるか。

(3) 同一負荷に対し，過給機の送出し空気量が減少する場合の原因は，何か。

解答
(1) ① ラビリンスパッキンを設ける。
　　② ラビリンスパッキンと軸受との間に大気開放室を設ける。
　　③ ラビリンスパッキン部に加圧空気を送ってシールする。
(2) ① 燃焼ガス通路部の硫酸腐食[注1]を防止できる。
　　② 排気エネルギを有効に利用できタービン効率が向上する。
　　③ 冷却装置が不要なので構造が簡単で，冷却水漏れの心配がない。
(3) ① ブロワ側吸込みフィルタの汚れ
　　② ブロワのインペラ及びディフューザの汚れ
　　③ タービンのノズル及び翼の汚れ
　　④ 空気冷却器の汚れ
　　⑤ 排ガスエコノマイザの汚れなどによるタービン背圧の上昇

⑥　機関室内の気圧低下及び空気温度の上昇
⑦　給気管または排気管からの空気またはガス漏れ
⑧　過給機の不調

|解説|

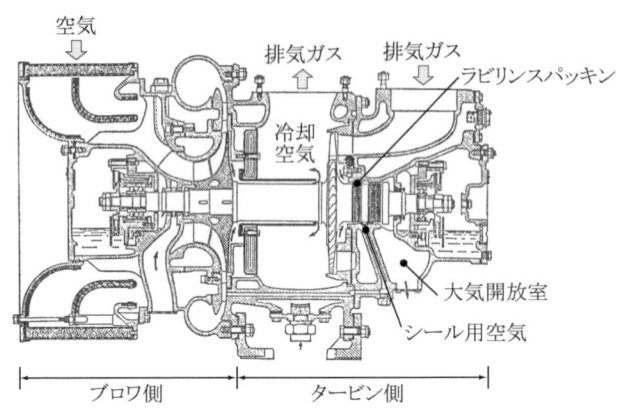

〔機関長コース1978年1月号の解答を基に作成〕

(注1)　排ガス中の硫黄酸化物は低温部で水と反応すると硫酸になる。低温腐食，サルファアタックともいう。

◆排気タービン過給機：排気タービンを駆動源とした遠心式空気圧縮機
◆ラビリンスパッキン：高速回転機用の軸封装置。狭い所と広い所を交互に設け，圧力と速度のエネルギを減らす。

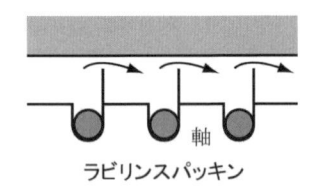

|問45|　ディーゼル機関の排気タービン過給機に関する次の問いに答えよ。
(1)　玉軸受への給油に用いられる給油円板は，どのようにして送油するか。
(2)　インペラの羽根の形式を，後向き羽根とした場合，または径向き羽根（直線羽根）とした場合において，それぞれどのような利点があるか。
(2004/2302)

|解答|
(1)　給油円板は潤滑油に 2～5mm 浸かった状態に保持されている。円板の回

転によって，円板側面とその相手側（静止部分）に負圧が生じ，潤滑油は上部に吸い上げられ，軸受箱の潤滑油通路を通って，玉軸受に落下し潤滑する。一方，円板ボス部は油を外側に排出し，潤滑油は油溜まりに戻る。
(2) ① 後向き羽根：最高効率範囲が広く，サージングが起こりにくい。
② 径向き羽根：同一の周速度で得られる圧力比が高く，また，羽根に曲げモーメントが生じないので高速回転に適する。

解説
◆サージング：過給機を低流量域で運転するとき，圧力・流量が周期的に変動し，運転が不安定になる現象
◆圧力比＝吐出圧力／吸入圧力

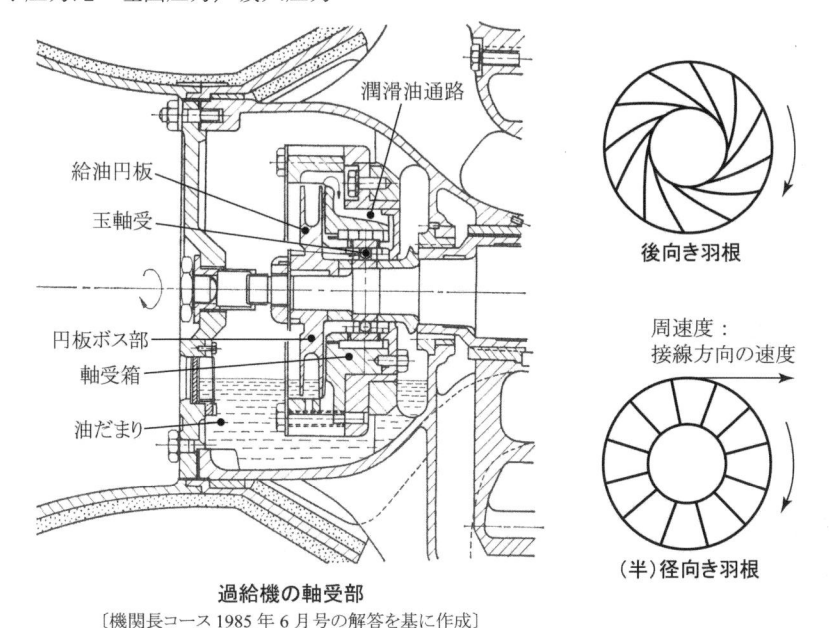

過給機の軸受部
〔機関長コース1985年6月号の解答を基に作成〕

問46 ディーゼル機関の排気タービン過給機に関する次の問いに答えよ。
(2004/2302)
ディフューザ及びインデューサを設置する理由は，それぞれ何か。

|解答|
① ディフューザ：羽根車から流出する高速の空気を減速することで，圧力を上昇させるとともに，流体抵抗を小さくし(注1)，圧縮機の効率を向上させる。また，ディフューザの入口角によってはサージングを防止する。
② インデューサ：吸入される高速の空気を羽根入口で衝突させることなく羽根車に誘導し損失を少なくする。

|解説|
(注1) 末広がりのディフューザを設けることによって空気のもつ速度エネルギを圧力エネルギに変える。また流体の抵抗は，流速の2乗に比例して増加し，圧力には無関係なので効率を良くする。
◆ディフューザ（案内羽根）：ディフューズは「拡がる」の意味
◆インデューサ（前翼）：インデュースは「誘導する」の意味

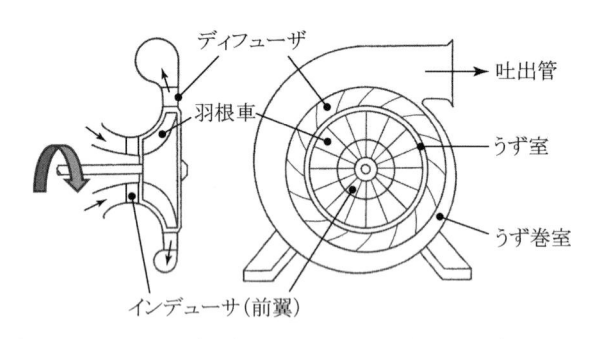

〔機関長コース1984年7月号「受験講座・内燃機関」最終回（三原伊文）を基に作成〕

問47 四サイクルディーゼル機関の排気タービン過給機が，故障した場合の処置に関する次の問いに答えよ。　　　　　(1610/2002/2207/2310)
(1) 過給機のタービンの動翼が1本破断した場合，この過給機を使用して機関を運転するためには，過給機についてどのような処置をしなければならないか。
(2) 過給機を使用しないで応急的に機関を運転する場合，過給機についてどのような処置をしなければならないか。また，この場合，機関の負荷の限度を決めるには，何を目安とするか。

3 ディーゼル機関

【解答】
(1) 破断した動翼の反対側の動翼を切断しバランスをとって低い回転速度で運転を継続する。ただし，翼車に植え込まれた翼根部は翼車にそのまま残しておく。
(2) ① 処置
　　• 過給機のロータを固定金具で固定し，冷却水及び潤滑油をそのまま通して過給機のケーシングを排気通路，給気通路として使用する。
　　• 過給機バイパス煙路が応急用として用意されている場合は，過給機のロータを取り外してバイパス煙路を取り付け，過給機の入口，出口には盲板を取り付ける。
　② 目安：排気ガスの温度

【解説】
◆過給機：シリンダ内に供給される空気量が多ければ，それだけ多くの燃料を燃焼させることができ出力は増加する。そのために空気を圧縮機を用いてシリンダ内に押し込むことを過給といい，過給に用いる圧縮機を過給機という。排気タービン過給機は排気ガスのエネルギを利用してタービンをまわし，直結した送風機（ブロワ）で空気を加圧する。過給機を設けると，過給しない場合に比べて出力の増加のほか，排気の熱エネルギを利用できるため熱効率が向上し，機関の小形・軽量化に役立つ。

問48 ディーゼル主機の調速装置における次の(1)及び(2)の付属機構の働きについて，それぞれ説明せよ。　　　　　　　　　　　(1602/1807)
(1) 掃気圧制限機構　　(2) トルク制限機構

【解答】
(1) 排気タービン過給機では，機関の始動時や加速時において機関速度の上昇に対して過給機速度の上昇には時間的な遅れがある。このため，負荷が急激に増加した場合，空気量が不足し不完全燃焼となりやすい。これを防ぐため，空気量が不足している間は，燃料供給量を制限して不完全燃焼を防止する。
(2) 調速装置は機関回転速度を常に一定に保つように燃料供給量を加減してい

る。したがってプロペラの負荷が増えると主機の回転速度は低下するので，調速装置は回転速度を一定に保とうとして燃料噴射量を増加させる。その結果，機関のトルクが増え，トルクリッチとなり，機関に悪影響（注1）を与える。そこで調速装置にトルク制限機構を持たせ，トルクリッチになるのを防止する。

解説
(注1) トルクリッチ状態では，排気温度が上昇し，機関の耐久性を低下させる。

問49 発電機駆動用ディーゼル機関の遠心調速機（油圧管制式を除く。）に関する次の問いに答えよ。　(1502/1802/1907/2202)
(1) 調速機のおもりの遠心力は，回転速度とどのような関係で変化するか。
(2) 調速機の駆動装置にばね継手が設けられているのは，なぜか。
(3) 負荷の変動に伴い，機関の回転速度がハンチングする場合の原因は，どのようなものがあるか。
(4) 調速機を開放した場合，摩耗について点検しなければならないのは，どのような箇所か。（具体的な部品名をあげよ。）
(5) 運転中，調速機と燃料加減軸の連結ピンが外れると，機関はどのようになるか。

解答
(1) おもりの遠心力は，回転速度の2乗に比例して変化する。
(2) おもりは回転慣性力を持って平均回転速度を保持しようとするが，駆動するクランク軸は幾分の回転振動があるので，その間の駆動装置に無理が生じやすい。そのため回転振動を吸収するためばね継手が設けられる。
(3) ① 調速機ばねの強度低下
　　② 調速機から燃料ポンプまでの連結部の作動不良
　　③ 駆動装置の吸振作用が不良
　　④ 燃料噴射ポンプや噴射弁の不調
　　⑤ 燃料系統への空気の混入
(4) ① ガバナウエイトピン
　　② ガバナウエイトローラ

③ スラストボールベアリング
④ スラストベアリング支え金（ウエイトローラとの接触部）
⑤ フォークレバーの軸受ローラ
⑥ 調速機駆動ギヤ

その他，ガバナばねの損傷，へたりなども点検する。

(5) 連結ピンが外れると機関は過回転を生じる。

解説

◆遠心調速機の原理：ガバナ軸にはガバナウエイト（2個の鉄のおもり）が取り付けられて回転する。エンジンの回転速度が上昇すると，遠心力によってガバナウエイトが開く。この力がシフタを押し上げて，燃料加減軸を右方向へ動かして，燃料噴射量を減少させる。反対に回転速度が下がり過ぎると，2個の鉄のおもりが閉じるので，回転調節ばねの力で燃料を増加させるようにラックが左方向へ動く。

◆遠心力＝回転物の質量×回転半径×(角速度)^2

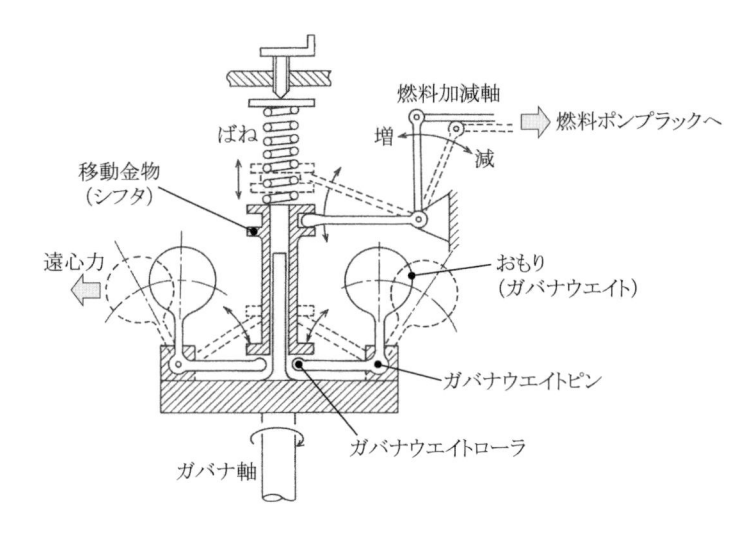

問50 ディーゼル主機の電子ガバナシステムに関する次の問いに答えよ。
(2007)

(1) システムに必要な4つの構成要素は，何か。

(2) 機械－油圧式ガバナと比較して，どのような利点があるか。

解答
(1) ガバナコントロールユニット，アクチュエータドライブユニット，アクチュエータユニット，回転速度検出器
(2) ＜最適制御＞　最適モードの運転が可能で，広い回転域及び負荷領域で安定した制御ができる。
　　＜燃料制御＞　機関の過負荷運転防止のための，トルクリミッタなどを装備することにより燃料の過剰投入を抑えることができる。
　　＜モニタリング＞　自己監視機能により，制御の状況が監視でき，異常の場合は故障箇所を表示して，早期に故障対策が行える。
　　＜データの設定＞　運転中でも，テンキーの数値入力により最適な設定変更ができる。
　　＜保守＞　全電気式のため，保守点検が容易である。

問51 ディーゼル主機に関する次の問いに答えよ。　　　　(1502)
(1) 運転中，回転速度が燃料ハンドルの目盛りの位置に対応する回転速度より低い場合の原因は，何か。
(2) 出港時，使用燃料油をどのような要領でA重油からC重油へ切り換えるか。

解答
(1)
① 燃焼不良：<u>圧縮圧力の低下</u> (注1)，燃料噴射ポンプまたは燃料噴射弁の作動不良，過給機の故障など。
② 燃料油こし器の詰まりや燃料系統内への水や空気の混入
③ 調速機の不良
④ 主要運動部の摩擦力の増大
⑤ 吸気弁または排気弁の故障
⑥ プロペラの損傷や船体抵抗の増加

(2) (注2)

3　ディーゼル機関

① C重油サービスタンクを加熱し，75～95℃に維持する。
② A重油を徐々に加熱し，同様に燃料油によって燃料噴射ポンプ，燃料噴射弁，燃料配管系を加熱する。このとき，A重油を加熱しすぎると，局部沸騰や粘度が下がり過ぎて燃料噴射ポンプが固着することがあるので注意する。
③ 主機の負荷率が30～50％程度になり，燃料噴射ポンプなどが一様に加熱されたらC重油に切り替える。燃料の切り替え時には，温度の急変をさけ，燃料噴射ポンプや燃料噴射弁が固着しないように注意する。
④ 供給するC重油を徐々に加熱して，主機入口温度を所定の温度にする。この温度はC重油の粘度-温度線図より求める。

|解説|
(注1) 圧縮圧力が低下すると，圧縮空気温度が上がらず，燃料の自然発火温度も低下しないので燃焼不良を起こす。
(注2) C重油（低質重油）を使用中は，燃料の適正粘度を維持するために加熱，保温する。一方，入・出港時または燃料油系統内の補修や整備を行う際は，加熱を必要としないA重油（ディーゼル油）を使用する。

問52　ディーゼル主機に関する次の問いに答えよ。
(1) 低速運転時に生じるミスファイヤの防止には，どのような対策があるか。
　　　　　　　　　　　　　　　　　　　　　　　　　　　　(1504/1907/2107)
(2) 運転中，燃料噴射ポンプの噴射量を増加して，各シリンダの出力をそろえていると，入港時，どのような害を生じることがあるか。

|解答|
(1)
① エンジンが冷えないよう(注1)，冷却水及び潤滑油の温度に注意する。
② 各シリンダの燃料噴射ポンプは，出力が一様になるよう調整する(注2)。
③ 燃料油の噴射系統に漏油がないようにする。
④ シリンダの気密を良くして，圧縮圧力を下げないようにする。
⑤ 燃料油の高圧噴射管は内径の小さいもの(注3)を使用する。
(2) 操縦ハンドルを停止位置に戻しても燃料噴射ポンプのラック目盛(注4)が0

まで戻らず，機関が停止しないことがある。

解説
- (注1) 低速運転時はシリンダ内の発生熱量が少ないため，冷却水などによってエンジンが冷やされる。
- (注2) 燃料噴射ポンプは，常用出力時に出力が均一になるよう調整されているので，低速運転を行うと各シリンダは出力不揃いとなりがちで，ミスファイヤを起こすことがある。
- (注3) 内径が大きいと適正な噴射圧力が得られない。
- (注4) 問35の図参照。ラックとは直線運動を回転運動に変える歯車
- ◆長時間低速運転：シリンダ内発生熱量が少ないため，エンジンが冷え，霧化も不良となって不完全燃焼を起こしやすくなる。また，発生するカーボンによってシリンダとピストンリングの摩耗を早め，不完全燃焼を助長する。
- ◆ミスファイヤ：不燃焼

問53 運転中のディーゼル機関に関する次の問いに答えよ。
(1510/1902/2110)
(1) 機関の回転速度が低下する場合の原因には，どのようなものがあるか。
(2) 各シリンダの出力がふぞろいの場合に生じる害をあげよ。 (2007)

解答
(1) ① 圧縮圧力の低下，燃料噴射ポンプまたは燃料噴射弁の作動不良，過給機の故障などによる燃焼不良
　　② 燃料油こし器の詰まりや燃料系統内への水や空気の混入
　　③ 調速機の不良
　　④ 主要運動部の摩擦力の増大
　　⑤ 吸気弁または排気弁の故障
　　⑥ プロペラの損傷や船体抵抗の増加
(2) ① 主軸受の不同摩耗を生じ，軸受中心線が不良となり，クランク軸折損の原因となる。
　　② 円滑な運転ができないので，軸受の損傷を引き起こす。

3 ディーゼル機関

> **問54** ディーゼル機関のジャケット冷却清水の水質管理に必要な注意事項を述べよ。　　　　　　　　　　　　　　　　　　　（1407/1910/2110）

解答

① 防錆剤の濃度管理：防錆剤の濃度を 1〜2 週間に 1 回程度測定して，メーカの指示した濃度範囲に保つ。補水した場合や防錆剤を投入した場合はその量を記録する。
② pH 値の管理：pH を 8〜10 の範囲に保つ (注1)。この範囲を外れると防錆剤の効果が減少する。
③ 油分の管理：油分は熱交換能力を低下させる。
④ 析出物（浮遊物・沈でん物）の管理：析出物は冷却水流路の閉塞や熱交換能力を低下させるので，基準を超えた場合は冷却水を新替えする。
⑤ 塩分の管理：腐食の原因となる。
⑥ 定期的にメーカに分析を依頼する (注2)。

解説

（注1） pH は液体の酸性やアルカリ性の度合いを表し，0〜14 の数値で示され，pH 7 が中性，7 を下回る場合が酸性，7 を上回る場合はアルカリ性を表す。鉄は冷却水が酸性の場合錆びるので，アルカリ性に保つ。
（注2） メーカの分析結果から，本船計測器の精度を確認できる。

◆防錆剤：鉄は水と接すると腐食する。系統内の全てに塗装・めっき処理することは現実的でないので，冷却水中に防錆剤を加えて，金属表面に防食被膜を形成し，防食する。

> **問55** 二サイクルディーゼル主機関の運転時に発生する掃気室内の火災に関して，次の問いに答えよ。　　（1507/1702/1807/2002/2204）
> (1) 火災は，どのようにして発生するか。
> (2) 火災の発生は，何によって知るか。
> (3) 火災が発生したら，どのように処置するか。
> (4) 火災を予防するためには，どのような対策があるか。

|解答|
(1) 掃気室内にスラッジや油分が堆積し，シリンダライナの掃気ポートからの吹返しが多いと，吹返しガス中の火の粉により掃気室の火災を起こす。
(2) ① 掃気室高温警報器または掃気室火災検出器の作動
② 排気温度の上昇
③ 掃気室ののぞき窓からの目視
④ 機関回転速度の低下
⑤ 過給機回転速度の上昇
(3) ① 機関速度を"SLOW"に落とし，船橋に停止の許可を求める。
② 停止の許可が出たら，補助ブロワを止め，機関を停止して，ターニング装置をかん合し，ターニング(注1)しながら油火災用の消火器または掃気トランク消火装置で消火する。
③ 消火後，堆積しているスラッジやカーボン，消火液を掃除し除去する。
④ 掃気室，ピストン棒，シリンダライナなどを点検し，亀裂や変形などの異常がないことを確認する。
(4) ① 定期的に掃気室内のスラッジを除去し，ドレン弁が塞がっていないことを確認する。
② 吹返しが起こらないよう，燃料弁の整備や燃料油の清浄を確実に行い，過給機の洗浄を定期的に実施する。

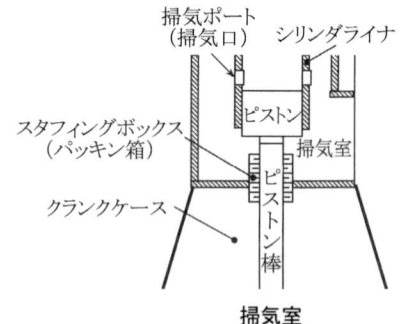

掃気室

|解説|
(注1) ピストンの固着防止のため，ディーゼル機関をゆっくり回転させる。

問56 ディーゼル主機に関する次の問いに答えよ。　　(1504/1907/2107)
潤滑油系統のフラッシングは，どのような要領で行うか。

|解答|
① フラッシング油をサンプタンクに張り，油を加熱後，系統内を循環させる。
② 本船装備の油こしを使用し，目の細かいこし網や磁石(注1)を仮付けし，

3　ディーゼル機関

潤滑油系統内のごみ，さび，鉄粉，ペイントかすなどのきょう雑物を取り除く。
③　フラッシング中は潤滑油清浄機を連続運転する。
④　フラッシング時間は 20〜48 時間を目安にするが，こし網に付着するきょう雑物の状態で決める。

|解説|
(注1) 磁石は系統内のさびや鉄粉を除去するために使用する。
◆フラッシング：洗浄
◆清浄機：遠心分離機の一種
◆サンプタンク：エンジン底部にある集油タンク

|問57| ディーゼル機関の機械損失（摩擦損失）に関する次の問いに答えよ。
(2310)
(1) 機械損失は，機関のどのような部分で生じるか。また，機械損失の中で最も大きな部分を占めるのは，ふつう，どこで生じる損失か。
(1507/1707/1907/2204)
(2) 機械損失を算出するには，どのような方法があるか。（2 つあげて，それぞれ説明せよ。）

|解答|
(1) ①　ピストンリングとシリンダライナとの摩擦部分
　　②　主軸受，クランクピン軸受，ピストンピン軸受などの各種軸受部分
　　③　カム軸の駆動部分
　　④　機関直結補機類(注1)の駆動部分
　　最大の機械損失は①の摩擦部分で生じる。
(2) ①　インジケータ線図による方法：インジケータ線図より図示出力を求め，軸出力との差から機械損失を求める。
　　②　モータリング試験による方法：機関をモータに接続して空転させ，それに要する駆動力から機械損失を求める。

インジケータ線図（縦軸：圧力，横軸：体積）

|解説|
(注1) 潤滑油ポンプ，冷却水ポンプや燃料噴射ポンプなど。

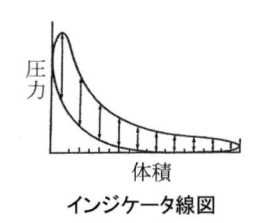

◆機械損失:機械的原因による損失。主には摩擦による損失のため摩擦損失ともいわれる。

> **問58** ディーゼル機関の機械損失(摩擦損失)に関する次の問いに答えよ。
> (1507/1707/1907/2204)
> (1) 四サイクル機関において,機械損失を少なくするためには,同一出力を出すのに回転速度及び回転力は,それぞれどのようにしたほうがよいか。
> (2) 定速機関において,無負荷運転時の燃料消費量から機械損失を求める場合,どのようにして算出するか。

解答
(1) 回転速度を下げて回転力を増した方がよい(注1)。
(2) 燃料消費量を B [kg/h],燃料の発熱量を H [kJ/kg],図示熱効率を η_i とすると,機関の図示出力 N_i [kW]は

$$N_i = \frac{B \times H \times \eta_i}{3600}$$

と表される。図示出力は軸出力と機械損失の和であるから,無負荷運転時には,図示出力が機械損失と等しくなる。

図示熱効率が一定とすると,機械損失 N_m [kW]は,無負荷運転時の燃料消費量 B_0 [kg/h]から

$$N_m = \frac{B_0 \times H \times \eta_i}{3600}$$

で算出される。

解説
(注1) 出力 ∝ 回転速度×回転力で表され,機械損失は回転速度が上がれば大きくなる。

◆機械損失=図示出力-軸出力
◆軸出力:クランク軸から取り出される正味出力
◆図示出力:燃焼ガスがシリンダ内で発生する出力。インジケータ線図より求

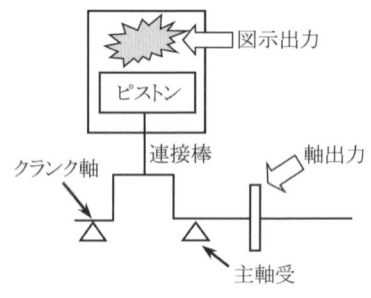

める。

> **問59** ディーゼル機関の損失に関する次の問いに答えよ。
> （1410/1602/1802/2007/2210）
> (1) 圧縮比を高くすると，冷却損失は，減少するか，それとも増大するか。また，それはなぜか。
> (2) 運転中，ピストンリングとシリンダライナの摩擦による損失は，どのような場合に増加するか。

解答
(1) 減少する：圧縮比を高くすると，圧縮圧力は高くなり，燃焼ガスの膨張が十分行われるので，排気温度は低くなり，冷却損失は減少する。
(2) ① ピストンの長さ，リングの数や張りなどが大きくなる場合
　② シリンダ内圧力，ピストン速度及び潤滑油の粘度が高くなる場合
　③ 潤滑油の量・質が不適な場合
　④ 燃焼不良により生じたカーボンなどがリングに付着した場合

解説
◆圧縮比 $= V_1/V_2$。V_2 は上死点におけるシリンダ容積，V_1 は下死点におけるシリンダ容積。圧縮比を大きくすると最高圧力が高くなるが，各部の耐力，潤滑や冷却の問題などにより制約を受ける。
◆冷却損失：冷却水によって失われる損失

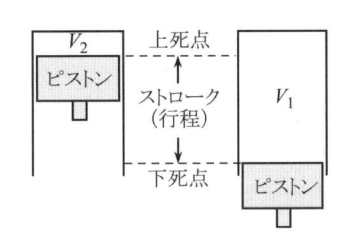

> **問60** ディーゼル機関の複合サイクルに関する次の問いに答えよ。
> （1607/1904/2202）
> (1) 複合サイクルの締切比及び最高圧力比（爆発度）とは，それぞれどのようなことか。（P-V 線図を描いて示せ。）
> (2) 複合サイクルの熱効率を高めるためには，締切比及び最高圧力比をどのようにすればよいか。
> (3) 複合サイクルの熱効率を高めるには圧縮比を大きくすればよいが，実

際の機関の場合，圧縮比を大きくし過ぎると，正味熱効率がかえって減少するのは，なぜか。

|解答|
(1) 締切比 $= \dfrac{V_4}{V_2}$

　　最高圧力比 $= \dfrac{P_3}{P_2}$

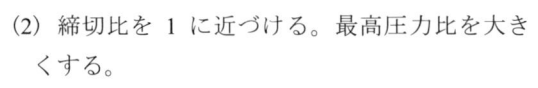

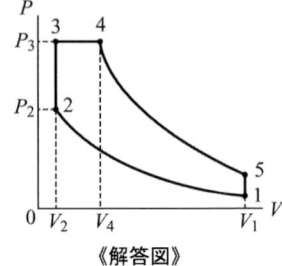

(2) 締切比を 1 に近づける。最高圧力比を大きくする。

(3) 圧縮比を大きくし過ぎると，燃焼の最高圧力が高くなり機械効率が低下する。また，燃焼室容積が狭くなって燃料と空気の混合が悪くなり，不完全燃焼を起こしやすく正味熱効率が減少する。

《解答図》

|解説|
◆複合サイクル：サバテサイクルともいう。オットーサイクル（定容サイクル）とディーゼルサイクル（定圧サイクル）の2つのサイクルを組み合わせたもので，燃料の燃焼は定容・定圧のもとで行われる。上図中，V_1 はピストン下死点でのシリンダ容積，V_2 はピストン上死点でのシリンダ（すきま）容積，1→2 は圧縮行程（断熱圧縮），2→3→4 は燃焼行程（定容燃焼＋定圧燃焼），4→5 は膨張行程（断熱膨張），5→1 は排気行程を表す。
◆締切比：等圧度ともいう。
◆機械効率＝正味仕事／図示仕事
◆正味熱効率＝正味仕事／総供給熱量

問61 船用二サイクルディーゼル主機として採用されるロングストローク機関に関して，次の問いに答えよ。　　（1407/1610/1804/1910/2107）
(1) 行程とシリンダ径の比を大きくする目的は，何か。
(2) この機関の不利な点は，何か。
(3) この機関で採用されている掃気方式は，何か。

3 ディーゼル機関

|解答|
(1) ① シリンダ径，平均有効圧及び回転速度を一定とすると，行程が大きくなるに従い出力は増加する。
  ② シリンダ容積を一定とすると，ピストン径が小さくなるので，ピストンに作用する力(注1)は減少し，ピストンに発生する熱応力が低下し，ピストンリングなどからのガス漏れが少なくなる。また，燃焼室の形状が良くなり，混合気の形成及び燃焼が改善される。
  ③ ピストン速度を一定とすれば，回転速度が減少する。このため，慣性力(注2)が小さくなり，機関の耐久性が向上し寿命が延び，またプロペラの推進効率が高くなる。
(2) ① 同一回転速度では，ピストン速度が過大になり，シリンダ潤滑条件が厳しくなる。
  ② 機関の高さが高くなり，機関室スペースが大きくなる。
(3) ユニフロー掃気方式(注3)

|解説|
(注1) ピストンに作用する力は(ピストン径)^2 に比例する。
(注2) 慣性力 ∝ (回転速度)^2 × 行程 = 回転速度 × ピストン速度
(注3) 燃焼室が縦長になると，横断掃気やループ掃気では掃・排気孔がともに下死点付近にあるため，シリンダ上部の掃気が不完全になる。
◆ロングストローク機関：ストローク(行程)／ボア(内径)が 1 より大きい機関
◆慣性力：物体に外から力を加えて，それまでの速度を変えようとするとき，物体が慣性によって生じる抵抗力
◆ピストン速度：ピストンが単位時間に運動する速さ
  ピストン速度 ∝ 回転速度 × 行程

問62 ディーゼル機関の高出力化の方法として，シリンダ数の増加やシリンダ径の増大のほかにどのような方法があるか。また，それらの方法についての問題点を述べよ。　　　　　　　　　　(1502/1702/1810/2304)

|解答|
機関出力は，「出力 ∝ 平均有効圧 × シリンダ径 × ピストン速度(ピストン行

程×回転速度)×シリンダ数」で表される。
① 平均有効圧の増大 (注1)：最高圧，温度が上昇し，熱的及び機械的強度上の制限を受ける。また，平均有効圧の増大に見合う空気量確保のため過給機性能向上などの問題が生じる。
② ピストン速度の増加：ピストン速度が高くなると，往復運動部の慣性力による軸受面圧力が増加し，振動も増す。また，ガス交換損失も多くなり制限を受ける。
②-1 回転速度の増加：ピストンやクランクの慣性力や遠心力が大きくなるため，機関の寿命は短くなる。また，主機関ではプロペラの効率 (注2) が低下する。
②-2 行程長さの増加：ピストン引抜き高さから制限を受ける。

|解説|
(注1) 高過給によって多量の空気を供給し，それに見合う燃料を多く燃焼させて出力を増大する。
(注2) プロペラは回転がある限度以上になると，キャビテーションを起こし，翼の表面に水が入ってこない真空部ができ，推力が極度に減少する。

4 ボイラ

問1 補助ボイラの内部検査に関する次の問いに答えよ。
(1604/1810/2004/2110/2304)
(1) 掃除前の検査は，どのような項目について行うか。
(2) 上記(1)の検査は，取扱い上のどのような事項の参考となるか。

|解答|
(1) ① 継手やステー，ナットなどの緩みの有無や損傷の有無
② 沈殿物（スラッジ）の量 (注1)
③ スケールの付着状態
④ 内部の汚れの程度

⑤　水線付近の油分の付着状態
　　　⑥　点食などの腐食や割れの有無及びその程度
(2)　①　給水，ボイラ水管理の適否（清浄剤の使用効果）
　　　②　表面吹出しの時期や量の適否
　　　③　底部吹出しの時期や量の適否
　　　④　プライミングの発生状況

解説
(注1)　ボイラ水中の不純物は，溶解してボイラの伝熱面に付着し固形物となり湯あかを生成する。これをスケールといい，付着しないで底部に沈殿したものをスラッジという。一方，不溶解性のものは，ボイラ水中に浮遊して浮遊物となる。
◆補助ボイラ：主機用蒸気タービンへ蒸気を送るボイラは主ボイラ，加熱など雑用蒸気用は補助ボイラという。
◆内部検査：主にボイラ内部（水側）の装着品の取付け状態と，内部汚れの状況について点検する。
◆ステー：支持用金具。補強材の一種
◆点食（ピッチング）：金属表面上に発生した小さな点状の局部腐食
◆清浄剤：清缶剤，脱酸素剤，スラッジ分散剤などボイラの水質を維持・管理するための処理薬剤

問2　補助ボイラに関する次の問いに答えよ。
　　　　　　　　　　　　　　　　　(1507/1704/1807/1910/2202/2304)
(1)　コンポジットボイラとは，どのようなものか。（構造の1例の略図を示し，作動の概要を説明せよ。）
(2)　上記(1)のボイラを使用する利点は，何か。

解答
(1)　ディーゼル主機関の排気ガス熱，または重油燃焼のいずれによっても蒸気が作れる排気・油だき組合せボイラをいう。
(2)　①　伝熱管（煙管）が，常に水面下にあるため，スートファイヤが回避され，伝熱管の曲損や溶損の心配がない。

② 補助ボイラと排ガスエコノマイザを別々に設置する場合と比較して，構造が簡単である。
③ ボイラ水循環ポンプや循環水配管などが不要なので安価である。

解説
◆コンポジットボイラ：航海中はディーゼル主機関の排気を熱源とし，停泊中は重油の燃焼熱を熱源とする。コンポジットは「複合」の意味
◆スートファイヤ：不完全燃焼によって発生したすすや未燃ガスによる煙道内の火災。スートは「すす」，ファイヤは「火災」の意味
◆排ガスエコノマイザ：ディーゼル主機関からの排気ガスの熱を回収する蒸気発生装置

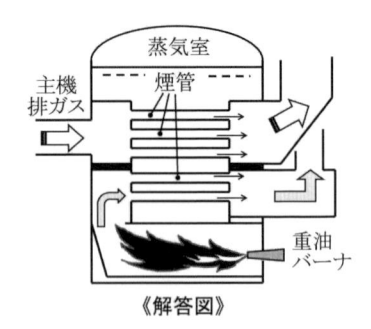

問3 ディーゼル船において，補助ボイラ及びこれとは別に設置された排ガスエコノマイザを組み合わせた装置に関する次の問いに答えよ。
(1) 運転中，蒸気量が余る場合の対策には，どのような方法がとられているか。 (1404/1604/2010)
(2) 気水分離器を設けない場合，気水分離はどこで行われるか。 (1404/1604/2010)
(3) 排ガスエコノマイザに給水の予熱部及び蒸気の過熱部が装備されている場合，給水ポンプから送り出された給水が過熱蒸気になって出るまでの経路を図に示すと，どのようになるか。 (1404)
　類 排ガスエコノマイザに過熱器が装備されている場合，どこに設けられるか。また，この場合，ボイラ水が過熱蒸気になって出るまでの経路を図に示すと，どのようになるか。 (1604/2010/2204)

解答
(1) ① 圧力調整弁（ダンプ弁）を設けて，余剰蒸気を復水器またはドレンクーラへ導く。
② 排ガスバイパスダンパを設けて排ガス通過量を調節する。

(2) 補助ボイラ
(3) 図のとおり

類　場所：排ガスエコノマイザの入口

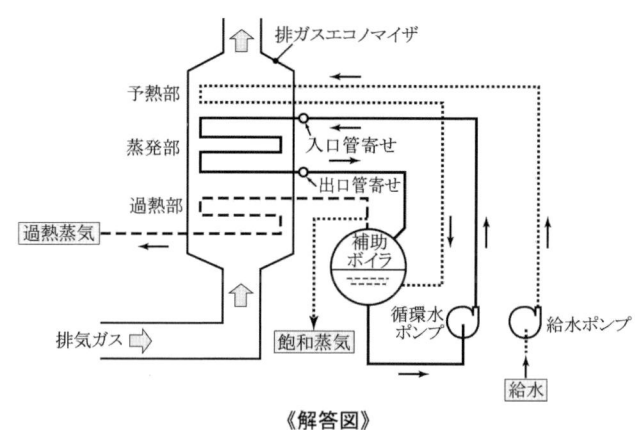

《解答図》

解説

◆気水分離器：蒸気中の水滴を除去する装置
◆復水器：蒸気を冷却して水に戻す装置
◆バイパスダンパ：側路切換え装置。バイパスは，わき道，う回路，ダンパは可動板ともいう。

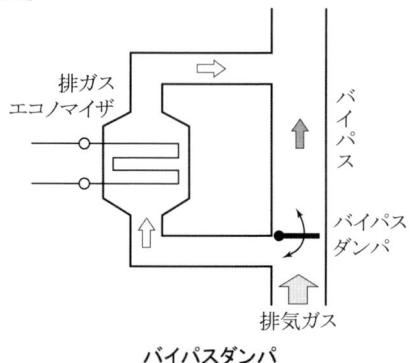

バイパスダンパ

問4　ディーゼル船における補助ボイラ及びこれとは別に設置された排ガスエコノマイザを組み合わせた装置に関して，次の問いに答えよ。

(1307/1510/1802/2204)

(1) 排ガスエコノマイザに過熱器が設置されている場合，設置位置は排ガスエコノマイザのどこにするか。
(2) 排ガスエコノマイザが大形になるほどスートファイヤが発生しやすいのは，なぜか。また，スートファイヤの早期発見のため，どのようなも

のが設けられているか。
(3) 排ガスエコノマイザのスートファイヤを防止するため，取扱い上どのような注意が必要か。

解答
(1) 排ガスエコノマイザの排ガス入口側の高温部(注1)に設ける。
(2) ① 発生理由：排ガスエコノマイザは大形になるほど伝熱面積が大きくなり，またガス流速が遅くなって(注2)，すすが飛散されにくく付着しやすくなる。
   ② 早期発見の対策
   ・ドラフトゲージを設ける(注3)。
   ・排ガス出口に高温警報器を設ける(注4)。
   ・のぞき窓を設ける。
(3) (注5)
   ① ドラフトゲージの値と排ガスエコノマイザ出口温度に注意する。
   ② 排ガスダンパ(注6)があれば，入出港時や主機低出力運転中は排ガスをバイパスする。
   ③ 定期的にすす吹きや水洗いを実施する。
   ④ 入港前，出港後は，丁寧にすす吹きを行う。
   ⑤ 主機減速運転前は，丁寧にすす吹きを行う。
   ⑥ 主機停止後も循環水ポンプを止めない(注7)。
   ⑦ すすが発生しないよう主機の良好な燃焼に努める。

解説
(注1) 問3の図参照。過熱器は排ガスエコノマイザの中で最も高温部に設置する。
(注2) 小形で流路の狭いところは流速が速くなるが，大形で流路が広くなると流速は遅くなる。
(注3) すすが付着すると，通風抵抗により排ガスエコノマイザ出入口の差圧が大きくなる。
(注4) 火災を起こすとガス温度が上昇する。
(注5) スートファイヤの一番の防止策は，排ガスエコノマイザにすすを付着させないことである。入出港時や主機減速運転時は特にすすが発生しやすい。
(注6) 問3の図参照

4　ボイラ

（注7）ボイラ水が循環していると，火災を起こしても排ガスエコノマイザの過熱・焼損を防止できる。
◆ドラフトゲージ：風圧計

> **問5**　船用2胴D形水管主ボイラに関する次の問いに答えよ。
> 　　　　　　　　　　　　　　　（1410/1710/1904/2107）
> 　　メンブレンウォール（板状溶接壁）は，どのような構造か。（略図を描いて説明せよ。）

解答
　フィン付きの水冷壁管を溶接してパネル状にした水冷壁をメンブレンウォールという。機械的強度に優れ，伝熱面積を大きくできる。

解説
- ◆フィン：（魚の）ひれ。水冷壁管に溶接された平鋼板
- ◆水冷壁：燃焼室で放射熱を受ける壁面に水管を配置した構造を水冷壁といい，配置された水管を水冷壁管という。
- ◆2胴D形水管主ボイラ：蒸気ドラムと水ドラムの2胴と管寄せからなり，その断面がD字形に見えるボイラ

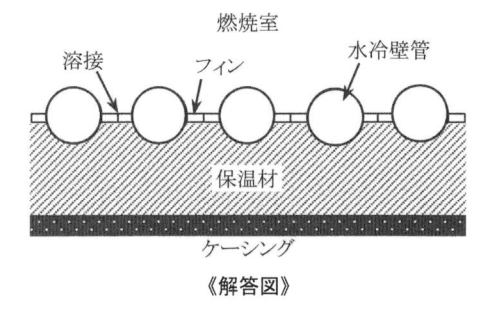

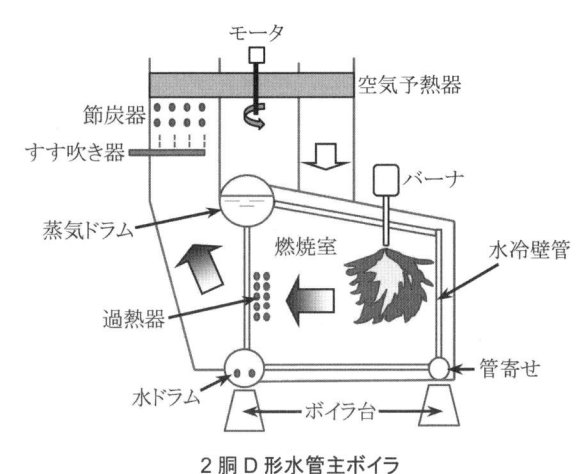

《解答図》

2胴D形水管主ボイラ

問6 船用2胴D形水管主ボイラに関する次の問いに答えよ。
(1) メンブレンウォール（板状溶接壁）とすると，どのような利点があるか。　　　　　　　　　　　　　　　　　　　　（1410/1610/1810/2002）
(2) 緩熱蒸気（飽和蒸気）の取出しは，蒸気ドラムで発生した蒸気を直接出さず，緩熱器によって過熱蒸気の過熱度を下げる方法で行われるのは，なぜか。　　　　　　　　　　　　　　　　　（1402/1507/1710/1904/2107）
(3) 運転中，ドラム内に設置された緩熱器のフランジ接合部が緩むと，どのような害があるか。　　　　　　　　　　　（1402/1710/1904/2107）

解答
(1) ① 伝熱面積が大きくできるので，吸収熱量が増加し，同じ蒸発量のボイラに比べて小型にできる。
　② 燃焼室の気密が良いので，燃焼効率が高い。
　③ 炉壁に耐火レンガが不要なので，構造が簡単で質量を軽減できる。
　④ 機械的強度に優れる。
　⑤ 水洗いが容易である。
(2) 過熱器保護のため。主機タービンを減速または停止したような場合でも，過熱器内の蒸気流動を確保し，過熱器焼損を防止する。

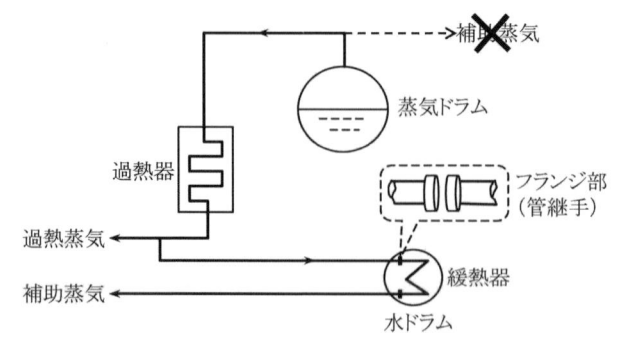

(3) 緩熱器内圧力がドラム内圧力より低いので，ドラム内のボイラ水が緩熱器の中へ漏入し，緩熱蒸気がボイラ水中の不純分で汚れる。

解説
◆過熱器：ボイラで発生した飽和蒸気は水分を含むため，更に加熱して水分を

含まない過熱蒸気を発生する装置
- ◆ 緩熱蒸気：主機タービンを駆動する蒸気は過熱蒸気を使用する。この過熱蒸気の温度を下げて主機以外の補機や加熱用に使用する蒸気を緩熱蒸気または補助蒸気という。緩熱蒸気は緩熱器で作られ，緩熱器は過熱もどし器ともいわれる。
- ◆ 飽和水，飽和蒸気及び過熱蒸気：ビーカーの水を加熱すると，水の温度は上昇し，やがて沸騰が始まるが，温度は上昇しなくなる。この水を飽和水，発生する蒸気を飽和蒸気といい，このときの飽和水と飽和蒸気の温度を飽和温度（沸点）という。この飽和温度は圧力によって異なり，その圧力を飽和圧力という。標準大気圧（0.1 MPa）であれば飽和温度（沸点）は 100 ℃であるが，富士山の山頂では気圧は 0.063 MPa なので飽和温度は 87 ℃となる。反対に，圧力が 0.5 MPa では飽和蒸気の温度は 159 ℃である。このように圧力が低くなれば飽和温度は下がり，上がれば飽和温度は上昇する。このように，液体を一定圧力の下で加熱すると，蒸気が発生して飽和液と飽和蒸気の共存する状態になり，さらに加熱すると飽和蒸気だけになる。この蒸気を乾き飽和蒸気という。乾き飽和蒸気をさらに加熱すると飽和温度以上に加熱された過熱蒸気となる。

問7 船用 2 胴 D 形水管主ボイラの過熱器に関する次の問いに答えよ。

(1) 接触過熱器（対流過熱器），放射過熱器及び放射接触過熱器（放射対流過熱器）の温度特性は，それぞれ図のⒶ～Ⓓの中のどれによって示されるか。　　　　　(1604/1810/2207)

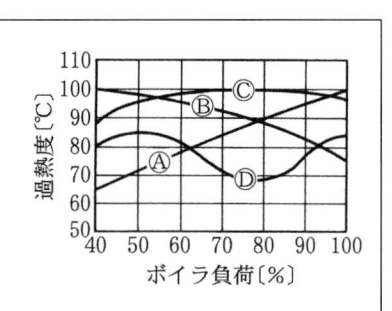

(2) 接触過熱器（対流過熱器），放射過熱器及び放射接触過熱器（放射対流過熱器）の中で，負荷が増加すると過熱蒸気温度が低下する特性を持つ過熱器は，どれか。　　　　　　　　　　　　　　　(1407/2104)

(3) 船用主ボイラに設置されるのは，上記(1)の中のどの過熱器が多いか。また，それはなぜか。　　　　　(1407/1604/1810/2104/2207)

(4) 過熱器内の蒸気は，どのように流れるか。（過熱器管及び管寄せの略

機関その一

図を描き，蒸気の流れを矢印で示せ。）　　　　　　　　　　（1407/2104）
(5) 過熱器管が過熱する場合の原因は，何か。　（1407/1604/1810/2104/2207）

|解答|
(1) Ⓐ　接触過熱器
　　 Ⓑ　放射過熱器
　　 Ⓒ　放射接触過熱器
(2) 放射過熱器
(3) 放射接触過熱器：ボイラ負荷が変動しても過熱蒸気温度をほぼ一定にできる利点がある。
(4) 図のとおり

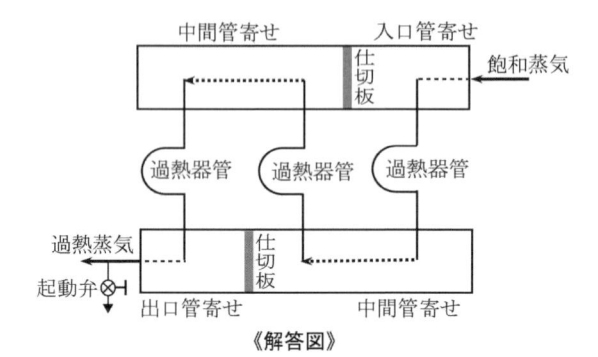

《解答図》

(5) ①　起動・昇圧時及び消火時に過熱器出口の起動弁（大気放出弁）(注1) を開かなかった場合
　　 ②　過熱器管内側にスケールが付着した場合
　　 ③　ボイラの圧力を急激に上昇させた場合

|解説|
(注1) 過熱器内の蒸気流動を確保するための弁。図参照

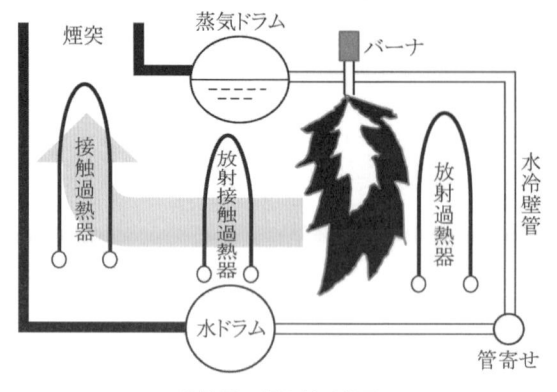

過熱器の据え付け位置

4 ボイラ

問8 船用2胴D形水管主ボイラに関する次の問いに答えよ。(1704/1907)
(1) 過熱器出口の蒸気温度を一定に保つ方法として，ボイラの水ドラム内に過熱低減器を設けた場合，どのようにして温度を調節するか。(略図を描いて説明せよ。) (1604/1810/2207/2310)
(2) ボイラを自動燃焼制御装置を使用し運転中，過熱器内の蒸気温度が通常より高くなる場合及び低くなる場合の原因は，それぞれ何か。

解答

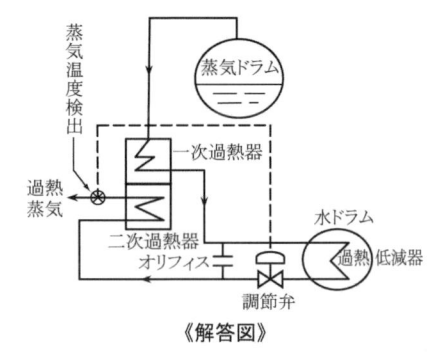

(1) 過熱器出口の蒸気温度が高い場合は調節弁を開き過熱器からの蒸気を水ドラムに設けた過熱低減器に多く流し，蒸気温度を下げる。過熱蒸気温度が低い場合は，過熱低減器に流れる蒸気量が少なくなるように調節弁を閉める。

(2) ① 高くなる場合
 ・給水温度の低下 (注1)
 ・ボイラの蒸発管群の汚れ
 ・過剰空気の過多 (注2)

② 低くなる場合
 ・給水温度の上昇
 ・過熱器管の外側または内側の汚れ
 ・過剰空気の過少
 ・キャリオーバの増加

《解答図》

解説
(注1) ボイラの蒸発量が減少するため。及び問10の解答②参照
(注2) 過剰空気は燃焼ガス量に影響し，燃焼ガス量が増加すれば過熱温度は上昇し，減少すれば低下する。
◆キャリオーバ（気水共発）：ボイラで発生した蒸気が水滴や不純物を含んだ状態でボイラ外へ出ていく現象
◆オリフィス：管路に設けた絞りの一種

問9 船用2胴D形水管主ボイラに関する次の問いに答えよ。(2007/2202)
(1) 過熱器出口の蒸気温度を調節するため設置される噴射式過熱低減器

は，どのような構造か。（略図を描いて説明せよ。） (2310)
(2) 過熱器出口の蒸気温度を一定に保つ方法として，上記(1)の過熱低減器を使用する場合，どのようにして温度を調節するか。（略図を描いて説明せよ。）

解答

(1) 噴射ノズルから給水を過熱蒸気中に噴射させ，このとき過熱蒸気から蒸発熱を奪って蒸気温度を低減させる。フィルタは給水のろ過と同時に，噴射した水を蒸発しやすくする。ドレンは，蒸気トラップへ流出させる。

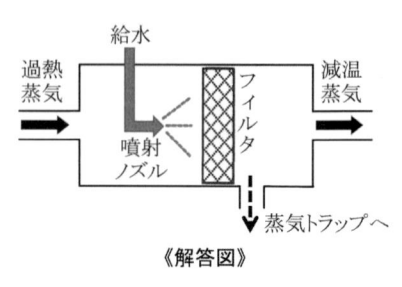

《解答図》

(2) 過熱蒸気温度が上昇すると，過熱低減器への給水量を増やして，蒸気温度を下げ，再び過熱器に入り適正な過熱蒸気温度となって過熱器を出る。

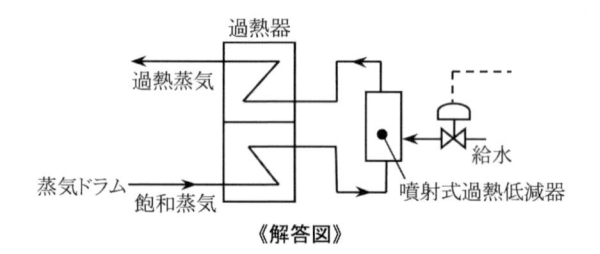

《解答図》

解説

◆蒸気トラップ：ドレン（凝縮した水）のみを回収する装置

問10 船用2胴D形水管主ボイラを自動燃焼制御装置を使用し運転中，補助（副）給水系統の弁の漏えいで同系統からドラム内へ給水が漏入した場合，過熱器内の蒸気温度は，どのように変化するか。また，それはなぜか。ただし，漏えい前後のボイラ負荷状態は同一とする。
(1410/1607/2002)

解答

① 過熱器内の蒸気温度は上昇する。

② 理由：自動燃焼制御（ACC）装置では，蒸気圧を検出し燃料量を制御している。このため，補助給水系統の弁の漏えいで加熱されていない低温の給水が漏入すると蒸気圧が低下し，これを回復させようと燃料量が増大するので，炉内ガス温度とガス量は上昇する。

解説
◆ ACC（Automatic Combustion Control）：ボイラの燃料及び空気の量を自動的に調整し，ボイラ圧力を一定に保つ制御
◆ 補助（副）給水系統：主給水系統のバックアップ用。一般に給水加熱器を通さないので，この系統からは低温の給水がボイラに入る。

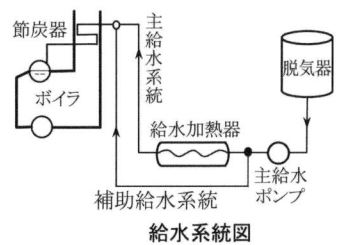

給水系統図

問11 船用2胴D形水管主ボイラの運転中，多量のボイラ水の吹出しは，やむを得ない場合を除いて表面吹出し弁から行う理由を記せ。
(1607/1910/2202)

解答
ボイラ水の吹出しをボイラ底部の吹出し弁から行うと，ボイラ水の水循環を阻害し，水管を過熱や焼損させる。

解説
◆ 吹出し（ブロー）：不純物を含んだボイラ水の一部をボイラ外に排出すること。吹出しには水面に浮いた不純物を排出する表面吹出しとドラム底部に堆積した不純物を排出する底部吹出しがある。

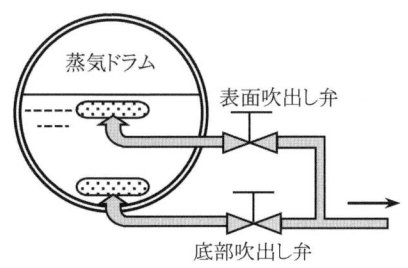

問12 船用2胴D形水管主ボイラのエコノマイザの取扱いに関する次の問いに答えよ。
(1502/1707/1907/2210)
(1) 低温腐食を防止するには，どのような事項に注意しなければならないか。
(2) エコノマイザの管が破孔した場合は，どのように処置するか。

解答

(1) ① 硫黄分の少ない燃料を使用する。
　　② エコノマイザ入口の給水温度を 135 ℃以上とする。
　　③ エコノマイザ出口の排ガス温度を 160 ℃以上とする。
　　④ 燃料に燃焼ガスの露点を下げる添加剤を使用する。
　　⑤ <u>空気比を小さくして燃焼する</u>(注1)。
　　⑥ すす吹きあるいは水洗いなどにより節炭器管の表面を清浄に保つ。
　　⑦ 燃焼ガスの温度が低いときは<u>バイパスダンパ</u>(注2)を使用する。

(2) ① 破孔した管にプラグを打ち込めば運転を続けることができる。
　　② エコノマイザが使用不能のときは，給水をエコノマイザに通さずバイパス運転を行う。この場合，ボイラ入口給水温度が低下し，<u>過熱蒸気温度が上昇するので</u>(注3)，ボイラ負荷を下げて運転する。

解説

(注1) 重油中に含まれる硫黄分は，燃焼によって① $S + O_2 = SO_2$ (亜硫酸ガス) → ② $SO_2 + 1/2\,O_2 = SO_3$ (無水硫酸) → ③ $SO_3 + H_2O = H_2SO_4$ (硫酸) となる。強酸である硫酸は，鋼を激しく腐食し低温腐食（硫酸腐食）を生ずる。この腐食を少なくするには，空気比を少なくして①→②の反応を抑えれば効果がある。

(注2) 問 3 の図参照

(注3) 低温の給水がボイラに入ると，蒸気圧が低下するので，これを回復させようと燃料量が増え，炉内ガス温度とガス量が上昇し，過熱蒸気温度は上昇する。

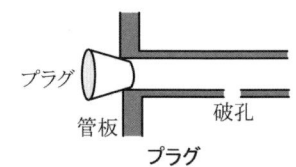

◆エコノマイザ（節炭器）：ボイラ最大の熱損失は排ガスによる損失である。この煙道ガスの排熱を回収して，給水加熱に利用するのでボイラ効率が向上する。

◆空気比（空気過剰率）：空気比＝実際空気量／理論空気量

◆プラグ：栓

問 13 船用 2 胴 D 形水管主ボイラの空気予熱器において，蒸気利用のほうが煙道ガスを利用するより優れている点を記せ。

(1410/1610/1710/2004/2104)

解答
① 伝熱面にすすの付着がないので汚れがなく，伝熱効率が良い。
② スートファイヤの心配がない。
③ 低温腐食の恐れがない。
④ 煙道ガス温度に影響されないので，空気温度を一定に保つことができる。
⑤ 主機タービンの抽気や補機の排気を利用するので，プラントの熱効率を高めることができる。
⑥ 小形で据付け面積が少ない。

解説
◆空気予熱器：煙道ガスまたは蒸気により，燃焼用空気を予熱する装置
◆抽気：蒸気タービンの途中から，給水加熱などの利用のため一部の蒸気を取り出すこと。

問14 舶用主ボイラに使用されるユングストローム式空気予熱器に関する次の問いに答えよ。
(1) 伝熱エレメントが設けられている回転筒を低速回転（毎分1～5回転）としているのは，なぜか。
(2) ボイラ運転中，予熱器の回転筒の回転が停止すると，予熱器には，どのような害があるか。
(3) 空気をバイパスさせるのはどのような場合か（2つあげよ）。また，それぞれの場合について，理由を記せ。

解答
(1) ユングストローム式空気予熱器は，伝熱エレメントを通過する排ガスから熱を吸収し，次にそのエレメントを一定時間空気に接触させて，吸収した熱を空気に与えるので，吸熱と放熱を十分に行うため回転筒を低速で回転させる。
(2) 回転が停止し長時間高温の排ガスにさらされると伝熱エレメントを焼損するおそれがある。また，燃焼用空気が加熱できないので，ボイラの燃焼不良となり，予熱器のガス側が汚れで詰まる。
(3) ① ボイラの低負荷時：<u>低温腐食とすすの付着を防止するため</u>[注1]。
　　② すす吹きの実施前：<u>すすを乾燥させ</u>[注2]，除去しやすくするため。

|解説|

(注1) 空気をバイパスさせるのは，伝熱エレメントの温度を下げないために行う。低負荷時は燃焼ガス温度が低いので，低温の空気が流入すると，伝熱エレメントの温度は低下する。また，すすの付着量も増加傾向を示す。

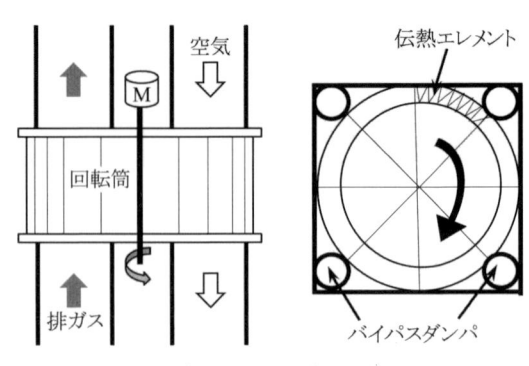

(注2) 伝熱面に付着したすすは湿気をもつので除去しにくい。

◆伝熱エレメント：厚さ1mm前後の波形をした鋼板

問15 船用2胴D形水管主ボイラのすす吹き装置に関する次の問いに答えよ。　　　　　　　　　　　　　　　　（1402/1704/1902/2010/2204）

(1) すす吹きに圧縮空気を用いると，どのような利点があるか。

(2) 定置回転形（ロータリ形）は，噴射管を燃焼ガスから保護するため，どのようにしているか。

(3) 長抜差し形（ロングレトラクタブル形）は，どのように作動してすすを落とすか。また，作動中，すす吹き蒸気が止まると，どのような害があるか。

|解答|

(1) ① 蒸気圧より高圧の圧縮空気を用いるので，すす吹き効果が大きい。
　　② ドレンによる外部腐食の心配がない。
　　③ すす吹きのために主機タービンを減速する必要がない (注1)。

(2) ① 噴射管内に圧縮空気を常時送り込み，管の冷却と噴射管内への燃焼ガスの侵入を防ぐ。
　　② 噴射管の材質に耐熱合金や耐熱性を向上させた炭素鋼を使用する。

(3) ① 作動：先端の噴射口から蒸気を噴射しながら噴射管が挿入され，最終端で反転して後進し，元の位置に戻って蒸気弁を閉じる。

② 害：作動中蒸気が止まると，噴射管は過熱・膨張して引き抜けなくなる。最悪の場合は焼損する。

解説
(注1) 蒸気式は，すす吹き中，ボイラの負荷変動が大きくなる。
◆すす吹き装置：煙突内には排ガスの熱を利用する空気予熱器や給水予熱器（節炭器，エコノマイザ）が設置されている。これらに燃焼で生じたすすが堆積すると，伝熱を妨げ，腐食や通風阻害，火災などの原因となる。このため，すす吹き装置で定期的にすすを除去する。
◆定置回転形：噴射管が常時煙突内に挿入されているので，噴射管の使用時以外は燃焼ガスからの保護が必要である。
◆長抜差し形：使用時以外は噴射管を煙突から引き抜くので，燃焼ガスからの保護が必要ない。高温部で用いられる。
◆ドレン：蒸気が冷えて凝縮した水滴

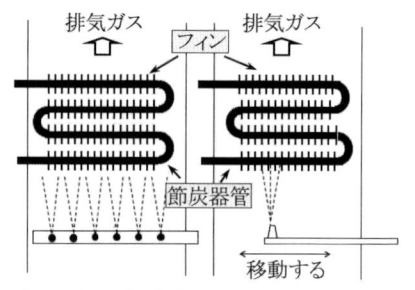

すす吹き装置

問16 船用2胴D形水管主ボイラの温水洗いによる外部掃除に関して，次の問いに答えよ。　　　　　　　　　(1504/1804/2007/2210)
(1) 温水洗いを行う前，ボイラやその周囲について，どのような準備をするか。
(2) 使用する温水の温度及び圧力は，それぞれどのくらいにするか。
(3) スラグが取れにくい場合，どのようにするか。
(4) 温水洗い終了後は，どのような作業を行うか。

解答
(1) ① ボイラ周囲の電気機器類をビニールシートなどで保護する。
　　② 保温材や耐火物をビニールシートなどで保護する。
　　③ 燃焼室底部の排水口を開放するとともに，すべての洗浄水が排出でき

る措置をとる。
　　④　温水を供給する装置と温水を噴出させるホースとノズルを準備する。
(2) 温水の温度は80℃位，温水の圧力は1～1.4MPa程度で噴射する。
(3) スラグに水をしみ込ませるため温水洗いを30～60分程度中断し，除去しやすくして再度温水洗いを行う。固い場合はスクレーパやワイヤブラシを用いる。
(4) ① 炉内底部に溜まった水は完全に排除する。
　　② 乾燥を兼ねて圧縮空気を用いて残ったすすを除去し，そのあとは弱い火力でゆっくり乾燥する。

|解説|
◆外部掃除：ボイラ効率向上や腐食防止のため，ボイラ伝熱面のガス側のすすや灰を掃除する。

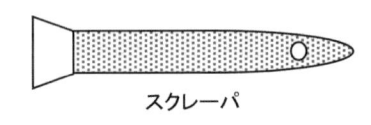

スクレーパ

◆スラグ：伝熱壁面や炉内底部に堆積した燃焼残さ物

|問 17|　補助ボイラの安全弁に関する次の問いに答えよ。
（1502/1704/1910）
(1) 高揚程安全弁は，低揚程安全弁に比べてどのような利点があるか。
(2) 安全弁の仮封鎖時に圧力調整を行う場合，注意しなければならない事項は，何か。

|解答|
(1) ① 弁径が小さいので，蒸気ドラムや管寄せに開ける孔を小さくでき，強度面から有利である。
　　② 安全弁の作動が確実である。
　　③ チャタリングを防止する。
(2) ① 複数の安全弁の調整は，1つずつ行う。調整しない弁は，弁棒上端を固定金具で押さえて噴気しないようにしておく。
　　② 圧力調整は，<u>弁棒が回転しないように処置して行う</u>(注1)。
　　③ 圧力調整中は，弁やばねに振動を与えない。
　　④ <u>圧力調整中は，給水しない</u>(注2)。

4 ボイラ

解説

（注1）弁が弁棒と一緒に回ると弁座に傷がつき，すり合わせをやり直さなければならない。

（注2）給水によりボイラ圧力が低下する。

◆安全弁：ボイラの圧力が設定圧以上になると自動的に蒸気を吹き出し，圧力が所定の圧力以下に降下すれば，再び弁体を閉じる機能を持つ弁。$\dfrac{弁リフト}{弁座口径}$ が 1/40〜1/15 を低揚程，1/15〜1/7 を高揚程安全弁という。

◆高揚程安全弁：弁径を小さくして弁リフト（揚程）を大きくした安全弁。開口部が小さいので高圧ボイラに適する。

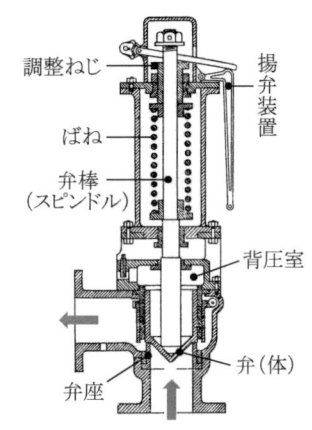

◆チャタリング：弁のばたつき現象。弁が短時間に不安定な開閉を繰り返すこと。

◆仮封鎖：仮封鎖とは検査官の検査（本封鎖）を受けるために，前もって行う安全弁の噴出圧力の調整

高揚程安全弁
〔伊丹良治ほか『船用ボイラの基礎と実際』を基に作成〕

問18 船用 2 胴 D 形水管主ボイラの安全弁に関する次の問いに答えよ。
(1) チャタリングを起こすのは，どのような場合か。また，チャタリングによりどのような害が生じるか。　　（1504/1607/1802/2202）
(2) 全揚程式安全弁とは，どのようなものか。　　（1504）

解答

(1) ① 原因：<u>安全弁のばねの径が大きすぎたり，強すぎるなど，ばねの圧縮量が小さい場合</u>（注1）

② 害
- 弁及び弁座の損傷
- ばねの変形やばねの張力が変化し，安全弁の作動に異常をきたす。
- ばねの寿命を短くする。

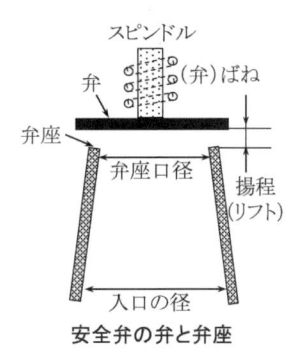

安全弁の弁と弁座

(2) 弁のリフトが弁座口径の 1/7 以上のもので，弁が弁座口径の 1/7 開いたときに生じる蒸気通路の面積より，その他の部分の蒸気の最小通路面積は 10％以上大きくなければならない。

解説
(注1) 弁が開いたとき，弁上部に加わる力が大きくなり閉弁しやすくなる。
◆弁座：弁が座る部分。弁と弁座の接触で気密を保つ。

問19 船用 2 胴 D 形水管主ボイラの安全弁に関する次の問いに答えよ。　　　　　(1607/1802/2202)
　　図は，高揚程安全弁の弁体付近を示す。弁体の外側及び弁座の外側に設けられているアッパーリング及びロアーリングは，それぞれ何を調整するか。

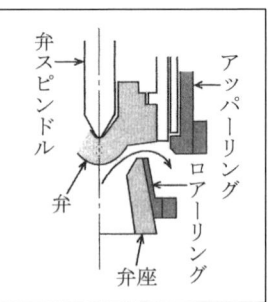

解答
① アッパーリング：吹止り圧力を調整する (注1)。
② ロアーリング：吹出し圧の微細な調整を行う (注2)。

解説
(注1) アッパーリングを上下させると，噴出蒸気が弁にあたって屈折する角度が変わり，蒸気の反動力が変化して，吹止まり圧力を調整する。
(注2) 吹出し初期における少量の漏えい蒸気の圧力をロアーリングと弁本体間に蓄積して，速やかに吹出しに移行する。前漏れ防止にもなる。
◆吹止り圧力：開弁した安全弁がボイラ圧力の低下により閉弁する圧力
◆吹出し圧力：安全弁頂部の調整ねじによって，ばね圧を変えることにより調整する。

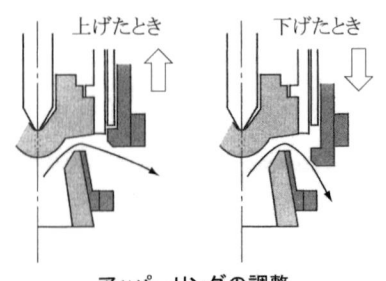

アッパーリングの調整

問20 図は，船用2胴D形水管主ボイラに用いられる全量式安全弁の弁体付近の主要部分を示した略図である。図中のⒶ，Ⓑ及びⒸの名称は何か。また，それぞれの役割について説明せよ。　　(2307)

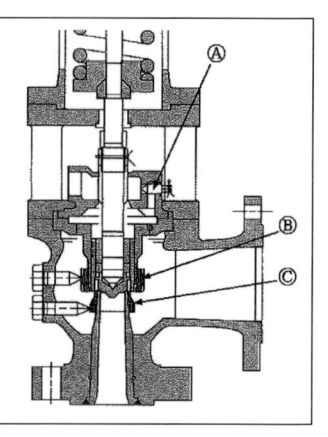

解答

Ⓐ　背圧調整ニードル：安全弁の吹出し時に弁体背後に生じる背圧を調整する(注1)。

Ⓑ　上部加減輪：吹出し蒸気を効果的に作用させ，安定したリフトを確保する。

Ⓒ　下部加減輪：充気室を形成し，漏れ始めの蒸気を蓄積して，弁体を急激に押し上げる。

解説

(注1) 背圧が大きくなると弁のバタつき（チャタリング）を起こす。

◆全量式：吹出し容量が大きく，弁口径及び弁リフトを小さくでき，バルブガイド内で作動（上下運動）も確実である。

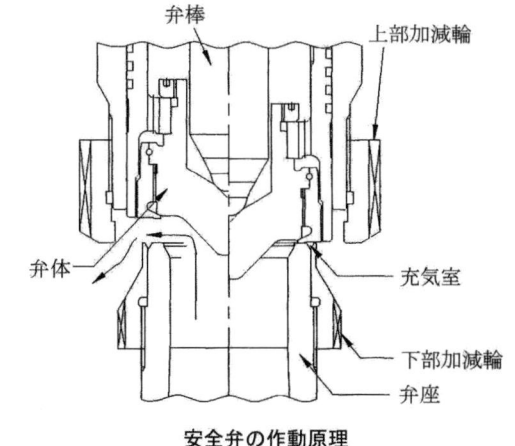

安全弁の作動原理
〔伊丹良治ほか『船用ボイラの基礎と実際』を基に作成〕

問21　ボイラの平形反射式水面計（クリンガ式水面計）に関する次の問いに答えよ。　　(1407/1702/1902/2004/2310)

機関その一

> (1) 板ガラスの内面の形状は，どのようにしてあるか。また，それはなぜか。
> (2) 組立て及び水面計の取付けは，それぞれどのような要領で行うか。

【解答】

(1) 厚い板ガラスの内面に数条の V 形の縦溝をつけ，この部分の光の透過と反射の作用により，<u>水部は光線が通って</u>(注1) 黒く見え，蒸気部は反射されて銀色に見えるので水面の位置を知ることができる。

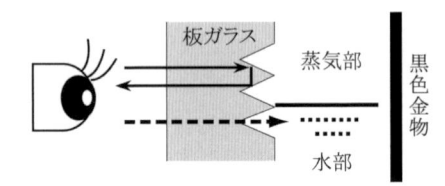

平形反射水面計

(2)
＜組立て＞
① 本体及び水面計ガラス表面の油やスケールなどを掃除する。
② クッションパッキンをガラス表面に正確に当て，枠に置く。
③ シートパッキンにグラファイトを塗ってガラス裏面に置く。
④ 締付け金具（U ボルト）を取り付け，膨張を考慮して，ナットを無理に締めたり，片締めすることなく平均に締める。
⑤ 余分なクッションパッキンを表面より切り抜く。

＜取付け＞
① 水面計を上下連絡管に接続する。
② ドレンコックを開いて，蒸気側の弁を微開し，徐々にかつ十分水面計を温める。
③ 水側の弁を微開しドレンコックを閉じる。
④ 各部からの漏れなど異常がないことを確認して蒸気側及び水側の弁を全開とする。

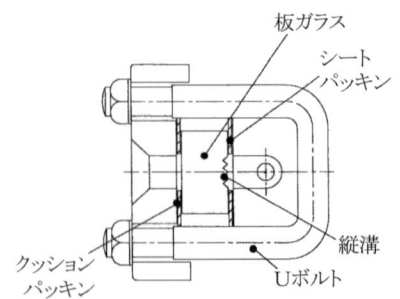

平形反射水面計の構造断面図
〔伊丹良治ほか『船用ボイラの基礎と実際』を基に作成〕

【解説】

(注1) 水の屈折率がガラスとほぼ等しいので光を通す。
◆クッションパッキン：衝撃吸収用パッキン
◆シートパッキン：水密用パッキン

4 ボイラ

◆グラファイト（黒鉛）：耐熱性の潤滑剤

問22 図は，補助ボイラの水面計を示す。図に関する次の問いに答えよ。
(1410/1607/1804/1907/2110/2302) 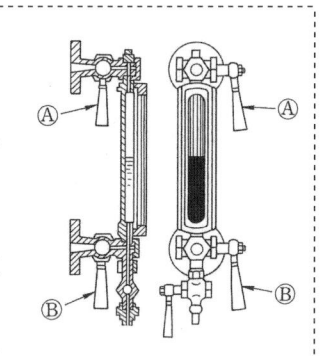
(1) コック⑧のみが閉そくした場合，水面計の水位は，どのように変わるか。また，その理由は，何か。
(2) コック④と⑧のハンドルが図のような位置の場合，一般に，コックは開いているか，それとも閉じているか。また，その理由は何か。
(3) 水面計の水位が，実際のボイラ水位を示さないのは，コックの閉そくのほか，どのような場合か。

解答
(1) 水位は上昇して示される：水面計内の蒸気が復水して水面上に溜まるので。
(2) 開いている：水平方向が「開」の場合，振動などで自然に閉じることがあるのでハンドルが下向きになっているとき「開」としている。
(3) ① 荒天時，船体が傾斜，動揺するとき。
② 連絡管のつまりがあるとき。
③ 水面計本体やドレンコックなどからの漏水があるとき。
④ ボイラの負荷が急変したとき。
⑤ キャリオーバが発生しているとき。
⑥ 水面計に不純物や油類などが付着しているとき。
⑦ 水面計の取付け方法や取付け位置が不適切なとき。

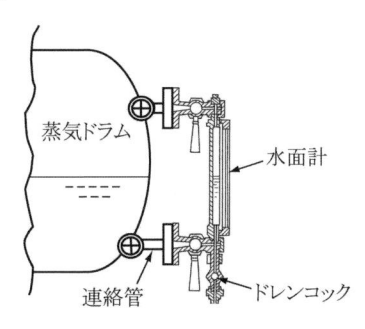

問23 補助ボイラの給水制御装置に関する次の問いに答えよ。
(1402/1510/1707/1904/2107/2207)
(1) ボイラ水位の検出に用いられる電極式水位検出器とは，どのようなものか。（略図を描いて説明せよ。）
(2) 上記(1)の検出器の欠点は，何か。
(3) 上記(1)の検出器の作動を確実にするため，電極については，定期的にどのような作業が必要か。

解答
(1) 電極式 (注1) は，ボイラ水が導電性であることを利用し，電極にボイラ水が接触すると，共通電極と検出電極に電流が流れ，水位を検出する。
(2) 蒸気が凝縮して検出筒内の水の純度が上がると，導電性が悪くなって，検出不能になることがある。
(3) 電極にスケールが付着すると感度が鈍るので，定期的に電極を掃除する。

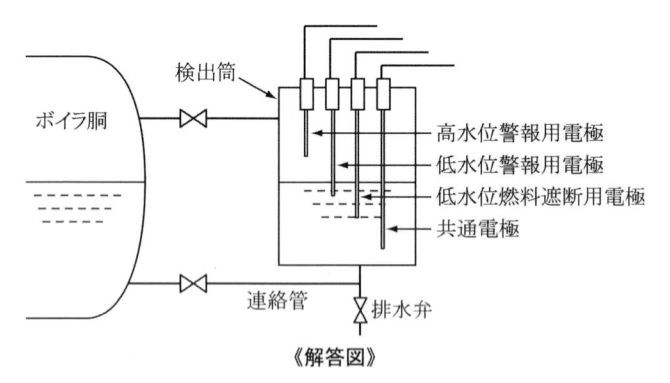

《解答図》

解説
(注1) 電極式は，電極数を増やすと多点の液面検出が可能となる。
◆導電性：電気を通す性質

問24 図は，船用 2 胴 D 形水管主ボイラにおける給水装置の直接接触式空気分離器（脱気器）を示す。図に関する次の問いに答えよ。

4 ボイラ

(1510/1807/1910/2304)

(1) ①及び②は，それぞれ何か。
(2) ③及び④からは，それぞれ何が入るか。
(3) ⑤は，何の出口か。また，それはどこへ行くか。
(4) ⑥の出口管は，どこに接続されているか。
(5) アトマイザ室の役目は，何か。
(6) 器内の水位を一定に保つため，動作している弁は，何か。
(7) 設置場所については，どのような事を考慮しているか。

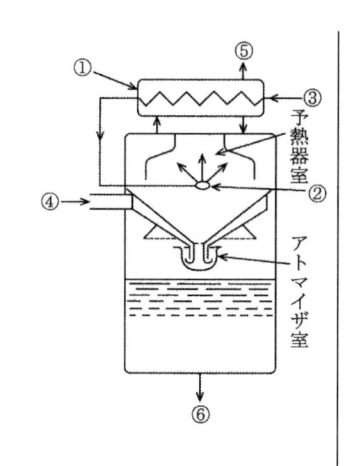

【解答】

(1) ① ベントコンデンサ　② スプレーバルブ（スプレーノズル）
(2) ③ 復水 (注1)　④ 蒸気
(3) 脱気された空気の出口で，大気放出またはグランドコンデンサへ行く。
(4) 給水ポンプの入口
(5) スプレーバルブから噴射された復水は，予熱器室天井に当たり落下してアトマイザ室に集まる。ここで加熱用蒸気と混合し，アトマイザバルブにより細かい水滴となって噴出され，完全に空気は分離される。
(6) 水位が低いときは補給水弁が作動し，水位が高くなると給水スピル弁が作動して，脱気器内の水位を一定に保つ。
(7) 脱気器内の給水は高温なので，給水ポンプ内でキャビテーションを起こさないよう脱気器を高所に設置し，給水を圧入する。

【解説】

(注1) 一般に，主復水器から脱気器内の貯水槽までは復水と呼ばれ，貯水槽からボイラまでは給水と呼

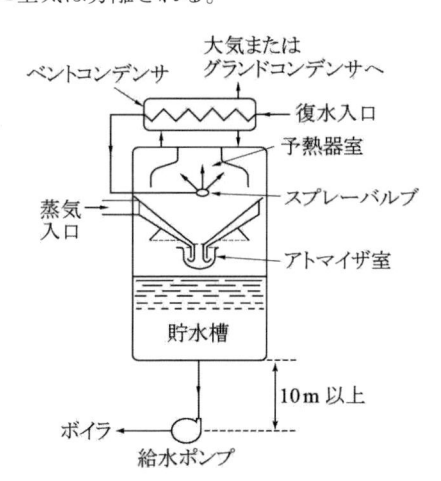

ばれる。
◆脱気器：蒸気によって復水を加熱し，腐食の原因となる空気を除去する装置
◆ベントコンデンサ：脱気器からの蒸気と分離された空気は，ここで復水と熱交換を行い，蒸気はドレンとなって脱気器に回収され，空気は大気へ放出される。
◆アトマイザ：噴霧器
◆補給水弁：メークアップ弁または低水位調節弁ともいう。
◆給水スピル弁：逃し弁または高水位調節弁ともいう。
◆キャビテーション：空洞現象。液体の圧力が飽和蒸気圧より低下して気泡が生ずる現象。発生した気泡が圧力の高い所に移動し，崩壊するとき数万気圧にも達する衝撃圧が発生して振動や騒音，壊食を起こす。

問25 船用2胴D形水管主ボイラの据付け脚に関する次の問いに答えよ。
(1) ボイラの熱膨張に対して，どのような対策がなされているか。（略図を描いて説明せよ。）　　　　　　　　　　　　　　　(1502/1702/1804/2304)

類　ドラム及び管寄せの据付け脚は，ボイラ台にどのようにして取り付けられているか。　　　　　　　　　　(1402/1507/1610/1810/2002)

(2) 整備及び点検は，どのような事項について行うか。
　　　　　　　　　　　　　　　　　　　　　　(1502/1702/1804/2304)

解答

(1) ボイラの熱膨張(注1)に対して，前方，側方に自由に移動できるように，水ドラムの後部を固定脚とし，その他は滑り脚としている。また，滑り脚は熱膨張を考慮してボルト穴は伸びる方向に楕円形の穴が開けられ，この部分のボルトは完全には締め付けない。

(2) ① 点検：滑り部の固着がないか，締付けボルトの緩みや変形がないかについて点検する。

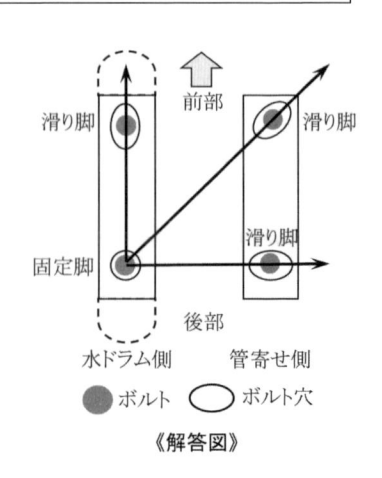

《解答図》

② 整備：滑り部を掃除しグリースを注入する。

解説

（注1）主ボイラは，運転（温態）・停止（冷態）によってボイラ全体が膨張・収縮するので，前後，左右方向に自由度がないと不当な応力を受ける。

◆グリース：油の供給が困難な場所に使用するのり状（半固形）の潤滑剤

問26 船用2胴D形水管主ボイラの燃焼ガス分析器に関する次の文の（　）の中に適合する字句を記せ。　　　　　　　　　　（1407/1602/2310）

(1) オルザットガス分析器は，燃焼ガス中に含有する二酸化炭素，（㋐）及び（㋑）をこの順番にそれぞれ別々の薬品に吸収させて，その（㋒）割合を測定するものである。

(2) 電気式炭酸ガス計は，空気に比べて二酸化炭素の（㋓）が小さい性質を利用している。

(3) 磁気式酸素計は，酸素が（㋔）磁性体であることを利用したものである。

解答

㋐：酸素

㋑：一酸化炭素

㋒：容積

㋓：熱伝導率

㋔：正

解説

◆磁性体：磁石を近づけると引き寄せられる物質

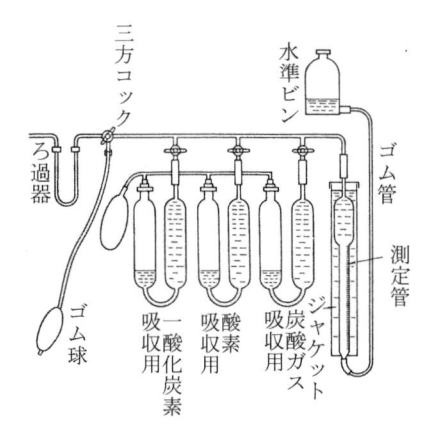

オルザットガス分析器
〔伊丹良治ほか『船用ボイラの基礎と実際』より〕

問27 補助ボイラの燃焼装置に関する次の問いに答えよ。
　　　　　　　　　　（1504/1610/1810/2002/2104/2307）

(1) 回転式油バーナ（ロータリバーナ）とは，どのようなものか。（略図を描いて作動を説明せよ。）
(2) 上記(1)のバーナの特長は，何か。

解答
(1) 高速回転する霧化筒の遠心力によって飛散した油と一次空気の高速旋回気流によって霧化する方式。燃焼用空気である二次空気は一次空気ノズルの外周より送入される。

(2)
① 噴油量の調整範囲が広い。
② 高粘度油に対して燃焼特性が良い。(注1)
③ 噴霧角度が広く，短炎なので燃焼室の奥行きを必要としない。
④ 付属品が一体でコンパクトである。

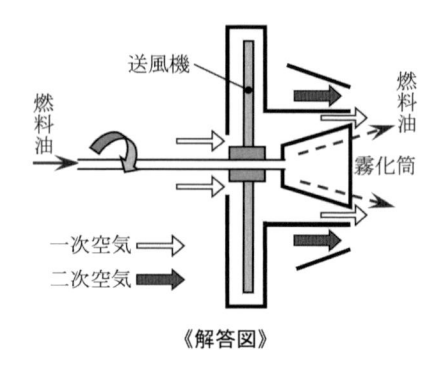

《解答図》

解説
(注1) 廃油焼却炉用バーナなどにも採用される。
◆一次空気：バーナの着火と火炎安定のために送られる空気
◆霧化筒：アトマイジングカップともいう。

問28 自動燃焼制御装置を装備する補助ボイラにおいて，ボイラの始動及び燃焼中断の場合の制御に関する次の文の（　）の中に適合する字句を記せ。　　　　　　　　　　　　　（1404/1602/1802/1904/2007/2210）

(1) 始動ボタンを押す前に，給水ポンプ及び重油噴燃ポンプを始動する。燃料油を循環し重油加熱器により加熱する。始動ボタンを押すと，（ ⑦ ）機が始動し，点火前の（ ⑦ ）を行う。
(2) (1)に続いて，イグナイタがスパークし，重油電磁弁が開き，バーナに着火する。この間，（ ⑦ ）の開度を少なくして，バーナへの着火を容易にする。そして，（ ㊁ ）によって着火を確認後，⑦を全開し連続燃焼となる。

(3) 燃焼中断した場合は、㊀によって検出し、重油電磁弁を閉じる。この場合には、（㊄）ボタンを押さない限り始動ボタンを押してもボイラは始動しない。

【解答】
㋐：送風　　㋑：プレパージ　　㋒：風量調節ダンパ　　㊀：フレームアイ
㊄：リセット

【解説】
◆プレパージ：バーナの点火前に炉内の可燃性ガスを送風機で炉外に排出すること。プレは「予め」、パージは「排除」の意味
◆イグナイタ：点火器
◆フレームアイ：火炎検出器

【問29】船用2胴D形水管主ボイラのボイラ給水に対する空気の溶解度は、次の(1)〜(3)の事項によって、どのように変わるか。それぞれ記せ。
(1610/1910/2207)
(1) 給水の温度の高低
(2) 給水の溶解塩類の多少
(3) 給水液面上に作用する空気圧の高低

【解答】
(1) 給水温度が高いほど、溶解度は減少する。
(2) 溶解塩類が多いほど(注2)、溶解度は減少する。
(3) 空気圧が低いほど、溶解度は減少する。

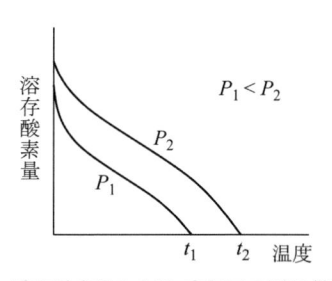

溶存酸素量と水温・空気圧の関係(注1)

【解説】
(注) 給水中に溶け込む空気（酸素、炭酸ガス）は、給水系統及びボイラの腐食の原因になる。
(注1) 溶存酸素（空気）量は、同一圧力では温度が高いほど、また、同一温度では圧力が低いほど減少する。
(注2) 溶解塩類が多いとは、溶解塩類の濃度が高いこと、つまりボイラ水の純

度が低いことを意味する。
◆溶解度：（ボイラ水に）溶け込む度合
◆溶解塩類：給水に含まれる不純物

問30 補助ボイラ内部におけるスケールに関して，次の問いに答えよ。
(1607/1710/1902/2307)
(1) スケールが付着すると，どのような害があるか。（3つあげよ。）
(2) スケールの付着防止対策として，どのようなことを行うか。

解答
(1) (注1)
① 水管の内側に付着すると水循環を悪くし，また水管が過熱し，膨出や破裂を生ずる。
② 伝熱性能が低下して燃料損失となり，ボイラ効率が低下する。
③ ボイラ内部を腐食する。

(2)
① ボイラ外処理
- イオン交換樹脂を用いてCaイオンやMgイオンを除去する軟化処理を行う。
- 蒸化器を用いて純度の高い蒸留水を使用する。

② ボイラ内処理
- 清浄剤を用いて硬度成分を処理する。
- 適切なボイラペイントを塗布し，スケールの付着を防止する。
- 適宜，適量の吹出しを実施する。

解説
(注1) スケールの害は，その他に「④ボイラに連結するコックや小孔を詰まらせる。」がある。
◆スケール：熱伝導率が極めて小さいので，伝熱面の過熱や伝熱不良により燃料の損失を招く。
◆膨出：伝熱面が腐食や過熱などによって強度が低下し，ボイラの内圧に耐えられず外部へ膨れる現象

4 ボイラ

◆軟化処理：イオン交換樹脂の Na イオン（Na⁺）と，水中の硬度成分である Ca イオン（Ca^{2+}）や Mg イオン（Mg^{2+}）を交換して硬水から軟水を得る処理

問31 補助ボイラの給水及びボイラ水に関する次の問いに答えよ。
(1407/1610/2010/2202/2310)
(1) ボイラ水に油分が混入すると，どのような害があるか。
(2) 給水及びボイラ水に混入した油分を除去するには，それぞれどのような方法があるか。

解答
(1) ① 伝熱面に付着すると油の熱伝導率は極めて小さいため，伝熱を阻害し伝熱面の過熱や蒸発率が低下し燃料の損失を招く。
② キャリオーバを起こしやすい。
(2) ① 給水中の油分の除去
 ・こし布，木炭，コークス，ヘチマなどを利用した給水こし器で除去する。
 ・カスケードタンクで除去する。
② ボイラ水中の油分の除去
 ・ボイラペイントを塗って油分が付着しないようにし，表面吹出しによりボイラ外へ排出する。
 ・清浄剤を用いて，沈殿させ，底部吹出しによってボイラ外へ排出する。

解説
◆カスケードタンク：給水ポンプの入口側に設けたろ過器を兼ねた給水タンク

問32 船用 2 胴 D 形水管主ボイラの内部腐食に関する次の文の（ ）の中に適合する字句を記せ。 (1404/1604/1802/2107/2302)
(1) 水の一部は，（ ⑦ ）イオンと（ ④ ）イオンに解離している。また，水に接触している鉄からは Fe^{2+} が溶出し，母体の鉄には（ ⑨ ）が残される。
(2) ⑦イオンは陰に帯電した鉄に向かって移動し，ここで電荷を失って鉄の表面を覆う。また，Fe^{2+} は，④イオンと結びついて（ ⊕ ）となり前者とともに鉄の表面を覆う。これによって水と鉄との接触が遮断され，

鉄の腐食は停止する。しかし，水に酸素が溶解していると，㋓は酸化され（㋔）となる。
(3) ㋔は難溶性であるが，多（㋕）質であり，かつ，鉄の表面に密着しないので，鉄と水と酸素の作用は継続し，腐食は進行する。

解答
㋐：水素　㋑：水酸化物
㋒：電子　㋓：水酸化第一鉄
㋔：水酸化第二鉄　㋕：孔

解説
◆イオン：原子はもともと陽子と電子の数が等しく電気的に中性であるが，電子の入出により帯電状態となった原子。水中で，水の一部は $H_2O \rightarrow H^+ + OH^-$ のようにイオン化（電離ともいう）している。

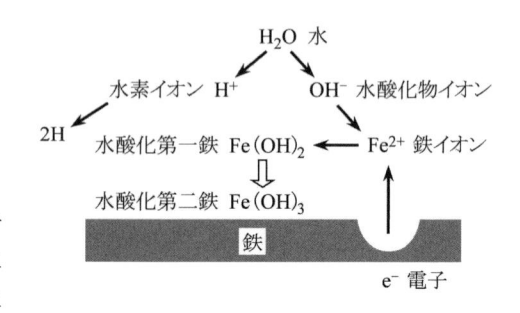

問33 船用2胴D形水管主ボイラにおいて，次の(1)〜(3)の損傷は，どのようにして生じるか。それぞれ述べよ。　　　　　　　　　　　(2010)
(1) ドラムの水側の点食　　　　(2) 過熱器管の外面の腐食
(3) 過熱器管の湾曲

解答
(1) ボイラ水の pH が低く，溶存酸素が存在し局部電池が構成されていると，流電作用によって鋼面の局部が深く侵食され点食となる。点食はドラムの水線付近，水管取付け部に見られる。
(2) 燃料中にバナジウム（V）が含まれると，バナジウムは酸化して主に五酸化バナジウム（V_2O_5）となる。五酸化バナジウムは融点が低いので過熱器管表面に付着して融点（約600℃）以上の温度になると溶けて金属表面を侵食する。
(3) 次のような場合，過熱器管の強度が低下し内圧によって湾曲する。
　① 過熱器管内に十分な蒸気量を確保しないで高温の燃焼ガスにさらされ過

4 ボイラ

熱した場合
② 内部にスケールが付着し伝熱が悪化して過熱した場合
③ 材質の不良や腐食により管の肉厚が減少した場合

解説
◆局部電池：金属表面の一部で材質の不均一や応力差，あるいは接触する水溶液の濃度差などが原因で起こる電位差を局部電池といい，金属腐食の原因となる。
◆融点：固体が溶ける温度

問34 船用 2 胴 D 形水管主ボイラに生じる次の(1)～(3)の現象の原因について，それぞれ述べよ。　　　　　　　　　　　　　(1507/1807)
(1) 膨出　　　　　　　　　　　　　　　　　　　　　　　(2207)
(2) 応力腐食割れ　　　　　　　　　　　　　　　　　(2002/2110)
(3) V 形溝状腐食（グルービング）　　　　　　　　　　　(2110)

解答
(1) 伝熱面が①スケールや油分の付着(注1)，②低水位や空だき，③水循環の不良，④腐食による板厚の減少，⑤材料不良などの原因により過熱されて強度が低下しボイラの圧力によって外部に膨れる現象。
(2) 内部残留応力あるいは外力による継続的な応力が作用し，かつ腐食環境が共存する場合，腐食が進行しもろくなって割れを生ずる現象(注2)
(3) 温度差による不同膨張，あるいは蒸気圧力や温度の変動が原因で生ずる繰返し応力を集中的に受ける湾曲部分などが，疲労により細かな亀裂を生じ，ここにボイラ水が侵入し電気化学的作用によって発生する V 形溝状の腐食

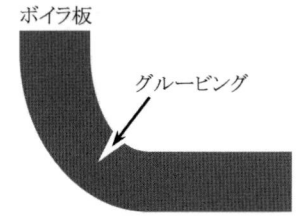

湾曲部に生じたグルービング

解説
(注1) スケールや油分の熱伝導率は極めて小さい。
(注2) ボイラにおける応力腐食割れは，か性ぜい化ともいう。
◆ V 形溝状腐食：V 形溝の線状の腐食で「裂食」，「溝食」ともいう。ボイラ板の継手や湾曲部に発生する。

機関その一

> **問35** 補助ボイラに関する次の問いに答えよ。　　　(1410/1702/1804/2210)
> (1) 給水加熱器を設けると，どのような利点があるか。
> (2) ボイラ水処理として，ボイラ清浄剤を使用する場合，注意しなければならない事項は，何か。　　　(1502/2002/2107)

解答
(1) ① 燃料費の軽減あるいは毎時間当たりの蒸発量が増加し，ボイラ効率を高める。
② ボイラ本体に冷水を送った場合に生ずる不同温度による熱応力を防止できる。
③ 給水中に溶解している不純物の一部を沈殿させ，また，空気などの溶存ガスを分離させることができるので，ボイラや節炭器でのスケールの生成や腐食を抑制できる。

(2) ① 使用するボイラ清浄剤は，ボイラの種類，圧力，給水の種類（水道水か蒸留水か）などによって決めるが，清浄剤のメーカやボイラ製造メーカの意見も尊重する。
② 給水や使用中のボイラ水を正しく分析し，清浄剤の種類や量を決める。
③ 清浄剤の使用量は正確に計量し，<u>投入は一時に多量ではなく</u>[注1]，間隔をおいて少量ずつ行う。
④ 投入前後のボイラ水の分析により，清浄剤の効果を確認する。
⑤ 清浄剤の使用によって，ボイラ水が濃縮しないよう，適時ボイラ水の吹出しを行う。
⑥ ボイラ開放時には内部の腐食やスケールの付着状況などを調査し，使用清浄剤の適否，使用量の過不足，吹出し量及び時期などを判断する。

解説
(注) ボイラ水処理の目的
- 伝熱面へのスケール（水あか）の付着を防止する：スケールは，伝熱を阻害し伝熱面の過熱によって鋼の強度が低下する。
- pH 管理：酸性だと鋼は腐食するので，ボイラ水をアルカリ性にして腐食を防止する。
- 脱酸素：鋼は酸素と反応すると腐食し錆となるので，ボイラ水中の溶存酸

素を除去する。
- スラッジを浮遊性にする：吹出しにより排出する。

（注1）一時に多量投入するとスケールも多量に脱落するので，局部的な過熱や管を詰まらせたりする。

◆硬度：水中の Ca イオン及び Mg イオンの濃度を表す尺度。ボイラ内で生成されるスケールは，給水中の硬度成分によるので，給水の硬度は極力低く抑える。

◆硬度成分：水に溶けると Ca イオンや Mg イオンを電離する物質をいう。

問36 補助ボイラのボイラ水及び給水に関する次の問いに答えよ。
(1507/1707/2007/2204)
(1) ボイラ水の塩化物イオン濃度を測定する理由は，何か。
(2) ボイラ水及び給水に pH の標準値を設けて，これを管理する目的は，何か。

解答

(1) ① 直接的な理由：塩化物イオンは金属表面に形成された防食被膜を破壊し腐食を促進するので，塩化物イオン濃度は低く保つ必要がある。測定によって塩化物イオン濃度が高い場合，吹出しを行い制限値以下とする。

② 間接的な理由：現場の簡単な測定で，ボイラ水中の全固形分濃度が推定でき（注1），ボイラ水吹出しの時期及び量が判断できる。

(2) ボイラ水が酸性の場合は，鉄表面が腐食し，アルカリ性が過度の場合は，か性ぜい化の原因となる。このため，ボイラ水及び給水の pH は適性値に維持する。

解説

（注1）ナトリウム，カルシウム，マグネシウムの塩化物は水に溶けるので，ボイラ水中の塩素量を測定することでボイラ水中の全固形分の濃縮量を推定できる。

（注2）pH が 11 程度で最も腐食は少なく，低ければ酸による腐食，高くなるとアルカリによって腐食量が増す。

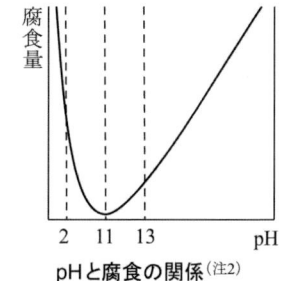

pHと腐食の関係（注2）

◆ 全固形分：沈殿物や浮遊物を除いた水を蒸発して得られる残さをいう。これが多いと、キャリオーバ、腐食、スケールの生成などを起こす。
◆ pH：水質が酸性であるかアルカリ性であるかを示す。中性はpH＝7である。

問37 補助ボイラにおけるボイラ水の酸消費量（アルカリ度）に関して、次の問いに答えよ。　　　　　　　　　　　　　　（1602/1807/2104/2302）
(1) 酸消費量を適度に保持すると、ボイラにどのような好影響を与えるか。
(2) 酸消費量が高過ぎると、ボイラにどのような悪影響を与えるか。
(3) 酸消費量pH4.8（Mアルカリ度）と酸消費量pH8.3（Pアルカリ度）の相違点は、何か。

解答
(1) ① 鉄の表面にち密で安定した防食被膜を形成して腐食を防止する。
　　② ケイ酸を可溶性にして(注1)、ケイ酸質スケールの生成を防止する。
　　③ 生成したスラッジに浮遊性を与え、吹出しによってボイラ外へ排出しやすくする。
(2) ① か性ぜい化やアルカリ腐食の原因となる。
　　② キャリオーバを起こしやすくする。
(3) Pアルカリ度はフェノールフタレインを指示薬とし、pHを8.3より高くしているアルカリ物質の濃度を表し、Mアルカリ度はメチルレッドを指示薬とし、pHを4.8より高くしているアルカリ物質の濃度を表す。

解説
(注1) 可溶性なケイ酸ナトリウムに変えて吹出しにより排出する。
◆ 酸消費量（アルカリ度）：水に溶けているアルカリ物質の量（濃度）を表す指標。水道水や蒸化水にはpHを8.3より高くする物質は含まれないので、Pアルカリ度はボイラに投入された清浄剤の目安となる。ボイラ水中にpH4.8以下のアルカリ物質はほとんど存在しないので、Mアルカリ度はアルカリ物質の総量に対応するためトータルアルカリ度とも呼ぶ。
◆ ケイ酸（SiO_2）：シリカとも呼ばれる。スケールの中でも最も熱伝導率が悪い。
◆ スラッジ：ボイラの底部に沈殿した泥状の不純物
◆ か性ぜい化（アルカリぜい化）：応力が集中する場所でボイラ水が濃縮しア

ルカリ度が上昇した場合に，鋼材がもろくなる現象
◆アルカリ腐食：アルカリ度が過度に高くなって起こる腐食

> **問38** 下記(1)～(3)のボイラ清浄剤は，ボイラ水の酸消費量（アルカリ度）に応じて，どのように使用すればよいか。それぞれ記せ。　　　(1702)
> (1) りん酸一ナトリウム（第1りん酸ソーダ）
> (2) りん酸二ナトリウム（第2りん酸ソーダ）
> (3) りん酸三ナトリウム（第3りん酸ソーダ）

解答
(1) りん酸一ナトリウムは，<u>弱酸性なので，ボイラ水のアルカリ度が高すぎる場合に，これを適当なアルカリ度に調整するために使用する</u>(注1)。
(2) りん酸二ナトリウムは，弱アルカリ性なので，ボイラ水のアルカリ度を高めることなく，硬度成分を除去する場合に使用する。
(3) りん酸三ナトリウムは，強アルカリ性なので，ボイラ水のアルカリ度が低く，ボイラの内面にりん酸鉄の保護被膜をつくり，スケールの付着と腐食を防止する場合に使用する。

解説
(注) ボイラ鋼板は，ボイラ水が酸性の場合は腐食する。腐食により強度が低下し破裂などの重大事故につながるため，ボイラ水はアルカリ性を維持する。
(注1) アルカリ度が低い場合は，酸性になるおそれがあるので使用できない。

> **問39** 次の(1)～(3)の用途に最も適したボイラ清浄剤を，下記の⑦～㊁の語群の中から1つずつ選べ。
> (1) ボイラ水のアルカリ性が強すぎる場合に，適当なアルカリ性に調整する。
> (2) 給水中の酸素を取り除く。
> (3) ボイラの内面に赤褐色の被膜をつくり，腐食とスケールの付着を防止する。
> （語群）　⑦ ヒドラジン　　　⑦ りん酸一ナトリウム
> 　　　　　⑦ 水酸化ナトリウム　㊁ りん酸三ナトリウム

解答

(1) ㋑   (2) ㋐   (3) ㋓

解説

◆ ヒドラジン：脱酸素剤。溶存酸素は腐食に最も影響を及ぼす不純物である。溶存酸素があると金属表面での保護被膜の形成が妨げられ，腐食が急激に進行する。また，酸素濃淡電池ができると，酸素濃度の低い部位から鉄が溶け出し，孔食の発生原因になる。

問40 船用 2 胴 D 形水管主ボイラのボイラ水の試験に関する次の問いに答えよ。　　　　　　　　　　　　　　　　　　　（1602/1904/2204）

(1) 試料を採取する場合，どのような注意が必要か。

(2) 試験を陸上の試験機関に依頼する場合，添付書類にはどのような事項について記入しておかなければならないか。

解答

(1) ① ボイラ水の性状を代表する個所から採取する。
　　② 採取前にフラッシングを行い，採取管系統を洗浄する。
　　③ 採取容器をボイラ水で洗浄したのち採取する。
　　④ 高温・高圧のボイラ水はそのまま採取しても，一部は蒸発するので冷却器を通すか少量ずつ採取する。
　　⑤ <u>採取した試料に空気が混入しないよう，満水の状態で速やかに密栓する</u>(注1)。

(2) ① ボイラの形式，常用圧力，蒸気温度，蒸発量，補給水量
　　② 採取年月日，運転時間
　　③ 試料採取箇所
　　④ 清浄剤の種類，投入量
　　⑤ 吹出し量

解説

(注1) 採取後，放置すると空気中の炭酸ガスを吸収し pH が変化する。

◆ フラッシング：管系を流体の速度と衝撃によって清掃すること。

問 41 補助ボイラの熱損失に関する次の問いに答えよ。
(1402/1504/1710/1907/2207)
(1) 熱損失には，どのようなものがあるか。（大きい順に 3 つあげよ。）
(2) 熱損失を少なくするため，取扱い上どのような事項に注意しなければならないか。

解答
(1) ① 排ガスによる熱損失　　② 放熱による熱損失
　　③ 不完全燃焼による熱損失
(2) ① 排ガスによる熱損失(注1)：過剰空気を少なくし，炉内をきれいに保ち，エコノマイザや空気予熱器などで排熱を回収する。
　　② 放熱による熱損失：保温材の点検手入れを行う。
　　③ 不完全燃焼による熱損失：燃料，空気を適度に加熱し，バーナを整備して，燃料と空気の混合を良好に保つ。排ガスのガス分析やばい煙濃度の測定などを行い完全燃焼に努める。

解説
(注1) この熱損失を少なくするには，排ガス量を少なくして，排ガス温度を下げればよい。
◆過剰空気：燃焼に対して実際に供給した空気量と理論空気量との差

問 42 船用 2 胴 D 形水管主ボイラの性能に関する次の(1)～(3)の用語をそれぞれ式を示して説明せよ。　(1404/1510/1707/2004/2110/2302)
(1) 相当蒸発量（換算蒸発量）
(2) 蒸発率（伝熱面蒸発率）
(3) ボイラ効率

解答
(1) 蒸気圧力，給水温度など条件の異なるボイラの容量を比較するときに，ある一定の基準(注1)で換算した単位時間（1 時間）当たりの蒸発量

$$G_e = \frac{G(h_2 - h_1)}{2257} \ [\text{kg/h}]$$

G_e：相当蒸発量［kg/h］, G：実際の蒸発量［kg/h］
h_1：給水の比エンタルピ［kJ/kg］, h_2：発生蒸気の比エンタルピ［kJ/kg］

(2) ボイラ本体の蒸発伝熱面積 1 m² 当たり 1 時間に発生する蒸発量

$$e = \frac{G_e}{F} \quad [\text{kg}/(\text{m}^2 \cdot \text{h})]$$

e：蒸発率［kg/(m²·h)］, F：ボイラ本体の蒸発伝熱面積［m²］^(注2)

(3) 単位時間にボイラ内で吸収した熱量とボイラに供給された全熱量との比

$$\eta = \frac{G(h_2 - h_1)}{B \times H_l} \times 100 \quad [\%]$$

η：ボイラ効率^(注3), B：燃料消費量［kg/h］, H_l：燃料の低発熱量［kJ/kg］

解説

(注) ボイラの性能の表わし方には，ボイラの蒸発に対する容量（相当蒸発量），伝熱面積当たりの発生蒸気量（伝熱面蒸発率），ボイラの燃焼に関する性能（燃焼室熱負荷率），ボイラの熱効率（ボイラ効率）などがある。

(注1) 一定の基準とは標準大気圧における蒸発熱（2257 kJ/kg）

(注2) F はボイラで蒸発を担当する伝熱面積であって，過熱器，節炭器，空気予熱器の伝熱面積は含まない。

(注3) ボイラの性能を表す。

◆相当蒸発量（基準蒸発量）：ボイラの容量は単位時間に発生する蒸発量（kg）で表す。しかし，蒸発量（蒸気発生量）が同一であっても，蒸気圧力，給水温度などが異なると蒸発量だけで比較できない。比較するには一定の標準に換算することが必要になる。この比較のために用いられる蒸発量。つまり，当該ボイラで大気圧のもとで 100 ℃の飽和水から 100 ℃の飽和蒸気を発生させるとしたら，単位時間当たりどれくらい蒸発するかを換算した蒸発量で異なるボイラの容量（性能）を比較する。

◆エンタルピ：流体が持つ総熱量。比エンタルピは流体 1 kg 当たりのエンタルピをいう。

◆低発熱量：燃料に含まれる水分や水素の燃焼によって生じた水は，燃料の発熱量から蒸発熱を奪い水蒸気となって煙突から出ていく。このため，ボイラで利用できる燃料の発熱量は少なくなる。低発熱量は，高発熱量から水蒸気の蒸発熱を減じた熱量で真発熱量ともいわれる。

5 プロペラ

> **問1** プロペラ羽根に関する次の問いに答えよ。
> (1) 船研形及びトラスト形の羽根断面は，それぞれどのような形状をしているか。また，オジバル形がエーロフォイル形より有利な点は何か。
> (1602/1710/2002/2202)
> 　**類** 船研形，トラスト形及びオジバル形の羽根断面は，それぞれのような形状をしているか。　(1502/1704/2210)
> (2) 羽根面のあらさが大きくなると，どのような害があるか。　(1602/1710)
> (3) 羽根に局部電池が生じるのは，どのような原因によるか。
> (1810/2004/2107/2310)

解答

(1) ＜形状＞ エーロフォイル形には船研形とトラスト形があり，船研形はウォッシュバックを前縁のみにつけるが，トラスト形では前縁と後縁につける。最大厚さは，ともに前縁から約1/3付近にある。

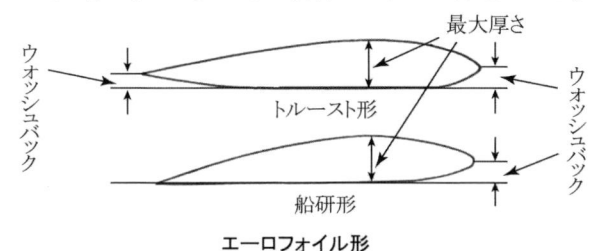

エーロフォイル形
《解答図》

＜有利な点＞ キャビテーションや空気吸込みが起こりにくい。

類 オジバル形は，円弧形，弓形ともいう。最大厚さが羽根幅の中央にある円弧断面となっている。

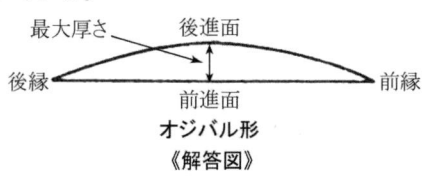

オジバル形
《解答図》

(2) ① 水との摩擦が大きく(注1)なりプロペラ効率は著しく低下する。
　　② キャビテーションが発生しやすくなる。
(3) ① 羽根の材質が不均一なとき(注2)。
　　② 羽根に応力が生じているとき(注3)。
　　③ 海水の濃度差，温度差や酸素・炭酸ガスの含有量に差異があるとき。

解説
(注1) 水との摩擦が大きくなるとトルクが増加し，スラストが減少する。
(注2) 局部電池作用により脱亜鉛現象を生じる。
(注3) 局部電池作用により応力腐食を生じる。

◆ウォッシュバック：プロペラ羽根前進面の前縁または後縁につけられた「そり上がり」

◆キャビテーション（空洞現象）：水の沸点は 100 ℃ であるが，これは標準大気圧での話で，富士山山頂のような高い所では気圧が低く，約 87 ℃ で沸騰を始める。そして，この沸点は，気圧が下がる程低下し，ある気圧まで低下すると，常温でも沸騰を始めるようになる。水の中の一部に常温でも沸騰を起こす程度に圧力の低い部分が発生すると，別に熱を加えなくても，その部分では水が蒸発を始め，水蒸気（気体）による空洞を形成する。このように水中に空洞を発生する現象を，キャビテーションと呼んでいる。プロペラの作動中に起こる望ましくない現象の中でも，キャビテーションは最も有害で，一番起こりやすい現象である。この現象が著しくなるとプロペラの効率が落ち，船の速力が低下する。また，羽根面にエロージョンという侵食が生じ，騒音や振動の原因ともなる。

◆局部電池：金属表面には金属自身あるいは金属を取り巻く環境に不均一があると電位差を生じ局部電池が存在する。

キャビテーションによる侵食

◆エーロフォイル形：飛行機翼形ともいう。

問2 プロペラに関する次の問いに答えよ。　　　（1404/1610/1804/2207）
(1) 羽根断面の形状として，エーロフォイル形及びオジバル形の優れている点は，それぞれ何か。

5　プロペラ

(2) 入渠中，羽根表面を磨いて滑らかにするのは，なぜか。
(3) 前進回転時，羽根前進面を押す圧力と後進面に働く負圧力（羽根を船首方向へ吸い込む負圧）は，それぞれどのように羽根に作用しているか。（羽根の断面形状を描き，前進面及び後進面に作用する圧力分布を示せ。）

【解答】
(1) エーロフォイル形はプロペラ効率の点で優れ，オジバル形はキャビテーションの防止の点で優れている。
(2) ① 海水との摩擦抵抗を少なくしプロペラ効率の低下を防ぐ。
　　② キャビテーションの発生を防ぐ。
(3) 図のとおり

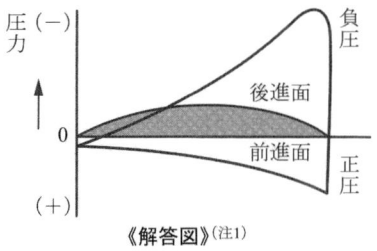

《解答図》(注1)
〔東京海洋大学海技試験研究会編『海技士2E徹底攻略問題集』より〕

【解説】
(注1) 負圧（船首方向に引っ張る力）は正圧（推す力）の2倍以上の大きさとする。

◆前進面：プロペラ羽根の前進時にスラストを受ける面。正面，圧力面ともいう。
◆後進面：背面ともいう。
◆プロペラ効率：プロペラに伝達された出力のうち，スラストに変換された割合

問3 プロペラに関する次の問いに答えよ。　　　　　(1504/1802/2010)
(1) プロペラボス比を求める場合のプロペラボス直径は，ボス部のどこの直径か。また，プロペラボス比の値の大小は，プロペラ効率にどのような影響を及ぼすか。
(2) スキューバックとは，どのようなことか。また，スキューバックを設ける目的は，何か。　　　　　　　　　　(1602/1710/2002/2202)

【解答】
(1) 羽根前進面の中心部におけるボス部の直径

＜影響＞　ボス比の減少に伴って効率は良くなる。
(2) プロペラ羽根の設計中心線と羽根先端のずれの距離
　　　＜目的＞
　　　　● 羽根先端と船体との距離を大きくして水流の乱れを少なくし，プロペラ効率を良くする。
　　　　● プロペラスラストの変動を少なくし，プロペラの振動を防止する。
　　　　● 空気の吸込みを減少させる。

解説
◆ボス比 d_0：プロペラボス直径 D_b とプロペラ直径 D との比。$d_0 = D_b/D$
◆ボス：プロペラ軸がおさまるプロペラ中心部分

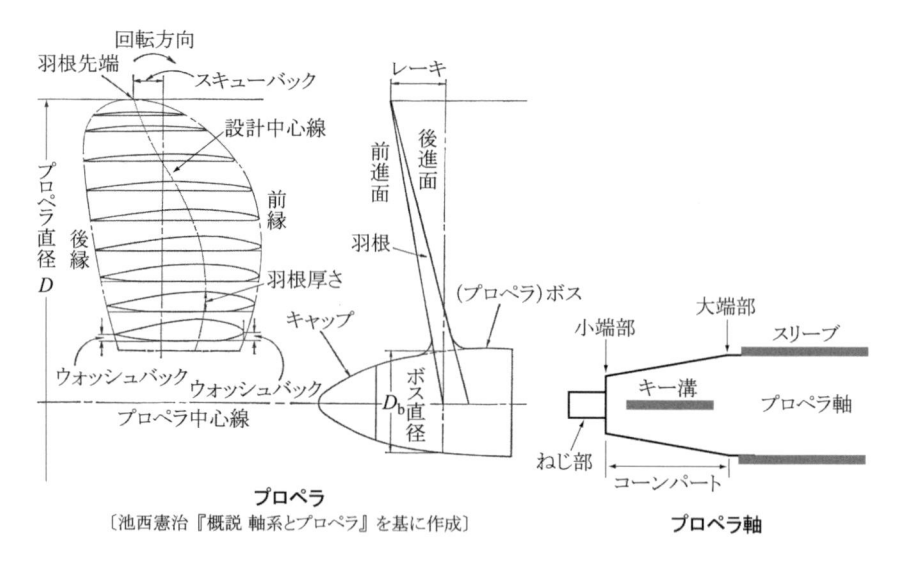

プロペラ
〔池西憲治『概説 軸系とプロペラ』を基に作成〕

プロペラ軸

問4　プロペラ羽根に関する次の問いに答えよ。
　　　　　　　　　　　　　（1502/1704/1810/2004/2107/2210/2310）
(1) 展開面積比とは，展開面積と何の比か。
(2) 展開面積比が大きくなると，プロペラ効率はどうなるか。（理由とともに記せ。）

5 プロペラ

解答
(1) プロペラ全円面積
(2) 水との摩擦が増え，羽根相互間の干渉が多くなって，プロペラ効率は低下する。

解説
(注) 展開面積比＝展開面積／全円面積
◆展開面積：羽根の傾斜とねじりを伸ばして平面上に広げたときの面積
◆全円面積：プロペラ羽根の先端が回転して描く円の面積。羽根の直径 D がわかれば $\dfrac{\pi \times D^2}{4}$ から求まる。

問5 プロペラ羽根に関する次の問いに答えよ。(1407/1510/1707/1904/2110)
(1) 前進回転中，羽根に作用する外力には，どのようなものがあるか。(定常的に作用する外力とその作用する方向を3つ，変動的に作用する外力を2つあげよ。)
(2) 一般に，羽根レーキを設けるのは，なぜか。
(3) 最大羽根幅が，羽根の中央にあるか，又は先端付近にあるかによって，どのような事項が変わるか。

解答
(1) ① 定常的に作用する外力とその作用する方向
   ・羽根の前後方向に作用するスラスト
   ・羽根の円周方向に作用するトルク
   ・羽根の半径方向に作用する遠心力
   ② 変動的に作用する外力
   ・不均一伴流に基づく力
   ・機関のトルク変動に基づく力
(2) ① 船体とのすきま(注1)が大きくなり，キャビテーションの防止や船体に及ぼす振動を少なくするのに有効である。
   ② プロペラへの水の流入がよくなりプロペラの性能もよくなる。
(3) スラストと効率(注2)。

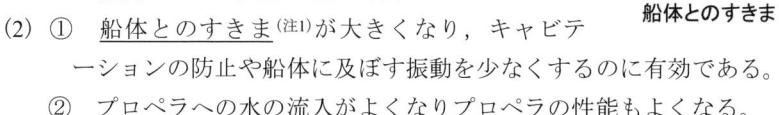

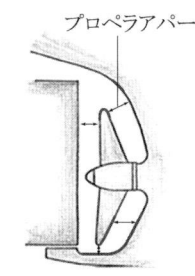

解説
(注1) プロペラアパーチャともいう。
(注2) 最大羽根幅がほぼ羽根の中央にあって，羽根先端付近の羽根幅を小さくした場合は，スラストが減少するが効率は良くなる。最大羽根幅が羽根先端付近にある場合は，スラストは大きくなるが効率は悪くなる。
◆伴流：船の航走に伴って，船体表面に発生する海水の流れ
◆レーキ：羽根の傾斜　　　◆スラスト：推力

問6　プロペラ羽根に生じる応力に関して，次の文の（　）の中に適合する字句を記せ。　　　　　　　　　　　　　　（1507/1702/1910）
(1) プロペラは前進方向に回転しているとき，前進面には（ ア ）応力，後進面には（ イ ）応力が生じる。
(2) 羽根断面に生じる応力のうち，最大（ ウ ）応力は，羽根後縁部に生じ，最大（ エ ）応力は，最大羽根厚さ部のところに生じる。一般に，オジバル形やエーロフォイル形の断面では，（ オ ）応力のほうが，（ カ ）応力よりも大きい。

解答
ア：引張　　イ：圧縮　　ウ：引張　　エ：圧縮　　オ：圧縮　　カ：引張

解説
○ 最大圧縮応力の位置
● 最大引張応力の位置

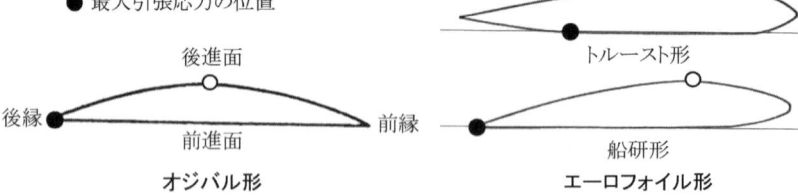

オジバル形　　　　　　　　エーロフォイル形（トルースト形／船研形）

問7　プロペラ材料として，アルミニウム青銅は高力黄銅に比べ，どのようなところが優れているか。5つあげて，その理由を説明せよ。
（1410/1604/1802/2204）

5 プロペラ

解答
① 密度が小さいので，プロペラの質量を軽減できる(注1)。
② 疲労強度が大きいので，羽根の厚さを薄くできる。
③ 耐食性に優れる。
④ キャビテーションにより侵食されにくい。
⑤ 機械的性質(注2)に優れている。

解説
(注)　プロペラは大きなスラストを受けながら回転するので材料としては曲がりや折損を起こさない強度と，耐食性や耐浸食性を有することが必要条件となる。
(注1)　プロペラを軽くできるので，プロペラ軸径が細くなり，軸受面圧も小さくなる。
(注2)　引張強さや硬さ，伸び率など。
◆疲労強度：繰返し荷重に対する強度
◆高力黄銅：銅と亜鉛を主体とした合金。密度が大きいので小型のプロペラに使用される。
◆アルミニウム青銅：銅とアルミニウムを主体とした合金。高速・大出力のプロペラに使用される。

問8　固定ピッチプロペラ及びプロペラ軸に関する次の問いに答えよ。
(1)　プロペラをプロペラ軸から取り外す場合，どのような要領で行うか。
　　　　　　　　　　　　　　　　　　　　　　　　（1407/1707/2002）
(2)　プロペラ軸スリーブの表面に，軸方向に長い侵食が生じる場合の原因は，何か。

解答
(1) ① プロペラキャップ及びロープガードを取り外す。
　② プロペラ軸に押込みマーク，締付けナットとプロペラ軸に合いマークをつける。
　③ プロペラ軸を固定する。
　④ 締付けナットを少し緩めて，プロペラボスと船尾管の間にくさびを用

いるか油圧ジャッキを掛けて押し出す。ウエットフィット方式では，プロペラボスの油溝に油圧をかけてボスを軸から浮かせて抜く。

⑤　プロペラをチェーンブロックで吊って，ナットを取り外し，プロペラを抜き出す。

(2) プロペラ軸の偏心や変動スラストによる横振動により，スリーブ表面にキャビテーションが発生し，そのために生じる侵食である。

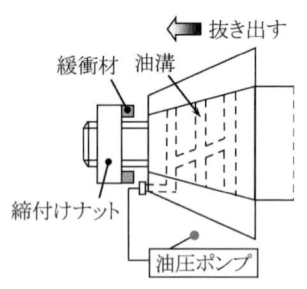

〔機関長コース1984年3月号「受験講座・プロペラ装置」第4回（池西憲治）を基に作成〕

問9　プロペラの取付け及びプロペラ軸に関する次の問いに答えよ。
　　　　　　　　　　　　　　　　　　　（1510/1807/2007/2310）
(1) ドライフィット方式及びウエットフィット方式は，それぞれどのような方式か。
(2) 押込み記録は，どのような事項を記録するか。（1907/2302）

解答
(1) ①　ドライフィット方式(注1)：プロペラをプロペラ軸コーンパートに圧入するときに，コーンパートに何も塗布しないで，押込み荷重だけで軸に押し込む方式
　　②　ウエットフィット方式(注2)：押込み荷重のほかに，プロペラ軸コーンパートとプロペラボスとの接触面に圧油を注入しプロペラボス内面を拡大しながら押し込む方式。押し込んだ後，ボス内面の油圧を抜く。
(2) ①　押込み圧（ton）と押込み量（mm）の関係
　　②　プロペラボスとプロペラ軸コーンパートの温度
　　③　キャップと舵との距離

解説
(注1) 油圧ジャッキを軸の周囲に取り付け，油圧をかけてプロペラを押し込む。
(注2) コーンパートとボスが接触しないので接触面の肌荒れを防ぎ，また，引

5 プロペラ

き抜く際もボスを加熱する必要がない。

◆コーンパート：問3の図参照。コーン（とうもろこし）の頭部の形状に似た部分。プロペラ軸とプロペラの当たり面はテーパになっている。この円すい形のはめ合い部をコーンパートという。

問10 プロペラの取付けに関する次の問いに答えよ。　　　　　（1907/2302）
プロペラをプロペラ軸に取り付ける場合，どのような要領で取り付けるか。（作業要領を記せ。）

解答
① コーンパートを清掃する。
② ラバーリング(注1)を新替えする。
③ キーを取り付ける。
④ プロペラを吊り上げ，プロペラの中心とプロペラ軸の中心を正確に合わせる。挿入に際しては，コーンパート及びキーに損傷を与えないように注意する。
⑤ ボスに不当な圧力がかからないようボスの押込みには細心の注意を払う。押込み方法には，ボス後面と締付けナットの間に，左右2本のくさびを入れてハンマで叩いて押し込む方法と，大型プロペラでは数個の油圧ジャッキを取り付けて油圧で押し込む方法があり，いずれも押込みマークまで押し込む。ウエットフィット方式では，プロペラボスの油溝に油圧をかけてボスを軸から浮かせて押し込む。このとき，押込み記録をとる。
⑥ 締付けナットを合いマークの位置まで締め付け，ナットに回り止めを行う。

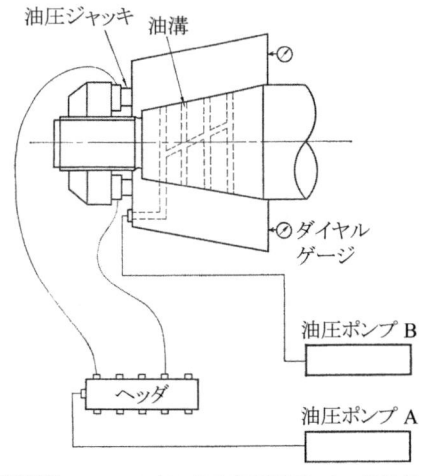

〔機関長コース1984年3月号「受験講座・プロペラ装置」第4回（池西憲治）より〕

⑦ キャップを取り付け，空所に充てん剤を詰める。

|解説|
（注1）問15の図参照
◆押込みマーク：プロペラの押込み位置の目安とするため，プロペラを外す前にプロペラ軸に付けた目印
◆合いマーク：ナットの締付け力の目安とするため，ナットを緩める前に軸とナットに付けた目印

|問11| 固定ピッチプロペラ及びプロペラ軸に関する次の問いに答えよ。
(1707)
　プロペラのプロペラ軸への押込み及びプロペラ軸からの抜出しの際，プロペラボスを直接に火炎加熱しないのは，なぜか。

|解答|
　ボスを軸に押し込んだ状態では，ボスに引張り力がかかっているので，直接に火炎加熱するとボスが永久ひずみを起こし押込み量が変わる。

|問12| 固定ピッチプロペラ及びプロペラ軸に関する次の問いに答えよ。
(1) 船外に抜くプロペラ軸と船内に抜くプロペラ軸では，構造上，どのような相違があるか。　　　　　　　　　　　　　(1407/1707/2002)
(2) プロペラ軸コーンパート大端部における曲げ応力を緩和するには，キーレスプロペラとキー付きプロペラでは，どちらが有利か。また，その理由は何か。

|解答|
(1) 船内に抜く場合はフランジ部を一体型とし，船外に抜く場合は組立型とする(注1)。
(2) キーレスプロペラ
　＜理由＞ ボス部の大きさが，キー付きプロペラより一般に小さいので，曲げ応力の集中を緩和することができる。また，キー溝があると，この部分で応力の集中が生じき裂が発生しやすくなる。

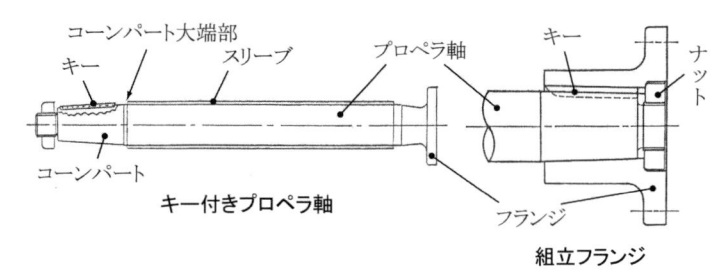

5 プロペラ

キー付きプロペラ軸（コーンパート大端部、キー、スリーブ、プロペラ軸、コーンパート）

組立フランジ（キー、ナット、フランジ）

〔池西憲治『概説 軸系とプロペラ』を基に作成〕

解説
(注1) 船外に抜く場合，フランジが一体であるとフランジが邪魔して抜き出せない。
◆キー付きプロペラ：プロペラ軸とプロペラボスとの，はめあい部（接触部）にキーを用いて取り付ける。
◆キーレスプロペラ：キーを用いずプロペラを押し込み，コーンパートの摩擦力によって固定する。

問13 図は軸継手（SFK, OK カップリング）の使用による中間軸，プロペラ軸の結合要領図である。図に関する次の問いに答えよ。
(1610/2004/2204)

(1) 図中の①及び②の名称は何か。
(2) 軸を結合するには，どのようにするか。（概要を述べよ。）
(3) 軸の結合を確認するには，どの部分の計測が必要か。（図を写しとり示せ。）

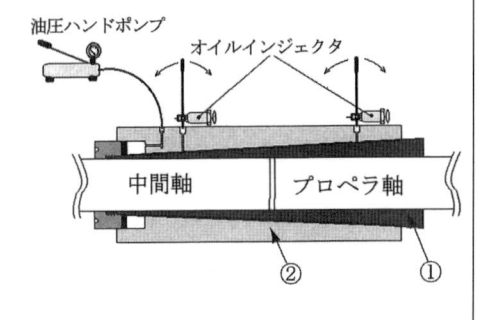

（図：油圧ハンドポンプ、オイルインジェクタ、中間軸、プロペラ軸、①、②）

解答
(1) ① インナスリーブ（内筒スリーブ）
    ② アウタスリーブ（外筒スリーブ）
(2) インナスリーブの外側とアウタスリーブの内側とはテーパになっているの

で，油圧ハンドポンプからの油圧により，アウタスリーブはインナスリーブ外表面をスライドしながら締め付けていき，油圧を抜くと，その締め付け力で軸は結合される。

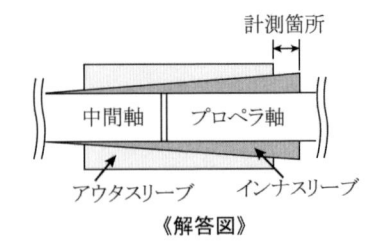

(3) 図のとおり

《解答図》

問14 プロペラ軸に関する次の問いに答えよ。
(1) フレッチングコロージョンとは，どのような現象か。 (1704/1910/2107)
(2) 上記(1)の現象は，どの部分に生じやすいか。 (1704/1910/2107)
(3) 上記(1)の現象の発生に注意が必要なのは，なぜか。 (1704/1910/2107)
(4) キャビテーションエロージョンとは，どのような現象か。
(5) 上記(4)は，どの部分に生じやすいか。

解答
(1) プロペラボスとプロペラ軸のすり合わせが不十分な場合や，プロペラ軸の押込みが不適切なとき，回転中に軸とボスの接触面に振幅の小さい摩擦が繰り返され，軸方向にはく離状の小さな侵食傷が多数発生する摩耗現象
(2) プロペラ軸のコーンパート大端部
(3) ① プロペラボスとプロペラ軸の接触不良により振動を生じる。
　　② 疲労による強度の低下や応力集中によるき裂が発生する。
(4) 負圧部に生じた気泡が潰れる際に，その衝撃力で金属面が侵食される現象
(5) 船尾管支面材の位置に当たるプロペラ軸スリーブ表面

解説
◆フレッチング：微小な滑り振動
◆コロージョン：腐食
◆エロージョン：侵食

問15 プロペラ軸に関する次の問いに答えよ。 (2304)
(1) 軸コーンパート（テーパ部）の腐食防止のため，プロペラボスの船首

側，船尾側及びボス内凹部は，それぞれどのようにするか。
(2) ロープガードを設ける目的は，何か。　　　　　　　(1807/2007)

解答
(1) ① プロペラボスの船首側
　　　● ボスとシャフトスリーブの間のラバーリングにより水密にする。
　　② プロペラボスの船尾側
　　　● プロペラナットとボスの空所に充てん剤を詰める。キャップ内部の空所にはグリースやタロー油などの防錆用充てん剤を詰める。
　　③ ボス内凹部（中空部）
　　　● グリースやタロー油，パテなどの防錆用充てん剤を詰める。
(2) 船尾管船尾部及びプロペラグランド部を保護し，水の流れを整える。

解説
◆タロー油：獣油

（図：プロペラ周辺部分の構造図。キャップ（ボンネット），充てん剤（船尾側），プロペラボス，ボルト，シャフトスリーブ，プロペラ軸，充てん剤（キャップ内部の空所），プロペラナット，充てん剤（ボス内凹部），ラバーリング（船首部），ロープガード）

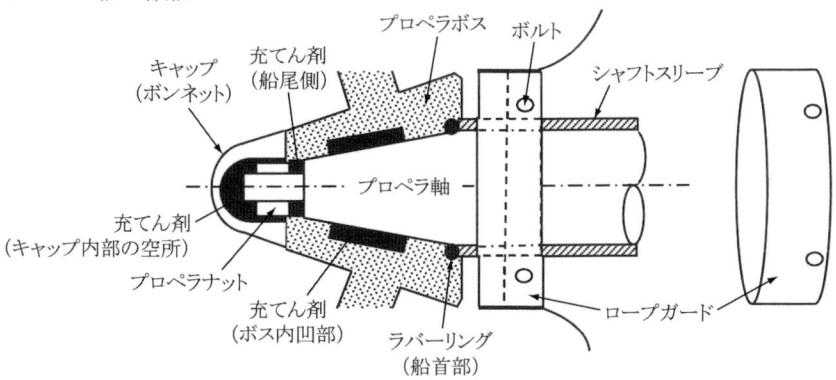

問16　プロペラ軸系に生じる異常振動の原因の中で，プロペラに関するものをあげ，それぞれについて説明せよ。　　(1402/1610/1802/2104/2307)

解答
① 羽根の変形や欠損による振動：ピッチの不均一や羽根の不釣り合いにより推力の変動が起こり振動を生じる。
② プロペラの中心とプロペラ軸心が不一致のために起こる振動：船尾管軸受

の摩耗などにより両者の不一致が起こるとプロペラの不安定な回転のため，推力の変動が起こり振動を生じる。
③　不均一伴流のために起こる振動：プロペラが不均一な伴流の中で回転すると，羽根に対する入射角が変化して推力の変動が起こり振動を生ずる。
④　キャビテーション（空洞現象）の発生による振動：羽根表面の空洞の有無によって推力の変動が起こり振動を生じる。
⑤　プロペラ深度の変化により起こる振動：荒天のためピッチングやローリングによりプロペラ深度が一定しない場合，推力の変動が起こり振動を生じる。

|解説|
◆ピッチ：プロペラが一回転したとき羽根の任意の一点が軸方向に移動した距離
◆ピッチング：縦揺れのこと。　　　◆ローリング：横揺れのこと。

|問 17　船尾管シール装置に関する次の(1)～(3)の型式についてそれぞれの特徴を述べよ。
(1)　端面シール型　　　　　　　　　　　　　（1504/1610/1807/2304）
(2)　リップシール型　　　　　　　　　　　　　　　　（1504/2110）
(3)　エアシール型　　　　　　　　　　　　　　　（1807/2110/2304）

|解答|
(1)　ガータスプリングでスリーブに締め付け，プロペラ軸とともに回転する回転摺動リングを固定摺動リングに押し付けて軸方向の端面で密封する。グランドパッキン方式では，固定されたパッキンがスリーブを締め付けるのでスリーブが異常摩耗する。これを改善する改良型の海水密封装置。メカニカルシールの一種。
(2)　油潤滑式船尾管の船首側，船尾側に装備され，船首側は船尾管内の潤滑油のシールで，船尾側は潤滑油の船外漏洩と海水の侵入を防止する密封装置。シールライナとシールリングで構成され，シールリング前後の圧力差，シールリング自体の弾力，シールリングばねの締付け力によって回転するライナ表面に接触し，密封を行う。
(3)　海洋汚染防止から油の流出を無くすために開発されたリップシール型の改良型で，前部シールは油潤滑式を採用し，後部シールは空気室を設け油の漏

5 プロペラ

洩と海水の侵入防止を図っている。

解説

◆船尾管：船尾管は，船体における唯一の開口部で，プロペラとプロペラ軸を支持する。プロペラ軸の軸径が小さい小型船では，プロペラ軸を支える支面材として「リグナムバイタ」とよばれる木材や「ゴム」を使用する海水潤滑式船尾管が用いられるが，大形船になるとプロペラ，プロペラ軸が大きく，軸受が受ける支持荷重も大きくなるので金属（ホワイトメタル）で支持する。この場合，船尾管軸受は金属と金属の摩擦になるので油潤滑式が用いられ，船首側，船尾側には油の流出を防ぐ軸封装置が必要になる。

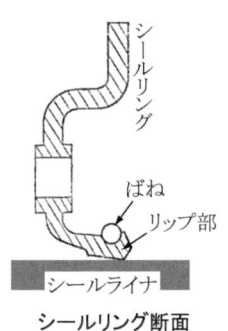

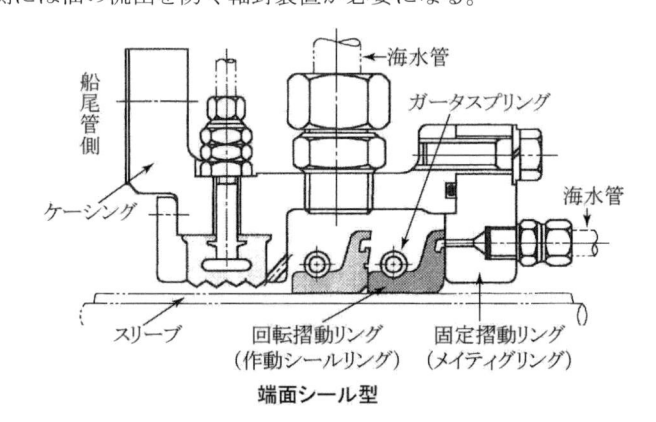

シールリング断面

端面シール型

◆リップシール型：問 21 及び問 22 参照。唇（リップ）のようにめくれた形状部分で，シールライナと接触し気密を保持する。

◆エアシール型：問 23 参照

問 18 油潤滑式船尾管及び船尾管シール装置に関する次の問いに答えよ。
(1410/2202)

(1) 油潤滑式船尾管は，海水潤滑式船尾管に比べて，どのような利点があるか。 (1602/1804/1907)

(2) シールリングのリップ部は，どのような力によってシールライナに押

し付けられているか。また，それらの力の中で最も大きいものは，どれか。

解答
(1) ① 軸受の許容面圧が大きいので軸受長さを短くできる。
② 海水による腐食がないので，軸にスリーブが不要
③ プロペラ軸及び軸受の摩耗が少ないので，長期間にわたって安定して使用できる。
④ 軸受すきまが小さく，摩耗しにくいので軸系の振動が少ない。
⑤ 保守費が安い。
(2) ① シールリング前後の圧力差
② シールリング自体の弾力
③ シールリングばねによる締付け力
これらの中で，最も大きいのは①の差圧による力である。

解説
◆スリーブ（軸鞘）：プロペラ軸やポンプ軸などの腐食と摩耗を防ぐために用いる軸を包む中空円筒形の交換部品。プロペラ軸には耐食性の高い青銅製のスリーブを焼きばめによって取り付けられている。
◆焼きばめ：プロペラ軸にスリーブを取り付ける場合，スリーブを加熱し内径を拡げて軸に挿入し，常温まで冷やすとスリーブが収縮し軸を締め付けるので，密着して取り付けることができ，海水の侵入を防止する。

問19 プロペラ軸の抜出し検査の場合，油潤滑式船尾管シール装置については，どのような箇所を点検しなければならないか。4つあげよ。
(1402/1604/1904/2010/2302)

解答
① シールリングのき裂やブリスタ発生の有無
② シールリングのリップ部の摩耗状況や当たりの状況
③ シールリングばねの腐食や張りなどの状況
④ シールライナの摩耗や腐食の状況

解説
◆ブリスタ（膨出）：内部に含まれるガス圧力によって表面が水泡のようにふ

5　プロペラ

くれる現象

> **問20** 油潤滑式船尾管及び船尾管シール装置に関する次の問いに答えよ。
> （1602/1804/1907）
> シールリングが損傷する場合の原因は，何か。

解答
① 土砂などの異物のかみ込み
② シールリングの取付け不良
③ シールライナとの接触部の潤滑不良，冷却不足による発熱
④ 軸受の摩耗による軸心不良，軸の異常振動
⑤ シールリングの経年劣化
⑥ シールリング前後の圧力差の過大，シールライナとの接触圧の過大
⑦ 材質の不良や不適

解説
（注）　シールリングの主な損傷としては，異常摩耗やブリスタ，き裂などがある。

> **問21** 図は，油潤滑式船尾管シール装置の船首側部分を示す。図に関する次の問いに答えよ。　（1507/1610/1810/2007/2207）
> (1) Ⓐ，Ⓑ，Ⓒ及びⒻは，それぞれ何か。
> (2) Ⓑの材料は，何か。
> (3) Ⓑは，どのような力によってⒶに押し付けられているか。
> (4) Ⓑの温度上昇を防止するため，どのようにするか。
> (5) Ⓓの管内の油の役目は，何か。
> (6) ⒺのOリングの役目は，何か。

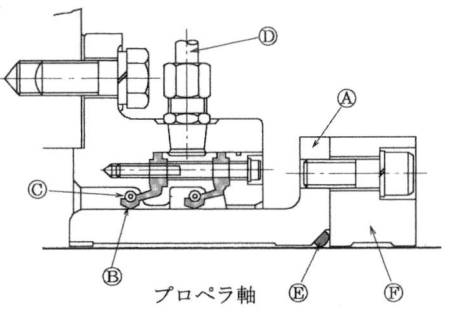

解答

(1) Ⓐ シールライナ　　Ⓑ シールリング
　　Ⓒ シールリングばね　　Ⓕ 固定リング[注1]
(2) ニトリルゴム，フッ素ゴム[注2]
(3) ① シールリング前後の圧力差
　　② シールリング自体の弾力
　　③ シールリングばねの締付け力
(4) シールリングの間に潤滑油を循環させシールリングを冷却する[注3]。
　　潤滑油の循環には，自然対流式とポンプを使用した強制循環式がある。
(5) シール部の潤滑と冷却作用
(6) 船尾管軸受潤滑油がプロペラ軸を伝わって漏れ出るのを防止する。

解説

(注1) シールライナをプロペラ軸に固定するためのリング
(注2) プロペラ軸径が大きくなると，ニトリルゴムより耐熱性の高いフッ素ゴムが採用されている。
(注3) 摩擦熱によりシールリングの耐熱温度を超えると，硬化現象を起こし弾力を失い，割れが発生する。

◆Ｏリング：合成ゴムでできた断面がＯ形（円形）の環状パッキン

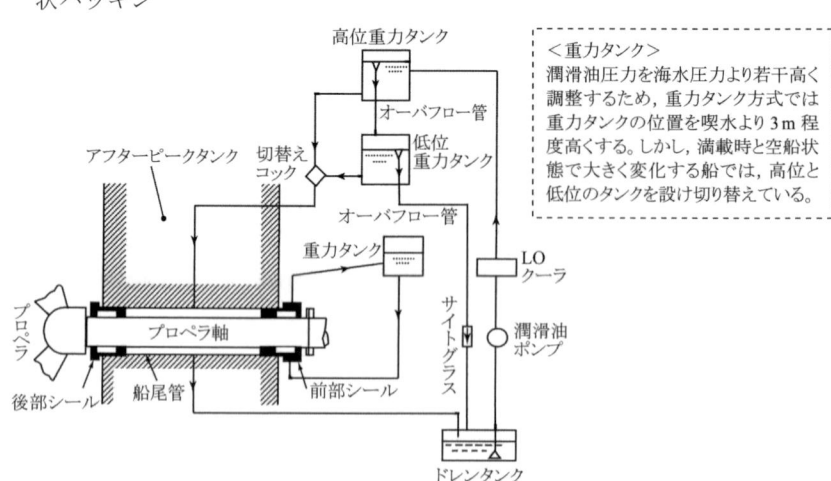

Ｏリング

＜重力タンク＞
潤滑油圧力を海水圧力より若干高く調整するため，重力タンク方式では重力タンクの位置を喫水より3m程度高くする。しかし，満載時と空船状態で大きく変化する船では，高位と低位のタンクを設け切り替えている。

油潤滑式船尾管

5 プロペラ

問22 図は，油潤滑式船尾管シール装置の船尾側部分を示す。また，図の X で示す穴は，軸受潤滑油管に接続している。図に関する次の問いに答えよ。
(1404/1702/2307)

(1) $A_1 \sim A_4$ は，何か。また，その材料は，何か。
(2) B は，何か。また，その材料は，何か。
(3) A_3 は，どのような力で B に押し付けられているか。
(4) A_1 及び A_4 の役目は，それぞれ何か。

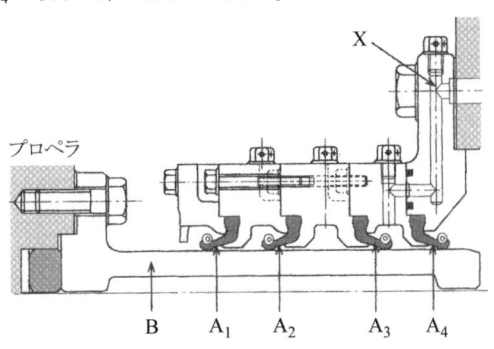

解答

(1) シールリング
　　＜材料＞　A_1 はニトリルゴム，$A_2 \sim A_4$ はフッ素ゴム
(2) シールライナ
　　＜材料＞　ステンレス鋼またはクロム鋼 (注1)
(3) ① シールリング前後の圧力差
　　② シールリング自体の弾力
　　③ シールリングばねの締付け力
(4) ① A_1：海水及び海水中の異物の浸入を防止する。
　　② A_4：A_3 のシールリングに異常があった場合，その予備として軸受潤滑油の漏れを防止する。

解説

(注1) ともにクロム（Cr）を含む。クロムには耐食・耐熱性があり，クロムを 11％以上含むとステンレス鋼と呼ばれる。

◆ニトリルゴム：耐油性，耐摩耗性の合成ゴム

◆フッ素ゴム：耐熱性があり，摩擦係数の小さい合成ゴム

問23 図は，定流量式エアシール装置を採用した船尾管シール装置の船尾側部分の一例を示した略図である。図とシール装置に関する次の問いに答えよ。(1502/2104/2210)
(1) 従来のリップシール型と比べて，どのような利点があるか。（2つあげよ。）
(2) ①及び③の配管にはそれぞれ何が供給されるか。
(3) ②及び④の配管の役目はそれぞれ何か。
(4) 喫水が増加した場合，#0 シールリング前後の圧力差は，大きくなるか，小さくなるか，それとも変化しないか。また，それはなぜか。

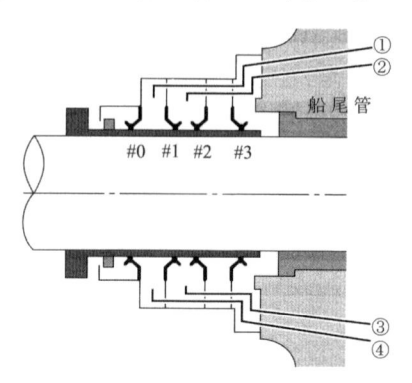

解答
(1) ● 油流出の防止 (注1)
 ● シールリング劣化の防止 (注2)
(2) ① 空気
 ③ 潤滑油
(3) ② 潤滑油の出口
 ④ 空気室のドレンを回収 (注3)
(4) 変化しない。
 ＜理由＞ 常に一定量の空気を空気室へ送り，これを海水側へ吹き出すことにより，喫水の変化に対応した圧力 (注4) に同室を調節するため。

解説
(注1) 空気室を設けて海水と油を分離し，プロペラ軸の振動による油漏れを防止する。
(注2) 喫水圧を空気室で検出して潤滑油圧を自動調節するので，シールリングにかかる負荷を軽減する。

5　プロペラ

(注3)　供給された空気の一部は，漏れ込んだ海水や油を空気の流れとともに空気室下部のドレン孔を通して回収する。
(注4)　空気室圧力≒シールリング張力＋喫水圧力

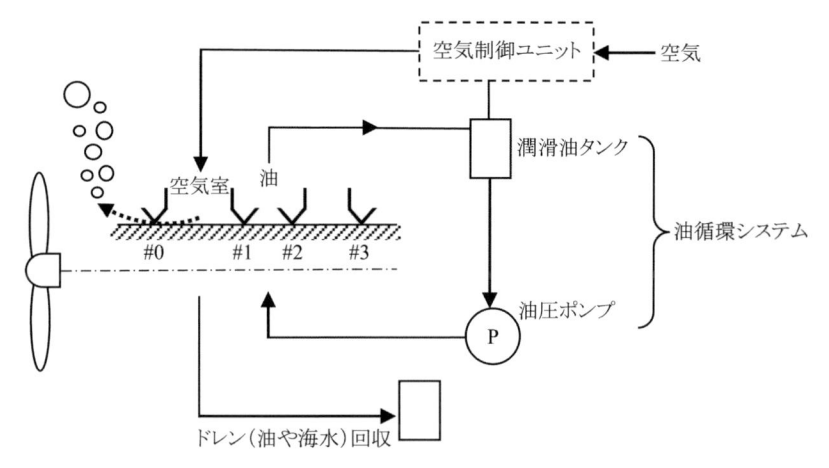

船尾管後部シール部

機関その二

1 ポンプ

> **問1** ポンプに関する次の問いに答えよ。
> (1) ディフューザポンプ（タービンポンプ）において，案内羽根入口の流速が u_1 (m/s)，出口の流速が u_2 (m/s) である場合，水が案内羽根を流れる間に損失がまったくないものとすれば，案内羽根によって圧力水頭に変わった速度水頭は，どのように表されるか。（u_1, u_2 を用いて示せ。）
> (2007)
> (2) うず巻ポンプの比速度（比較回転速度）とは，どのようなことか。
> (1402/1702/2007)
> (3) タービンポンプ，軸流ポンプ及びうず巻ポンプについて，比速度の大きい順に並べると，どのようになるか。また，比速度が変わっても効率が平均的に高い順に並べると，どのようになるか。
> (1402/1702)

解答

(1) $\dfrac{u_1^2 - u_2^2}{2g}$ (注1)　　ただし，g：重力の加速度 [m/s²]

(2) 幾何学的に相似な羽根車を使って，毎分 1 m³ の液体を全揚程 1 m 揚液するために必要なポンプの回転速度

(3) ① 比速度の大きい順：　軸流ポンプ＞うず巻ポンプ＞タービンポンプ
　　② 効率の高い順：　　うず巻ポンプ＞軸流ポンプ＞タービンポンプ

解説

(注1) ベルヌーイの定理 $\dfrac{u_1^2}{2g} + \dfrac{p_1}{\rho g} + h_1 = \dfrac{u_2^2}{2g} + \dfrac{p_2}{\rho g} + h_2$ より，$h_1 = h_2$ として求

まる。ただし，u：流速，p：圧力，h：位置水頭，ρ：密度，g：重力の加速度

◆比速度：ポンプを設計する場合，ポンプの回転速度，吐出し量，全揚程の3要素がわかれば，比速度が決まり，羽根車の形状が決定されるので，ポンプの種類を選定することができる。比速度が小さいと，揚程（圧力）が高く吐出し量が少ないタービンポンプとなり，大きいと，揚程が低く吐出し量が多い軸流ポンプとなる。比速度は次式で表される。

$$n_s = n \times \frac{Q^{1/2}}{H^{3/4}}$$

ここで，n_s：比速度[min^{-1}]
　　　　n：回転速度[min^{-1}]
　　　　Q：吐出し量[m³/min]
　　　　H：全揚程[m]

◆うず巻ポンプとタービンポンプ：羽根車の外周にうず形室のあるポンプをうず巻ポンプ，羽根車の外周に案内羽根があってうず形室のあるポンプをタービンポンプという。案内羽根を設けることによって，流体の圧力を高めることができるので，タービンポンプは高圧ポンプとして用いられる。タービンポンプはディフューザポンプとも呼ばれる。

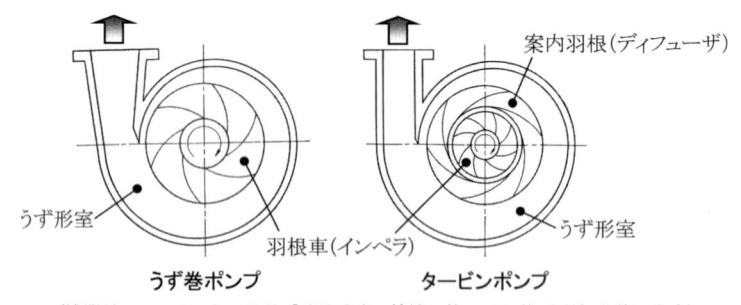

うず巻ポンプ　　　　　　　**タービンポンプ**
（うず形室／羽根車（インペラ））　（案内羽根（ディフューザ）／うず形室）

〔機関長コース1984年9月号「受験講座・補機」第29回（松本健）を基に作成〕

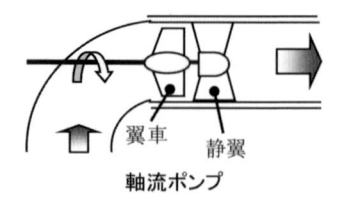

軸流ポンプ（翼車／静翼）

◆水頭（ヘッド）：流体の持つエネルギを水柱の高さに置き換えたもの。
◆揚程：ポンプが液体をくみ上げる高さ

1 ポンプ

> **問2** うず巻ポンプに関する次の問いに答えよ。
> (1) 機械効率とは、何か。
> (2) パッキン箱の封水の圧力が高過ぎる場合、どのような不具合を生じるか。
> (1802/2004/2310)
> (3) 玉軸受及びスリーブは、それぞれどのような方法で軸に挿入するか。

解答

(1) 機械効率 η_m は、<u>ポンプ水動力 P_w</u>(注1) とポンプ軸動力 P_s との比を表し、次式で示される。

$$\eta_m = \frac{P_w}{P_s} \times 100 = \frac{P_s - 機械損失動力}{P_s} \times 100$$

(2) パッキンを締めすぎた状態と同じになり、損失動力は増加し、パッキンや軸の摩耗が大きく、軸封部の温度が上昇する。

(3) ① 玉軸受
- 内輪をパイプなどを利用して均等に叩き込み、直接ハンマで叩かない。ハンマはプラスチックや木など衝撃の小さいものを使用する。
- <u>焼きばめによる。</u>(注2)

② スリーブ
- 焼きばめによる。 ・ナットの締付けによる。 ・ねじ込みによる。

解説

(注1) 羽根車が実際に水に作用した動力、または軸動力から機械損失動力（軸受やパッキンなどの損失）を引いた動力

(注2) 接合する2物体の、一方を加熱し、膨張させて挿入する結合法

◆玉軸受（ボールベアリング）：内輪＋ボール（玉）＋外輪からなる。

◆スリーブ：薄肉で中空円筒型の部品。ポンプ軸はグランドパッキンの当たる部分のみ摩耗が激しいので、この部分にスリーブを挿入して、摩耗したスリーブのみ取り替えれば、軸全体を替える必要がない。

◆パッキン箱（スタフィングボックス）：軸がポンプケーシングを貫通する部分は軸封装置が必要で、この部分にパッキン（グランドパッキンという。）を詰めたパッキン箱を設ける。

◆封水管：ポンプからの圧力水をパッキン箱に送る管で、封水は気密と冷却を

目的に送られる。

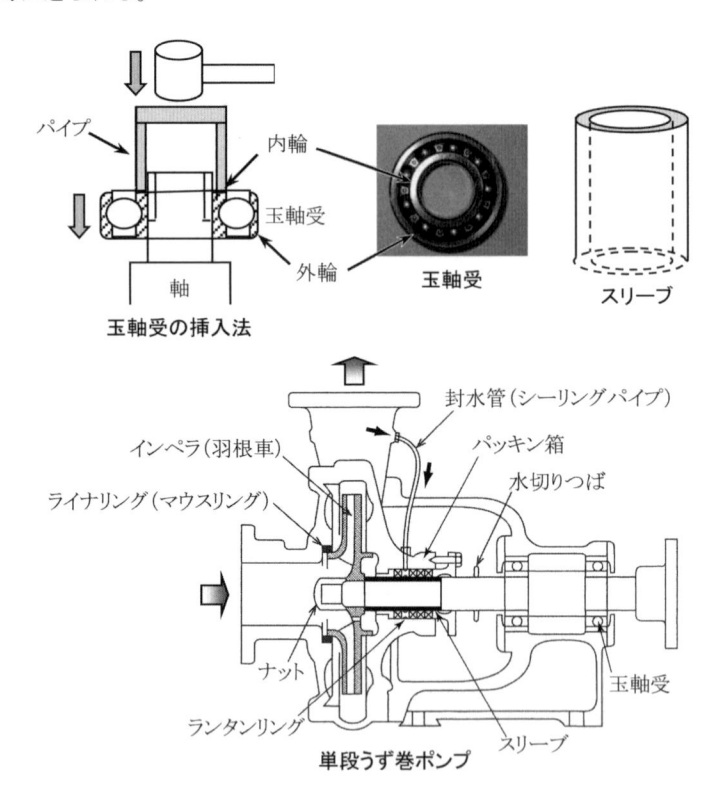

玉軸受の挿入法

単段うず巻ポンプ

問3　図は，うず巻ポンプの羽根車出口における速度三角形である。次の(1)及び(2)の場合の速度及び角度をそれぞれ図の記号を用いて示せ。ただし，羽根の出口の周速度を $\overrightarrow{BC}$ とする。

(1507/1904/2210)

(1) 定格流量の場合
　㋐　羽根の周速度に対する水の相対速度
　㋑　水の半径方向の速度
(2) 定格流量以下の場合
　㋐　水の羽根からの出口角
　㋑　水の羽根円周に対する流出角

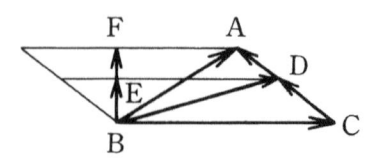

1　ポンプ

　㋒　水の絶対速度

解答

(1) ㋐：$\vec{CA}$　　㋑：$\vec{BF}$

(2) ㋐：∠BCD　　㋑：∠CBD　　㋒：$\vec{BD}$

解説

(注)「入口角」「出口角」は羽根車の角度を表し,「流入角」「流出角」は実際の水の角度を表す。速度三角形は羽根の周速度を基本に求める。

◆絶対速度と相対速度：2台の車が並走しているとき，一方の車に乗って並走する相手の車を見ているときが「相対」で，ほとんど飛び移れそうなスピードに感じる。一方，道路沿いから並走する車を見ているときが「絶対」である。速度線図では，ポンプ本体（車）から流体を見ると，流体は $\vec{CA}$ の方向に出ていくが，流体は周速度の影響を受けるので，ポンプ以外（道路沿い）から見ると $\vec{BA}$ の方向に出ていく。

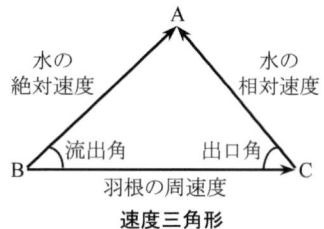

◆周速度：回転運動における接線方向の速度

◆速度線図：タービンやポンプなどで，羽根車の入口と出口における速度成分の関係を表す線図

速度三角形（図：三角形ABC、水の絶対速度、水の相対速度、流出角、出口角、羽根の周速度）

問4 うず巻ポンプの軸方向スラストに関する次の問いに答えよ。
(1604/2104/2307)

(1) 軸方向スラストが発生するのは，なぜか。

(2) 軸方向スラストを軽減するには，どのような方法があるか。（4つあげよ。）

解答

(1) 羽根車を出た圧力液の一部は，羽根車とケーシング間のすきまに充満するが，側板側が主板側より圧力が低いために，吸込み側に向かって軸方向のスラスト（推力）を生じる。

(2) ① 釣合い穴を設ける。
　　② 釣合い管を設ける。
　　③ 裏羽根をつける。
　　④ 両吸込み形にする。

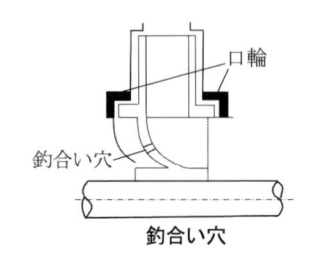

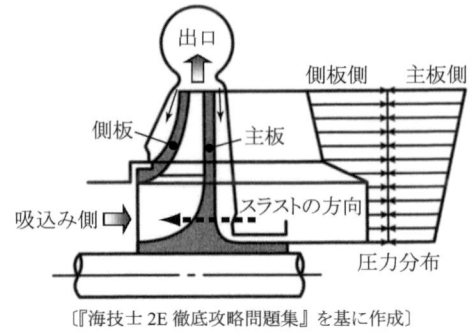

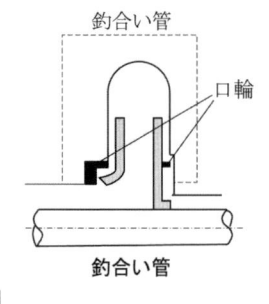

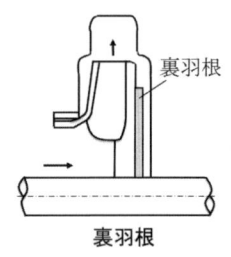

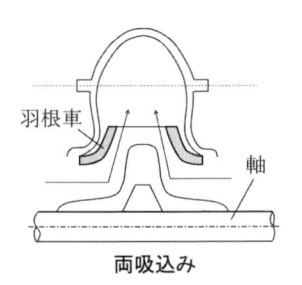

釣合い穴

釣合い管　　裏羽根　　両吸込み

〔『海技士2E徹底攻略問題集』を基に作成〕

解説
（注）うず巻ポンプの原理：水を満たし密封したドラム缶を高速で回転させると，遠心力により上部に真空が発生する。ドラム缶を横にして，吸込み管を設けると，真空が作られたドラム缶まで大気圧が水を押し上げる。この水に羽根車で運動エネルギを与え排出する。吸込み側が真空のため，羽根車の側板側が主板側より圧力が低くなり，圧力差が生じてスラストが発生する。

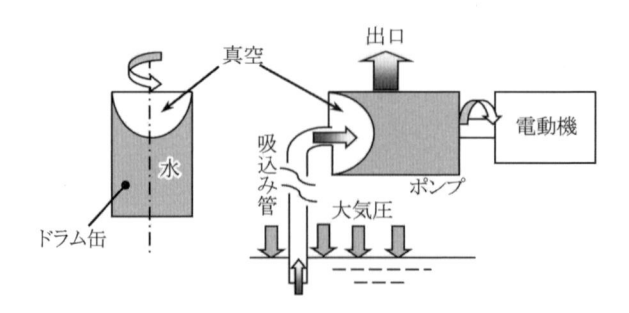

問5 図は，うず巻ポンプ1台の運転時の揚水量と揚程及び管路抵抗の関係を表す揚程曲線と管路抵抗曲線を示す。このポンプ2台を並列運転した場合の各特性曲線を描き，下記㋐及び㋑をそれぞれ示して，概要を説明せよ。　(1310/1602/1710/2110)
㋐　単独運転時の運転点
㋑　並列運転時の運転点

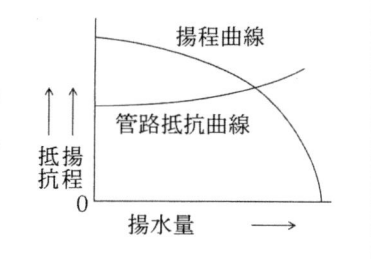

|解答|
2台並列運転した場合の揚程曲線(注1)は，単独運転の揚程曲線の同一揚程における揚水量が2倍の曲線になる。管路抵抗曲線に変化がなければ，単独運転時の運転点㋐に対して，並列運転時の運転点は㋑となる。ただし，$Q_2 = 2Q_1$ とはならず，常に $Q_2 < 2Q_1$ となる(注2)。

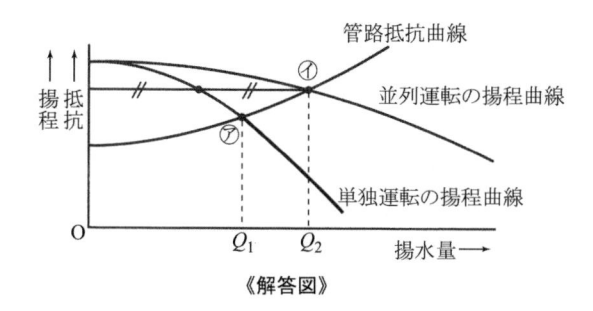

《解答図》

|解説|
(注1) ポンプの能力は，「必要とする量（揚水量）」の液体を，「目的とする高さ（揚程）」まで，あげることで決まる。
(注2) 管路の抵抗が大きくなると，管路抵抗曲線の勾配も大きくなり，並列運転のメリットは，ますます小さくなる。
◆揚水量：送出し量，吐出量（としゅつ），吐出し量（はきだ）とも呼ばれる。

問6　うず巻ポンプの送出し量の調整を，次の(1)及び(2)の方法で行った

機関その二

場合について，送出し量に対する揚程曲線等を描き，運転点を示してその変化をそれぞれ説明せよ。　　　　　　　　　　　　　　(1410/1810/2207)
(1) 送出し止め弁の開度は一定で，ポンプの回転速度を変える方法
(2) ポンプの回転速度は一定で，送出し止め弁の開度を変える方法
　　　　　　　　　　　　　　　　　　　　　　　　　　　(1610/2202)

【解答】

(1) 回転速度を n から n' に低下させると，揚程曲線は H-Q から H'-Q' に変わる。一方，管路抵抗曲線は一定であるから運転点はaからbに移行し，送出し量は Q_a から Q_b に減少する。回転速度を上昇させる場合はこの逆となる。

(2) 送出し止め弁(注1)を絞ると，抵抗が増加し，管路抵抗曲線は h_f から h_f' に変化する。揚程曲線は回転速度一定なので変わらない。したがって，運転点はaからbに移行し，送出し量は Q_a から Q_b に減少する。

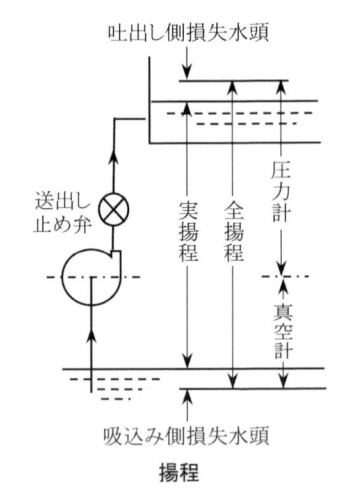

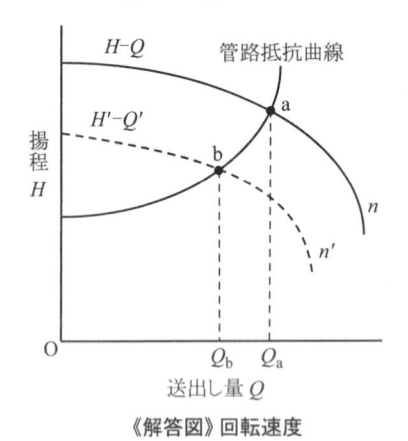

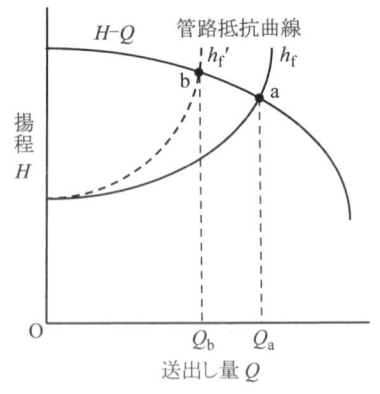

《解答図》回転速度

《解答図》送出し弁の開度

【解説】
(注1) ポンプ出口弁のこと。
◆回転速度を変える方法はポンプコントロール，送出し止め弁の開度を変える

方法はバルブコントロールと呼ばれている。

問7 固定羽根軸流ポンプに関する次の問いに答えよ。　　　　(1510/1804)
(1) ポンプを一定回転速度で運転した場合の揚水量に対する揚程，ポンプ軸動力及びポンプ効率の変化を示す曲線は，それぞれどのようになるか。（図を描け。）　　　　(1907)
(2) 上記(1)の曲線は，うず巻ポンプに比べて，それぞれどのように相違するか。
(3) 始動時，原動機にできるだけ負荷をかけないようにするため，送出し止め弁は，どのようにするか。　　　　(1907)

解答

(1)

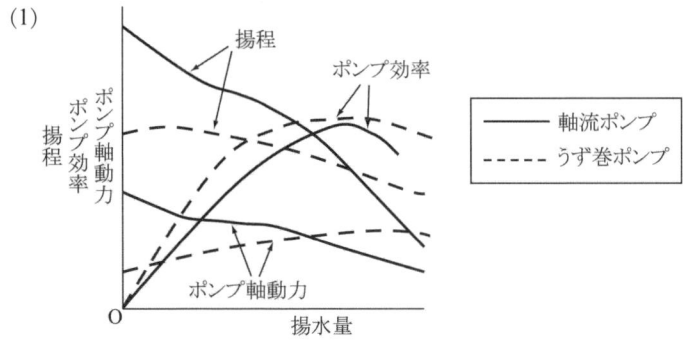

《解答図》(解答は実線のみでよい)

(2) ① 揚程曲線：揚水量 0 のとき揚程が非常に大きく，揚水量の増加につれて急勾配の右下がりとなる。うず巻ポンプに比べて最高効率域で低下が大きい。
　② 軸動力曲線：揚水量 0 のとき軸動力が最も大きく，揚水量の増加につれて低下する。うず巻ポンプとは逆に右下がりの曲線となる。
　③ 効率曲線：うず巻ポンプに比べポンプ効率の高い範囲が狭い。
(3) 軸流ポンプの軸動力は，<u>送出し止め弁が全閉</u>(注1)のときが最も大きく，開弁とともに小さくなるので，<u>始動は送出し止め弁を全開にして</u>(注2)小さい軸動力で始動する。

解説
(注1) 締切り状態とは，揚水量 0 の状態をいう。
(注2) うず巻ポンプの軸動力は，送出し止め弁が全閉のときが最も小さいので，全閉状態で始動する。
◆原動機：ポンプの場合，ポンプを駆動する電動機やガソリン機関などをいう。
◆送出し止め弁：吐出弁（としゅつべん），吐出し弁（はきだしべん），出口弁ともいう。
◆軸流ポンプ：軸方向から羽根車に入った流体が，そのまま軸方向に流れるポンプで，高圧は得られないが大容量に適する。
◆うず巻ポンプ：軸方向から羽根車に入った流体が，軸に直角な半径方向に流出するポンプで，遠心力によって高圧を得ることができる。

問8 うず巻ポンプに関する次の問いに答えよ。　　(1504/1802/2004/2310)
(1) ポンプに生じるキャビテーションとは，どのような現象のことか。
(2) ポンプに生じるキャビテーションを防止するため，ポンプ及び付属装置について，どのような対策がとられているか。

解答
(1) ポンプの吸込み側の圧力が低下し，水温相当の飽和蒸気圧に達すると，蒸気を発生して気泡による空洞を生じる現象のこと。この現象が著しくなると，ポンプの揚程や効率の急激な低下，騒音や振動の発生，金属表面の侵食などの原因になる。

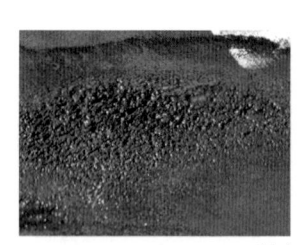

キャビテーションによる侵食(注1)

(2) ① ポンプの吸込み揚程を小さくして，吸込み管を太く短くする。
　　② 吸込み管系に曲がりや弁などを少なくし，圧力低下を小さくする。
　　③ 回転速度を下げる。
　　④ 吸込み揚液の温度を高くしない。

解説
(注1) キャビテーションにより発生した気泡は，圧力の高い箇所で短時間で急激に壊滅するので，衝撃圧力が気泡内に生じる。この異常な衝撃で物体の表面が侵食される。
◆吸込み揚程：吸込み実揚程と吸込み側損失水頭を加えた揚程

1 ポンプ

問9 うず巻ポンプに関する次の問いに答えよ。　　　　(2202)
(1) 軸封装置として，メカニカルシールを使用する場合の利点は，何か。
(2) 玉軸受の外輪と軸受囲いを固定するものと，固定しないものがあるのは，なぜか。

解答
(1) ① 軸の摩耗がない。
　　② 漏えいがほとんどない。
　　③ 摩擦損失動力が少ない。
　　④ 取扱いが簡単で，運転中の調整が不要である。
(2) 一般に，軸は 2 個の軸受で支えられているが，取付け誤差や熱膨張によるひずみを吸収するため，一方を<u>固定側</u>(注1) とし，他方を<u>自由側</u>(注2) として設計される。

解説
(注1) 基準軸受または案内軸受という。
(注2) 自由軸受という。軸方向にすきまを設ける。

◆メカニカルシール：軸と共に回転する回転環とケーシングに固定する固定環を接触させ，そのしゅう動によって漏れを防ぐ機械的軸封装置

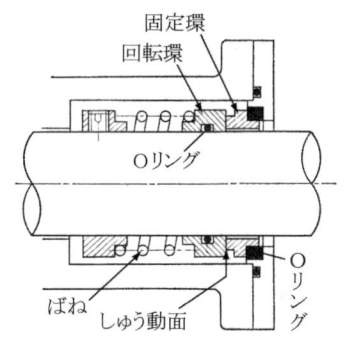

メカニカルシール
〔機関長コース 1986 年 3 月号「受験講座・補機」第 44 回（松本健）を基に作成〕

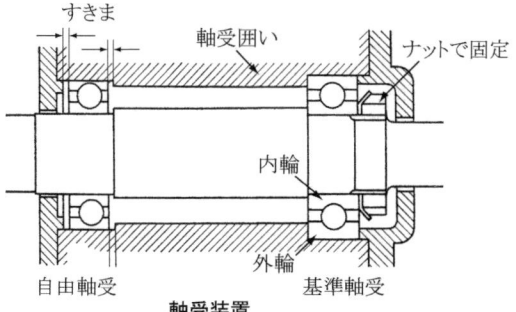

軸受装置
〔機関長コース 1986 年 4 月号「受験講座・補機」最終回（松本健）を基に作成〕

問10 3本ねじポンプに関する次の問いに答えよ。　（1407/1607/1807/2107）
(1) 主動ねじ及び従動ねじは，それぞれスリーブ内にどのように配置されているか。（軸の直角断面図を描いて示せ。）
(2) 性能上，どのような特長があるか。
(3) 運転中の従動ねじは，何の力によって駆動されるか。

解答
(1) 主動ねじが1本，従動ねじが2本，スリーブ内に図のように配置されている。

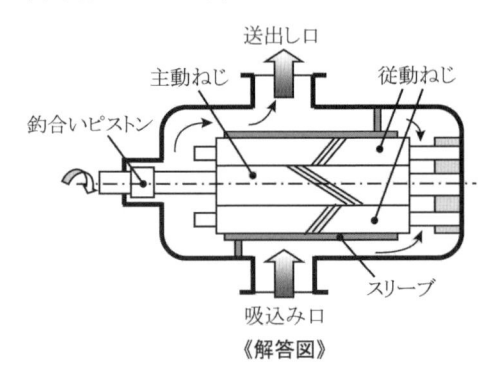

《解答図》

(2) ① 運転が静かで振動が少ない。
　　② 流体に回転運動を与えず，軸方向に連続的に送り出すので，脈動や泡立ちが少ない。
　　③ 高速，高揚程にも適し，高粘度の流体にも適用できる。
　　④ 自吸作用があるので，始動に際し呼び水を必要としない。
　　⑤ 歯面の損傷が少なく寿命が長い。
(3) ねじ面に作用する液圧が，従動ねじに回転方向のトルクを与える。

解説
◆脈動：出口圧力が変動し，脈打つこと。
◆自吸作用：呼び水作用

1　ポンプ

> **問11** 図は，3本ねじポンプの構造の略図である。図に関する次の問いに答えよ。　　　(1502/1707/1910/2304)
> (1) 駆動軸の①の部分の名称及び役目は，何か。
> (2) 運転中，②及び③のねじは，何の力によって駆動されるか。
> (3) 運転中，送出される液体に脈動や泡立ちが少ないのは，なぜか。

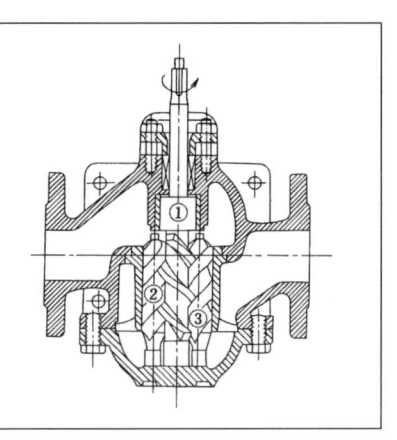

【解答】
(1) 釣合いピストン
　　＜役目＞　吐出側と吸込側との圧力差によって生じる軸方向のスラストを釣り合わせる。
(2) <u>ねじ面に作用する液体の圧力による</u>(注1)。
(3) <u>送出し液体に回転運動を与えず，また軸方向への送出しが連続的に行われるので急激な圧力変動を生じないため</u>(注2)。

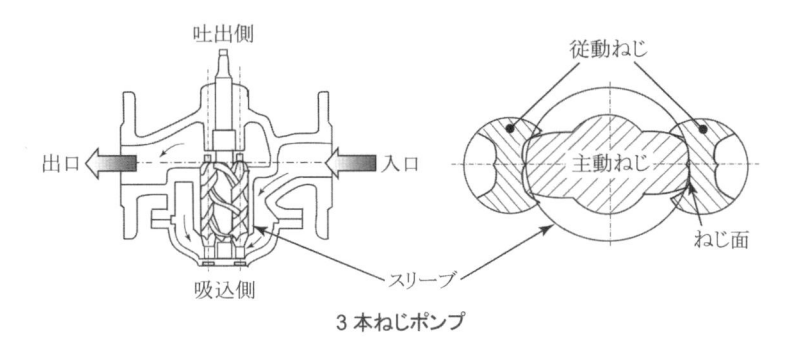

3本ねじポンプ

【解説】
(注1) 従動ねじは，送り出される流体の作用によって自転してシーリングの役目をするだけで，機械的仕事は行わないので主動ねじと従動ねじ間の動力伝達を必要としない。従動ねじは浮遊回転状態である。

(注2) 流体は主動ねじ，従動ねじの噛み合いとスリーブとによってできる密閉空間に閉じ込められ，撹拌することなく，ねじの回転によってスムーズに軸方向に移動する（押し出される）。

問12 外接歯車ポンプに関する次の文の中で，正しくないものを2つあげ，その理由を記せ。　　　　　　　　　　　　　　　　　　　　　　　(2002/2204)
㋐　回転速度が高い場合は平歯車が使用される。
㋑　粘度の増加に伴ってポンプ効率が低下する。
㋒　液体の中に空気が混入すると揚液が不能になる。
㋓　液体に潤滑性がある場合は内軸受形が使用される。
㋔　内部漏えい量が減少すると容積効率が上昇する。

解答
㋐　回転速度が高い場合は平歯車が使用される。
㋒　液体の中に空気が混入すると揚液が不能になる。

解説
正　㋐：回転速度が高い場合は，かみ合いがなめらかなはすばまたはやまば歯車が使用される。
　　㋒：歯車ポンプは自吸作用があるので，液中の空気に影響されにくい。
◆ポンプ効率：ポンプが液になす仕事／ポンプの入力
◆容積効率：実吐出量／理論吐出量

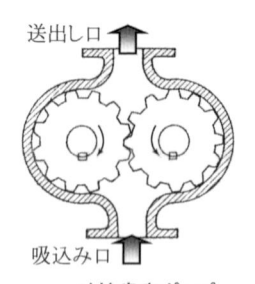

外接歯車ポンプ　　　　**はすば歯車**　　**やまば歯車**
〔機関長コース1976年6月号の解答を基に作成〕

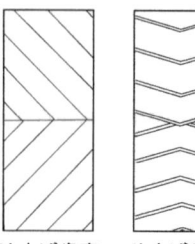

1 ポンプ

問13 図は，水噴射ポンプの構造を示す略図である．図に関する次の文の（　）の中に適合する字句又は記号を記せ． (1404/1704/2010/2302)

(1) このポンプは，水を駆動流体として揚水を行うものである．駆動流体は，図の（ ㋐ ）から入り，のど部で被駆動流体と混合しつつその運動量を被駆動流体に与え，さらに図中の⑥すなわち（ ㋑ ）で速度ヘッドが（ ㋒ ）ヘッドに変換されてポンプ作用が完了する．このとき，のど部における混合の際に生じる衝突損失，のど部内壁における（ ㋓ ）損失，⑥における（ ㋔ ）損失が生じる．

(2) このポンプの特長は構造が簡単であり，しかも回転部分を有しないため各方面に応用されており，船内装置の応用例としては，（ ㋕ ）がある．

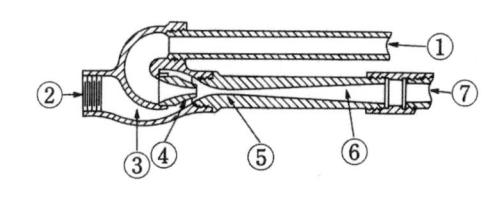

【解答】
㋐：①　　㋑：ディフューザ　　㋒：圧力　　㋓：摩擦　　㋔：ひろがり
㋕：造水器のブラインエゼクタ

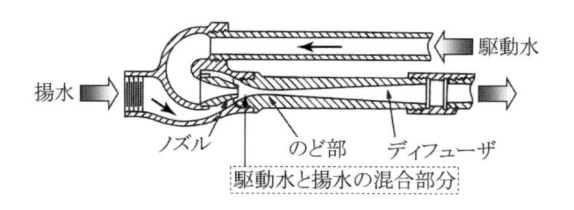

【解説】
◆ディフューザ（拡散器）：流路の断面積を拡大することで，流体のもつ運動エネルギを圧力エネルギに変換する．タービンポンプでは案内羽根，ガイドベーンともいう．ディフューズは「拡散する」，「発散する」の意味
◆造水器：海水を真空のもとで加熱して蒸留水を作る装置．蒸留水はボイラ水などに使用する．

◆ブライン：海（塩）水
◆エゼクタ：噴射ポンプを用いて，水や蒸気などを排出したり，真空度を高めたりする装置
◆ジェットポンプ：ノズルから高圧で水や蒸気を噴出させ，このとき生じる真空を利用し，他の流体の吸込み，吐出しをするポンプ。噴出する流体に水を使用するものを水噴射ポンプ，蒸気を使用するものを噴気ポンプという。

2　冷凍装置

> 問1　ガス圧縮式冷凍装置の冷凍サイクルに関する次の文の（　）の中に適合する字句を記せ。　　　　　　　　　　　　（1304/1602/2107）
> (1) 高圧の冷媒ガスが凝縮器に放出する熱量は，蒸発器で吸収する熱量と（⑦）に相当する熱量を加えたものにほぼ等しい。また，凝縮器内で冷媒ガスは，等（④）で凝縮し，比エンタルピは，（⑦）する。
> (2) 過冷却冷凍サイクルでは，蒸発器の入口における冷媒の乾き度が（㊤）く，冷凍効果を増加することができる。
> (3) 乾燥圧縮冷凍サイクルでは，圧縮は（㋔）域内において行われる。

解答
⑦：圧縮仕事　　④：圧　　⑦：減少　　㊤：小さ　　㋔：過熱蒸気

解説
◆冷凍サイクル：夏の日差しで熱くなったアスファルトに打ち水をすると，アスファルトの温度は低下し涼しさを感じる。これは水（液体）が水蒸気（気体）に変化するときアスファルトから蒸発熱を奪うことによる。つまり，液体で熱を奪うより液体が気体になるときの蒸発で奪う熱が大きいからである。これと同じ原理で，冷媒の蒸発作用を機械的に行うのが冷凍装置である。冷媒は，圧縮機→凝縮器→（受液器）→膨張弁→蒸発器→圧縮機の流れの中で，液体と気体の状態を繰り返す。冷媒は蒸発器で周囲から熱を吸収して気体になると冷えなくなる。連続して冷却作用を行うには冷媒を，元の液体に

2 冷凍装置

戻す必要があり圧縮機と凝縮器において液化される。膨張弁は減圧して冷媒を蒸発しやすくするとともに冷媒循環量を調節する。

◆冷媒：冷やす媒体。蒸発によって冷却作用を行わせる物質
◆凝縮器：気体を液化する装置。蒸気タービンの場合は復水器という。
◆蒸発器：液体を気化する装置。冷凍機の場合は冷媒液が庫内の熱を吸収して気体になる。
◆比エンタルピ：物質1kgが保有する熱量
◆乾き度：湿り蒸気（飽和液と飽和蒸気が共存する蒸気）中の飽和蒸気の占める割合
◆冷凍効果：1kgの冷媒が蒸発器内で奪う熱量。冷凍効果 = $h_1 - h_4$

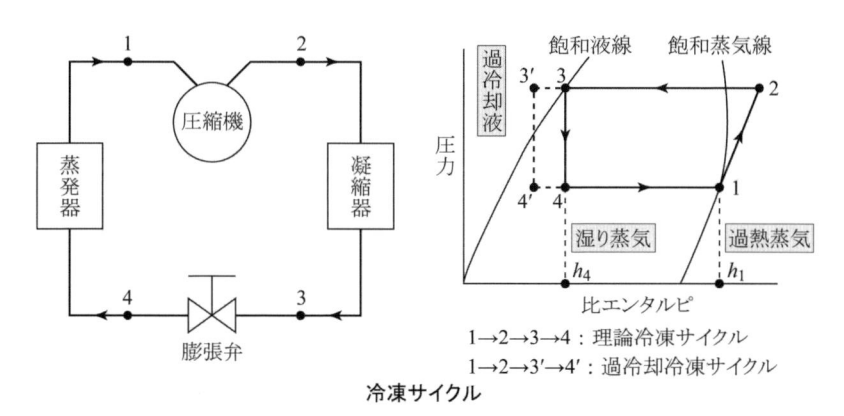

冷凍サイクル

$1→2→3→4$：理論冷凍サイクル
$1→2→3'→4'$：過冷却冷凍サイクル

問2 ガス圧縮式冷凍装置の冷媒の過冷却に関する次の問いに答えよ。
(1402/1707/2007/2202)

(1) 過冷却とは、どのようなことか。（$p-h$線図を描き説明せよ。）
(2) 過冷却を行うには、どのような方法があるか。（2つあげよ。）
(3) 過冷却を行った場合、下記㋐～㋒は、どのようになるか。（上記(1)で描いた $p-h$ 線図を用いてそれぞれ説明せよ。）
　㋐　冷媒の単位質量当たりの圧縮機の仕事量
　㋑　冷凍効果
　㋒　成績係数

解答

(1) 冷媒を凝縮器圧力に相当する飽和温度以下に冷却することで，凝縮器出口が 3 から 3′ に移動する。

(2) ① 冷却水量や伝熱面積を増やし凝縮器の冷却能力を高める。
② 過冷却器を設け，蒸発器出口の低温の冷媒ガスで冷媒液を冷却する。

(3) ㋐ 圧縮機仕事量 Al は，変化しない。
㋑ 冷凍効果は，$q_1' > q_1$ となり，大きくなる。
㋒ 成績係数は，$(q_1'/Al) > (q_1/Al)$ となり，大きくなる。

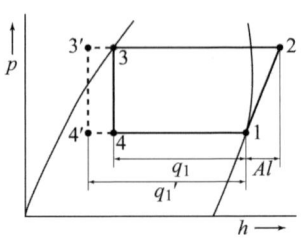

《解答図》

解説

◆過冷却：凝縮器内の冷媒は放熱により気体から液体に状態変化するが，変化中（飽和状態）の圧力と温度は一定になる。しかし，圧力が同じでも冷媒ガスがすべて液体になると，液体の温度は低下する。冷媒温度が飽和温度より下降した状態を過冷却といい，このときの温度差を過冷却度という。図中，過冷却度は $T_3 - T_3'$ で表される。

◆成績係数：動作係数ともいう。冷凍サイクルの効率を示し，この値が大きいほど，少ない動力で大きな冷凍能力が得られる。成績係数 = q_1/Al = 冷凍効果/圧縮仕事の熱量

◆飽和温度：冷媒中に冷媒液と冷媒蒸気が共存（平衡）しているときの状態を飽和状態という。この時の温度を飽和温度，圧力を飽和圧力，この蒸気を飽和蒸気，液体を飽和液という。

問3 図は，ガス圧縮式冷凍装置における理論冷凍サイクルを示した圧力-比エンタルピ線図である。図に関する次の問いに答えよ。(1604/1810)

(1) 凝縮器で凝縮された液冷媒を過冷却する場合の冷凍サイクルを圧力-比エンタルピ線図に描くと，どのようになるか。

(2) 上記(1)の過冷却において，冷凍

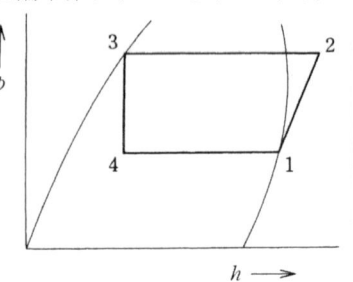

効果は，どのように変わるか。

(3) 図中の点2と点1の比エンタルピの差及び点2と点3の比エンタルピの差は，それぞれ何を表すか。

解答

(1) $1 \to 2 \to 3 \to 4 \to 1$ から $1 \to 2 \to 3' \to 4' \to 1$ になる。

(2) 過冷却によって点4と点4'の比エンタルピの差 $(h_4 - h_4')$ の分だけ冷凍効果が増す。

(3) ① $h_2 - h_1$：圧縮仕事に相当する熱量
② $h_2 - h_3$：凝縮器で放出する熱量

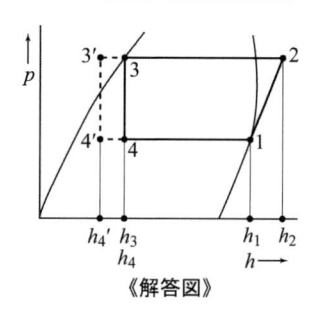

《解答図》

問4 図は，ガス圧縮式冷凍装置における理論冷凍サイクルを示した圧力-比エンタルピ線図である。

図に関する次の問いに答えよ。
(1407/1610/1804/2104)

ただし，図の1，2，3及び4の各点における冷媒の比エンタルピをそれぞれ h_1，h_2，h_3 及び h_4 とする。

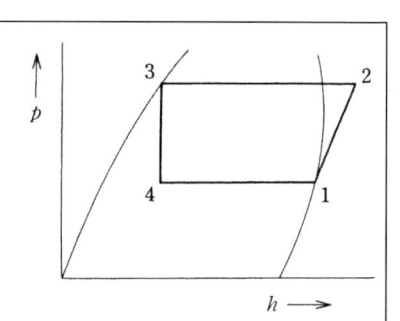

(1) 成績係数は，どのように表されるか。

(2) 凝縮器で取り去られる熱量は，どのように表されるか。

(3) 凝縮温度が一定で，蒸発温度が t ℃から t_1 ℃に下がった場合の成績係数は，どのようになるか。（圧力-比エンタルピ線図を描いて説明せよ。）

解答

(1) $\dfrac{h_1 - h_4}{h_2 - h_1}$

(2) $h_2 - h_3$

(3) 蒸発温度が t_1 ℃に下がった場合の冷凍サイクルは $1' \to 2' \to 3 \to 4' \to 1'$ となる。$h_1 - h_4 > h_1' - h_4'$，$h_2 - h_1 < h_2' - h_1'$ より，成績係数は

$$\frac{h_1' - h_4'}{h_2' - h_1'} < \frac{h_1 - h_4}{h_2 - h_1}$$

となり，蒸発温度が t ℃の場合よりも低下する。

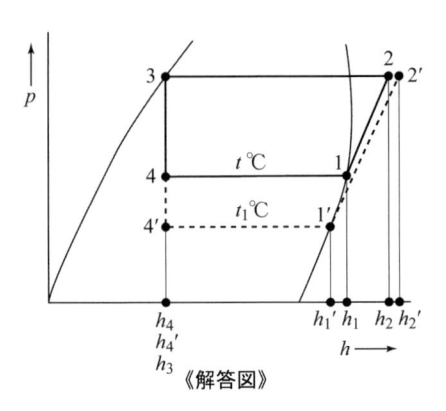

問 5 ガス圧縮式冷凍装置に関する次の問いに答えよ。(1404/1507/1902/2204)

(1) 2段圧縮1段膨張冷凍サイクルにおいて，各段の圧力比を等しくした場合，中間圧 p_i は，凝縮圧 p_1 及び蒸発圧 p_2 とどのような関係にあるか。また，この場合の冷凍サイクルは圧力-比エンタルピ線図に描くと，どのようになるか。(p_i, p_1, p_2 は絶対圧)

(2) ガス圧縮式冷凍装置の自動運転において，冷凍負荷が変動した場合，どのような調節方法があるか。

解答

(1) 図のとおり
高段の圧力比 (p_1/p_i) と低段の圧力比 (p_i/p_2) とを等しくした場合なので，中間圧 p_i は凝縮圧 p_1，蒸発圧 p_2 に対して

$$p_i = \sqrt{p_1 \times p_2} \quad \text{(注1)}$$

となる。

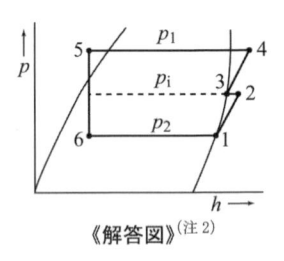

(2) ① 自動膨張弁にて，冷媒循環量を調節する方法
② 多気筒形の場合，アンローダ装置により，運転気筒数を調節する方法
③ 低圧圧力スイッチにより圧縮機を ON-OFF する方法
④ インバータにより，圧縮機駆動用電動機の回転速度を変える方法

2　冷凍装置

解説

（注1）$p_1/p_i = p_i/p_2$ より，$p_i^2 = p_1 \times p_2$，よって $p_i = \sqrt{p_1 \times p_2}$ となる。また，圧力 p の目盛は対数目盛を使用しているので p_i は p_1, p_2 を 2 等分する線になる。

（注2）1→2：低圧圧縮機，2→3：中間冷却器，3→4：高圧圧縮機，4→5：凝縮器，5→6：膨張弁，6→1：蒸発器

◆圧力比（圧縮比）：圧力比＝圧縮機出口圧力／圧縮機入口圧力

◆アンローダ（無負荷）装置：多気筒形の場合，運転気筒数を調整する装置

◆インバータ：三相誘導電動機の回転速度を自由に変換できる可変周波数電源装置

問6　図は，ガス圧縮式冷凍装置に設置される温度自動膨張弁の略図である。図に関する次の問いに答えよ。
（1410/1607/1907）

(1) ①の感温筒内には，一般にどのような物質が封入されているか。(2110)

(2) ②に接続される外部均圧管は，冷凍装置のどこに接続されるか。また，外部均圧管を設ける理由は，何か。

(3) ③のねじの役目は，何か。

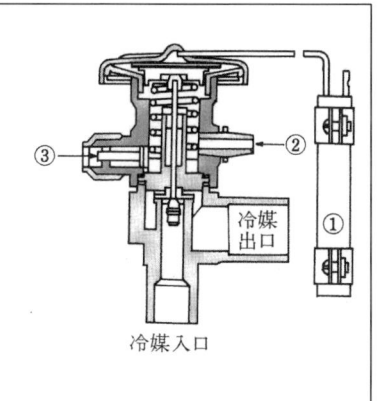

解答

(1) 冷凍装置に使用する冷媒と同じガス

(2) ①　接続箇所：感温筒の取付け位置の近くで，少し下流側（圧縮機側）に接続される。

　　②　理由：<u>蒸発器内の圧力損失が大きい場合</u>（注1）にも，蒸発器出口冷媒の過熱度を一定に保つ。

(3) ダイヤフラムにかかるばねの強さを調節し，蒸発器出口冷媒の過熱度を調節する。

解説

（注1）膨張弁出口から蒸発器出口までが長い場合，圧力損失が大きくなり，内

部均圧形では過熱度が増大する。

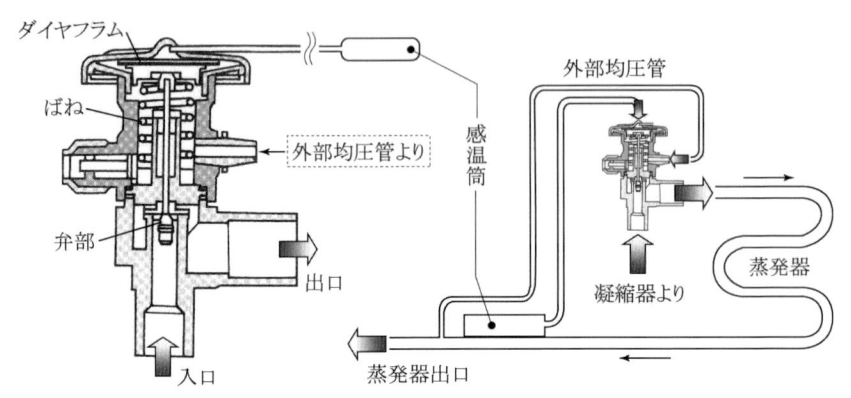

温度自動膨張弁（外部均圧形）

問7　ガス圧縮式冷凍装置に関する次の問いに答えよ。
(1) 外部均圧形温度自動膨張弁とは，どのようなものか。また，内部均圧形と比べて，その利点は何か。　　　　　　　　　　　　　　　(2110)
(2) 往復圧縮機に設けられる安全頭（セーフティヘッド）とは，どのようなものか。また，その役目は何か。　　　　　　　　　　　(1502/1904)

解答
(1) ① 弁本体に接続した均圧管により蒸発器出口圧力をダイヤフラムの下方に導き，その圧力により弁を開閉する形式の膨張弁
　　② 利点：蒸発器内の圧力損失が大きい場合にも，蒸発器出口冷媒の過熱度を一定に保つ。
(2) ① 圧縮機シリンダ上部に，強力なばねを取り付けている安全蓋
　　② 役目：蒸発器からの吸込みガス中に未蒸発分の液体が多く含まれる(注1)と，圧縮機のシリンダ内で液圧縮が起こり(注2)，異常な高圧となって弁やピストンなどの破壊に至る。これを防ぐためにシリンダ頭部に設けた高圧ガス（液）排出装置

解説
（注1）リキッドバックという。
（注2）気体は圧縮性があるが，液体は非圧縮性である。この違いは空気入れと注射器で考えると理解しやすい。
◆温度自動膨張弁：蒸発器の出口の温度を感知して過熱度を一定に保つ膨張弁
◆均圧管：圧力をバランスさせるために用いる管

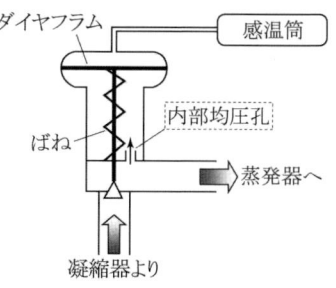

温度自動膨張弁（内部均圧形）

問8 ガス圧縮式冷凍装置の自動膨張弁に関する次の問いに答えよ。
(2110)
(1) 定温度式，定圧力式とも，何によって弁の開度は，直接制御されるか。（2つ記せ。）
(2310)
(2) 定温度式の検出端として最もよく使われるものは何か。また，その中には何が封入されているか。
(2310)
(3) 負荷の変動の多い装置には，定温度式と定圧力式のどちらが適切であるか。

解答
(1) ダイヤフラム，ベローズ
(2) 感温筒：冷凍機本体と同じ冷媒ガス
(3) 定温度式

解説
◆定圧力式：蒸発圧力（蒸発温度）が一定になるように冷媒流量を調節する。蒸発器出口（圧縮機入口）冷媒の過熱度は制御できないので，熱負荷変動の少ない小形冷凍装置に用いられる。

問9 ガス圧縮式冷凍装置の自動運転中，次の(1)～(3)は，それぞれどのような場合に作動するか述べよ。
(1510/1710/1910/2210)

機関その二

(1) 油圧保護スイッチ（油圧圧力開閉器）
(2) 高圧スイッチ（高圧圧力開閉器）
(3) 低圧スイッチ（低圧圧力開閉器）

[解答]
(1) 潤滑油圧力が一定時間（約60〜90秒），設定圧以下に低下した場合に，電気接点が開き圧縮機を停止させる[注1]。
(2) 圧縮機の吐出圧力が設定圧力より高くなると，電気接点が開き圧縮機を停止させる。手動復帰式が一般的である。
(3) 圧縮機の吸入圧力が，設定圧力より低下すると電気接点を開いて圧縮機を停止し，過度の低圧運転を防止するとともに圧力がある程度上昇したら自動的に運転を再開する。

[解説]
(注) 高圧スイッチは圧縮機の安全保護装置で，低圧スイッチは圧縮機の自動発停用の圧力スイッチである。
(注1) 軸受に給油できないと，軸受の焼付きを起こす。

問10 ガス圧縮式冷凍装置に関する次の問いに答えよ。
(1) 高低圧圧力スイッチとは，どのようなものか。
(2) ホットガスによる除霜（デフロスト）は，どのような方式か。また，運転再開にあたっては，どのような配慮が必要か。　　　(1502/1904)
(3) 冷風循環式冷却装置において，自動的に除霜が行われるのは，どのような場合か。　　　(1502/1904)

[解答]
(1) 高圧スイッチと低圧スイッチが一体となった圧力スイッチで，異常高圧・低圧に対する安全装置。高圧スイッチは圧縮機の吐出し圧力が異常に高くなったときに電気回路を遮断し，圧縮機を停止させる圧力スイッチ。低圧スイッチは圧縮機の吸込み圧力が設定値以下の場合に電気回路を遮断し，圧縮機を停止させ，圧力が設定値以上に上昇したら自動的に運転を再開させる圧力スイッチ。高圧スイッチは一般に手動復帰式になっている。

2　冷凍装置

(2) ① 方式：圧縮機を出た高温の冷媒ガスを直接蒸発器に導き，蒸発管の内部から加熱し，蒸発管表面の霜を溶解・除去する方法
　　② 注意事項
　　　・蒸発管の温度が上昇しているので，ファンを回して蒸発管を冷却し表面を乾燥させる。
　　　・溶けた霜が排水管内で再凍結しないよう完全に排水されたことを確認する。
　　　・デフロスト運転から，冷凍運転に切替えが確実に行われていることを確認する。
(3) ① ヒータ作動用のタイマーが働いたとき。
　　② 蒸発器の冷風出入口差圧が設定値を超えたとき<u>(注1)</u>。

解説

(注1) 右図
◆デフロスト（霜取り）：霜が蒸発管に付着すると庫内の冷えが悪くなる。デフロストには，温水散布，ヒータ加熱，ホットガス加熱等がある。
◆ホットガス：圧縮機を出た高温冷媒ガス

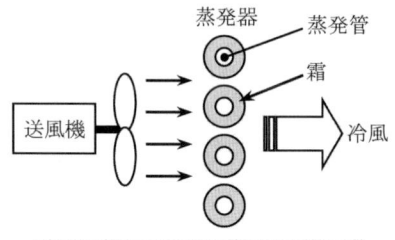

着霜により出入口の差圧が大きくなる

問11 フルオロカーボン（フロン）ガス圧縮式冷凍装置の液管中に発生するフラッシュガスに関して，次の問いに答えよ。　　(1704/1807/2002/2304)
(1) フラッシュガスは，どのようにして発生するか。
(2) 冷凍装置にどのような影響を及ぼすか。
(3) 発生の防止対策には，どのような方法があるか。

解答

(1) ① 液管が長い場合，あるいは液管に設置された弁などの附属品が原因で，液の流れの摩擦抵抗により液管内の圧力が液温に相当する飽和圧力以下に低下し，管内の冷媒液が一部蒸発してフラッシュガスが発生する。
　　② 液管の周囲温度が高い場合，冷媒液が液圧に相当する飽和温度以上に

温められ，管内の冷媒液が一部蒸発してフラッシュガスが発生する。
(2) ① 冷媒流量が減少し，冷凍能力が低下する。
    ② 冷媒流量が変動し，安定した冷凍作用が得られない。
(3) ① 附属品は必要最低限とし，かつ，抵抗の少ないものを選ぶ。
    ② 液管は短く，曲がりは少なく，曲がりの半径は大きくする。
    ③ 液ガス熱交換器で冷媒液を過冷却にする(注1)。
    ④ 周囲の温度が高い場合，液管に防熱や遮蔽板を施工する。

|解説|
(注1) 蒸発器入口の冷媒の乾き度が小さくなり，冷媒液の割合が大きくなる。
　問3の図参照
◆フラッシュガス：冷媒液の一部が，圧力低下または加熱によって発生したガス
◆液管：冷媒が液体状態である凝縮器出口から膨張弁入口までの管路

3　電気

|問1| トランジスタの増幅回路に関する次の問いに答えよ。
(1510/1807/2310)
(1) トランジスタで増幅するとは，どのようなことか。
(2) 増幅基本回路における接地方式には，どのようなものがあるか。(3つあげよ。)

|解答|
(1) 小さな入力信号の変化によって，大きな出力信号の変化を得る動作(注1)
(2) ベース接地，エミッタ接地，コレクタ接地(注2)

|解説|
(注1) 基本的には電流増幅であるが，抵抗端子間で電圧としても取り出せる。
(注2) トランジスタの基本回路は，入出力を共通に使う端子によって3種類の接地方式に分けられる。動詞のエミットは「放出する」，コレクトは「集める」の意味

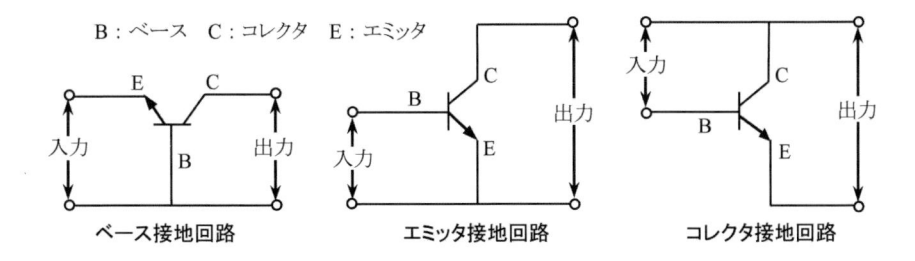

3 電気

B：ベース　C：コレクタ　E：エミッタ

ベース接地回路　　　エミッタ接地回路　　　コレクタ接地回路

> 問2　PNP トランジスタの増幅基本回路におけるエミッタ接地回路を図に描いて，作動及び特徴を説明せよ。　　　　（1404/1610/1910/2107）

解答
① 作動：エミッタを共通にして，ベース-エミッタ間に小さなベース電流 I_B を流すことで，エミッタ-コレクタ間にその数倍のコレクタ電流 I_C を流すことができる。
② 特徴：電流，電圧とも大きな増幅が可能な回路

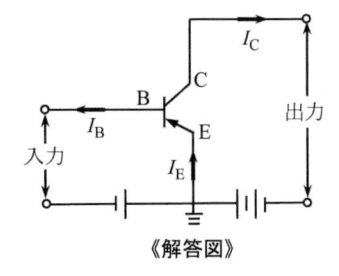

《解答図》

解説
（注）トランジスタの増幅作用とは，ベース電流自体が増幅されるのではない。水道を例にすると，蛇口の開度（ベース電流）で本管の流量（コレクタ電流）を調節する形で増幅される。つまり，コレクタ電流をベース電流で制御する。また，蛇口の開度を全開，全閉で使用すればスイッチング（ON，OFF）回路として作用する。

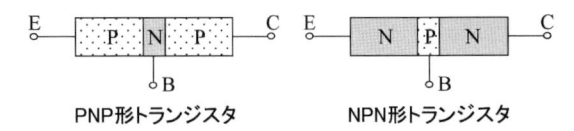

PNP形トランジスタ　　　NPN形トランジスタ

◆直流電流増幅率 h_{FE}：コレクタ電流（I_C）がベース電流（I_B）の何倍になるかを示す。$h_{FE} = I_C / I_B$

> 問3　PN 接合のダイオードに関する次の問いに答えよ。

機関その二

(1410/1602/1907/2010/2207)

(1) 順方向電圧及び逆方向電圧を加えた場合，電圧と電流の関係は，どのようになるか。（図を描いて示せ。）
(2) ツェナー現象とは，どのようなことか。
(3) 整流器に使用される理由は，何か。

解答
(1) 図のとおり
(2) 逆方向の電圧を徐々に大きくしていくと，ツェナー電圧を超えたところで，急に逆方向電流が流れ，その後の端子電圧はほぼ定電圧を保つ現象
(3) 交流電圧を加えると，順方向電圧時のみに電流を流す(注1)ため。

解説
(注1) 整流作用：整流器は交流から直流への変換に利用される。

《解答図》

◆ダイオード（diode）：電流をアノードからカソードの一方向に流し（導通させ），逆方向には流さない半導体。ダイオードに交流電圧を印加すると，順バイアス（アノードが正，カソードが負）のとき，ダイオードはオンし，アノードからカソードに電流が流れる。ダイオードに流れる電流がゼロになると，ダイオードはオフとなる。逆バイアス（アノードが負，カソードが正）のとき，ダイオードはオフのままである。ダイ＝ 2 より，「2 つの電極」の意味。

◆ツェナー電圧：降伏電圧ともいう。

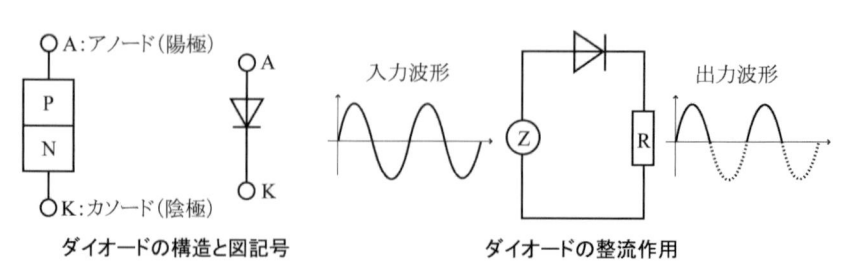

ダイオードの構造と図記号

ダイオードの整流作用

3　電気

問4　半導体に関する次の文の（　）の中に適合する字句を記せ。
(1607/1902/2110/2304)

(1) サイリスタは，（㋐）に比べ1素子で大きな電力が制御できる一方向導通素子である。その動作は，ダイオード（整流素子）と（㋑）が直列になったものと考えてよい。㋑を入れると，ダイオードに（㋒）方向電圧がかかっているとき電流が流れる。

(2) サイリスタが導通することを（㋓）といい，導通状態から非導通状態になることを（㋔）という。

解答
㋐：トランジスタ　㋑：スイッチ　㋒：順　㋓：ターンオン　㋔：ターンオフ

解説
◆サイリスタ（SCR）：ダイオードは，アノード（A端子）とカソード（K端子）に順方向電圧をかけると導通したが，サイリスタは順方向電圧をかけただけでは導通しない。順方向電圧をかけながらG端子にゲート電流を入力して初めてサイリスタは導通する（このためサイリスタは「導通のタイミングを制御できるダイオード」ともいわれる。確かにサイリスタの図記号はダイオードの図記号にG端子を加えた形になっている。）。一度導通（ターンオン）するとゲート電流が流れなくても A－K に電流（サイリスタ電流）は流れ続ける。非導通（ターンオフ）にするにはサイリスタ電流（順方向電流）がゼロになる必要がある。交流電源の場合は，一定周期ごとに電圧の反転に合わせて順方向電流もゼロとなりターンオフするが，直流電源の場合は順方向電流をゼロとする回路が必要となる。

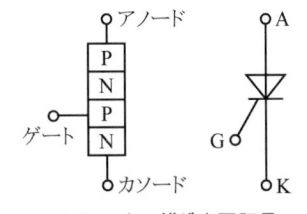

サイリスタの構造と図記号

問5　図は，交流電源に負荷とサイリスタを直列に接続して，ゲート入力回路をつくっていることを示す。図に関する次の問いに答えよ。
(1402/1704/2007/2204)

(1) サイリスタの導通状態が解除されるのは，どのような場合か。

(2) ゲート信号に直流電圧（プラス）を印加するとき，負荷両端の波形は，どのようになるか。
(3) サイリスタの図記号のA端子及びK端子は，それぞれ何といわれるか。

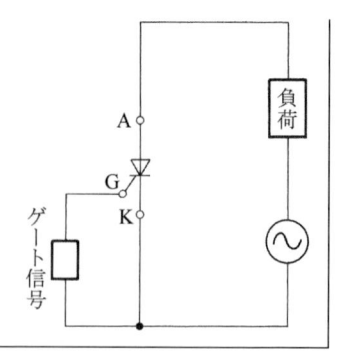

解答
(1) アノードとカソード間が無電圧または逆電圧になると，順方向電流がゼロになりターンオフする。
(2) ゲート信号がパルスのときサイリスタのターンオン，ターンオフは図のようになる。Δt（印加時期）を変化させるとサイリスタのターンオンのタイミングを変え負荷両端にかかる平均電圧の大きさを制御できる。
(3) A：アノード，K：カソード

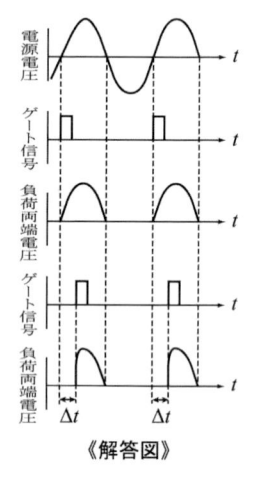

《解答図》

問6 対称三相交流電気に関する次の文の（　）の中に適合する字句又は式を記せ。　　　　　（1407/1702/1810/2004/2210）

(1) Y結線における相電圧 V_p と線間電圧 V_ℓ の関係式は，（ ㋐ ）であって，線間電圧は対応する相電圧よりも $\pi/6\,\text{rad}$ だけ位相が（ ㋑ ）いる。また，三相平衡負荷を接続した場合，相電流 I_p と線電流 I_ℓ の関係式は（ ㋒ ）である。

(2) Δ結線における相電圧 V_p と線間電圧 V_ℓ の関係式は（ ㋓ ）である。また，三相平衡負荷を接続した場合，相電流 I_p と線電流 I_ℓ の関係式は（ ㋔ ）である。

3　電気

解答
㋐：$V_\ell = \sqrt{3}\,V_p$　㋑：進んで　㋒：$I_p = I_\ell$　㋓：$V_p = V_\ell$　㋔：$I_\ell = \sqrt{3}\,I_p$

解説
◆三相交流：三つの単相交流を組み合わせたもの。三相交流を用いると回転磁界を容易に作ることができる。
◆対称三相交流：起電力，周波数が等しく位相のずれが同じ三相交流で，単に三相交流ともいう。
◆平衡負荷：各相の負荷が等しい場合，平衡負荷という。

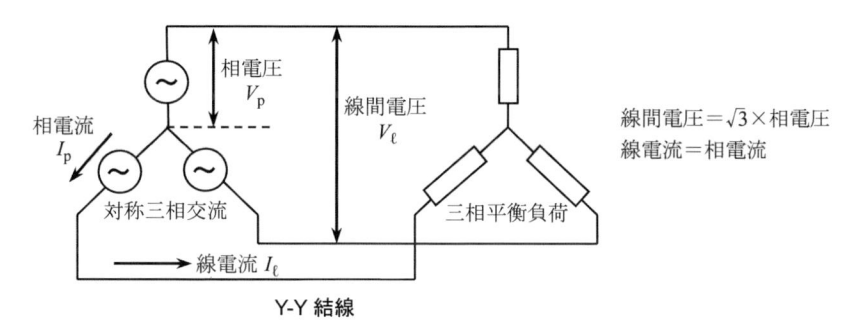

Y-Y 結線

線間電圧＝$\sqrt{3}$×相電圧
線電流＝相電流

Y 結線においては，2 つの線の間に 2 個の電源が入っており，線間電圧の方が相電圧よりも大きくなるが，電源の位相が $2\pi/3$ ずれているため，2 倍にはならず $\sqrt{3}$ 倍になる。相電流と線電流は等しい。

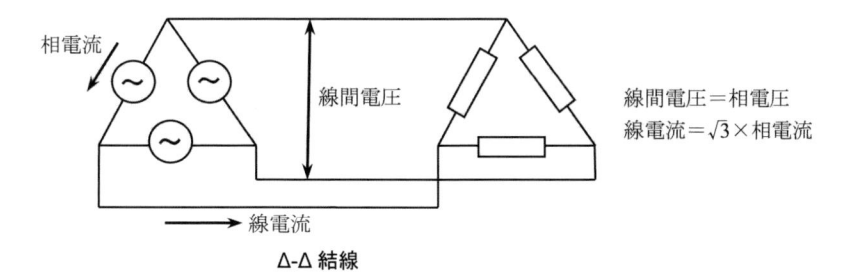

Δ-Δ 結線

線間電圧＝相電圧
線電流＝$\sqrt{3}$×相電流

Δ 結線においては，相電圧と線間電圧は等しい。しかし線電流は 2 つの電源から電流が流れ込んでおり，相電流よりも大きな値となるが，$2\pi/3$ 位相がずれているため，2 倍にはならず $\sqrt{3}$ 倍になる。

問7 図の(ア)及び(イ)のように抵抗 R_1 及び R_2 を接続し、両方の回路に線間電圧 V の対称三相交流を加えた場合について次の問いに答えよ。

(1402/1604/1807)

(1) 電流 I_1 及び I_2 は、それぞれどのような式で表されるか。

(2) I_1 と I_2 を等しくするには、R_1 と R_2 の抵抗値の比をどのようにすればよいか。

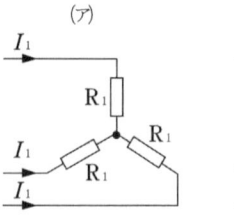

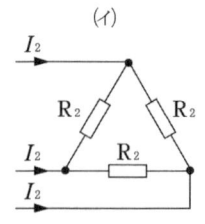

注：図中、電気用図記号は新記号にて表す。

新記号	旧記号
─□─	─〰─

解答

(1) $I_1 = \dfrac{V}{\sqrt{3} \times R_1}$　　$I_2 = \dfrac{\sqrt{3} \times V}{R_2}$　(注1)

(2) $I_1 = I_2$ より　$\dfrac{R_1}{R_2} = \dfrac{1}{3}$　とする。(注2)

解説

(注1)（ア）は Y 結線より、R_1 にかかる相電圧 V_p の大きさは $V_p = V/\sqrt{3}$ で与えられる。従ってオームの法則を用いて相電流 I_p は

$$I_p = \frac{V_p}{R_1} = \frac{\dfrac{V}{\sqrt{3}}}{R_1} = \frac{V}{\sqrt{3} \times R_1}$$

と求められ、相電流と線電流が等しいため

$$I_1 = \frac{V}{\sqrt{3} \times R_1}$$

となる。一方、（イ）は Δ 結線より、相電圧の大きさは線間電圧に等しく、相電流は $I_p = V/R_2$ で求めることができる。しかし、線電流 I_2 は $I_2 = \sqrt{3} I_p$ で与えられるため

$$I_2 = \frac{\sqrt{3} \times V}{R_2}$$

となる。

（注2） R_1 と R_2 の抵抗値の比は，R_1/R_2 で表される。

問8 定格速度で，かつ一定の励磁電流で運転されている同期発電機に関する次の文の（　）の中に適合する字句を記せ。　（1510/1707/1907/2204）

(1) 発電機に負荷電流が流れると，電機子起磁力によって（ ⑦ ）と（ ⑦ ）を生じ，この2つをひとまとめにしたものを（ ⑦ ）というが，⑦の占める割合は小さい。

(2) 発電機内では，⑦と（ ㊀ ）を合わせた（ ㊂ ）による電圧降下があらわれ，負荷が遅れ力率であれば，力率が（ ㊉ ）ほど，また負荷電流が（ ㊆ ）ほど端子電圧は低下する。

解答

⑦：電機子漏れリアクタンス　　⑦：電機子反作用
⑦：同期リアクタンス　　　　　㊀：電機子巻線抵抗
㊂：同期インピーダンス　　　　㊉：小さい　　　　㊆：大きい

解説

◆発電機の原理：巻線（コイル）を磁場の中で動かすか，巻線に向かって磁石を動かすと，起電力が発生し，巻線に電流が流れる。これを「電磁誘導」といい，発電機の原理になる。

　船舶用の同期発電機は，固定子側を電機子巻線，回転子側を界磁巻線とした回転界磁形が多く用いられている。回転子（磁石）が回転すると固定子に巻かれた電機子巻線に起電力が発生する。

◆電機子反作用：同期発電機に負荷が接続されると，負荷電流が電機子巻線に流れるとともに，電機子巻線には負荷電流に

発電機の原理

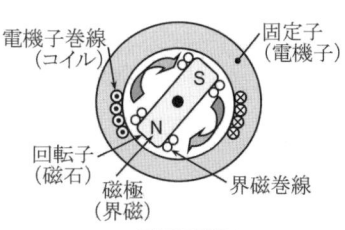

回転界磁形

よって磁束が発生する。この電機子磁束が界磁（主）磁束と鎖交すると界磁磁束に影響を与える電機子反作用が生じる。遅れ力率の負荷に対しては端子電圧を下げるように作用し，進み力率の負荷に対しては端子電圧を上げるように作用する。

◆電圧：電流を流そうとする電気の圧力

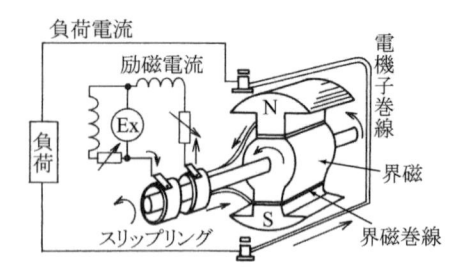

問9 図は，同期発電機の負荷電流 I の位相が端子電圧 V より φ だけ遅れている場合の一相についてのベクトル線図である。E_0 を無負荷時の誘導起電力とした場合，図中の①〜⑤は，それぞれ何を表しているか記せ。
（1502/1702/2107/2310）

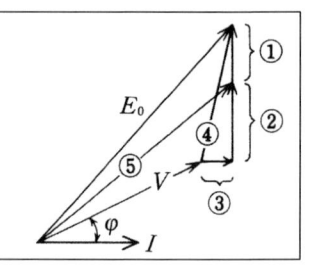

解答
① 電機子反作用に相当するリアクタンス降下
② 電機子漏れリアクタンス降下
③ 電機子抵抗降下
④ 同期インピーダンス降下
⑤ 内部電圧

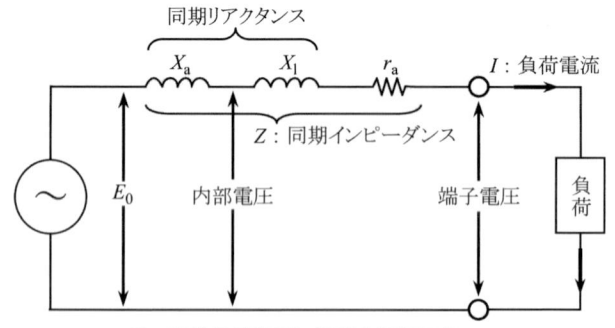

X_a：電機子反作用に相当するリアクタンス
X_l：電機子漏れリアクタンス
r_a：電機子抵抗

等価回路(注)

3 電気

解説

（注）E_0 は無負荷時の誘導起電力である。負荷の接続により電機子に流れる電流（電機子電流または負荷電流という）によって生じる磁束のうち，ほとんどは主磁束に影響を及ぼして電機子反作用を生じるが，一部は電機子巻線のみと鎖交する磁束（電機子漏れ磁束）が電機子巻線に逆起電力を誘導し発電機の誘導起電力を減少させる。よって負荷電流が流れると，端子電圧 V は $V = E_0 - Z \times I$ となる。また，内部電圧とは負荷電流が流れているときの実際の誘導起電力を示す。

◆インピーダンス：交流電流の流れを妨げるのは抵抗とリアクタンスで，両者を合わせてインピーダンスという。インピードは「邪魔する」の意味

◆リアクタンス：交流電圧を加えたときのコイルまたはコンデンサの抵抗をリアクタンスという。リアクトは「反抗する」の意味

◆コイル（巻線）：導線が巻いてあればコイルという。コイルは導線を巻いただけなので，直流を流す場合はただの抵抗として扱うが，交流の場合は直流回路の抵抗と区別してリアクタンスという。

問10 同期発電機に関する次の問いに答えよ。　　（1407/1602/1810/2002/2210）
(1) 電機子反作用とは，どのようなことか。
(2) 電機子漏れリアクタンスとは，どのようなことか。
(3) 上記(2)は，端子電圧にどのように影響するか。

解答

(1) 電機子巻線に電流が流れると，その電流により電機子起磁力が発生する。この起磁力によってできる磁束が，ギャップを通り越して主磁束（界磁起磁力）に影響を及ぼす現象を電機子反作用という。

(2) 電機子巻線に電流が流れたときに発生する起磁力は，大部分が電機子反作用として作用するが，一部分は電機子導体とのみ鎖交し漏れ磁束を発生し，漏れイン

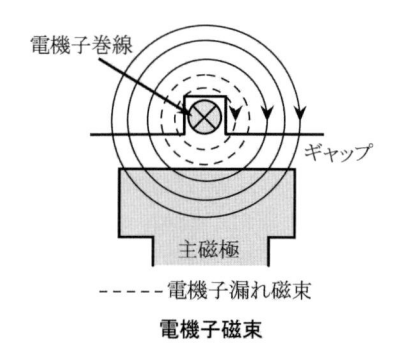

機関その二

ダクタンスを生じる。この漏れインダクタンスに電気角速度 ω（$2\pi f$）を掛けたものを電機子漏れリアクタンスという。
(3) 電機子に負荷電流が流れると電機子巻線の抵抗による電圧降下と漏れリアクタンスによる電圧降下を生じ，端子電圧は降下する。

|解説|
◆インダクタンス：コイルに電流を流すと電圧が誘導される（誘導起電力という。）。この誘導率をインダクタンスという。インデュースは「誘導する」の意味

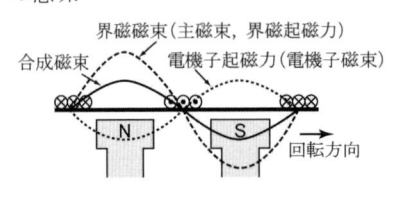

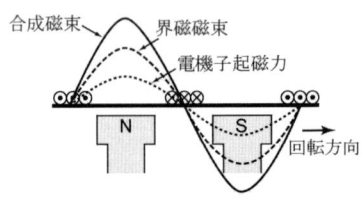

電機子反作用

|問11| 回転界磁形同期発電機の電機子電流が誘導起電力より位相が 90° 遅れている場合について，次の問いに答えよ。(1410/1604/1710/1902/2010/2307)
(1) 電機子電流が最大になるのは，導体の位置がどのようなときか。また，それはなぜか。
(2) 電機子起磁力が界磁の磁束に最も強く作用するのは，どのようなときか。
(3) 電機子反作用は，励磁作用（磁化作用）を行うか，それとも減磁作用を行うか。

|解答|
(1) N 極と S 極の中間位置にあるとき。
　理由：誘導起電力の最大値は，主磁極による磁束が最大となる主磁極中心線に位置する電機子巻線あたりに生じるが，電流の位相が 90° 遅れているため誘導起電力が減少してゼロとなり，まさに反対方向になろうとする瞬間に電機子電流は最大になる。
(2) ① 電機子電流が最大の位置すなわち N 極と S 極の中間位置[注1]

3　電気

　② 電機子起磁力の作動軸が磁極の中心線と一致したとき。
(3) 下線_減磁作用を行う_ (注2)。

解説
(注1)　(1)の場合と同じ。
(注2)　電機子電流による起磁力は，主磁極の磁束を減ずるように働き，起電力を下げる。
◆回転界磁形：固定子側を電機子巻線，回転子側を界磁巻線とした構造
◆界磁：起磁力を与える部分
◆起磁力：磁束を発生させる力

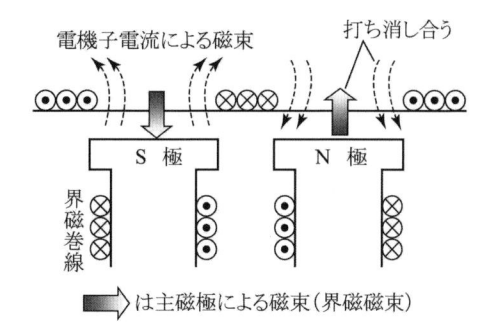

図：電機子電流による磁束／打ち消し合う／S極・N極／界磁巻線／⇨は主磁極による磁束（界磁磁束）

問12　三相同期発電機の電機子巻線は，ふつう，Y結線が用いられる理由は，何か。
(1607/1804/2202)

解答
① 三相同期発電機の出力電圧波形は，完全な正弦波ではなく，高調波成分に起因するひずみ波となる。Y結線を用いると，この波形ひずみの原因となる第3高調波及びその倍数の奇数高調波を打ち消し，正弦波が得られる。
② Δ結線に比べてY結線では，中性点を引き出し接地すれば，相電圧が線間電圧の $1/\sqrt{3}$ になるので，巻線の絶縁が容易になる。

解説
(注)　出力電圧波形は，ギャップの磁束密度の影響を受けてひずみ波となるので，正弦波形にするためY結線として波形を改善する。

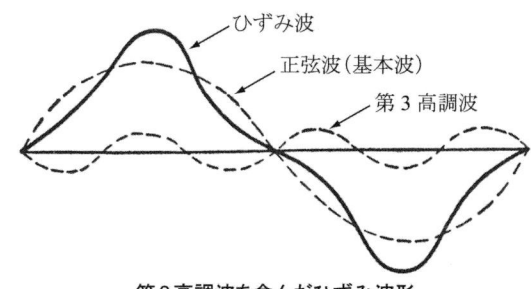

図：ひずみ波／正弦波（基本波）／第3高調波

第3高調波を含んだひずみ波形
〔森田豊『船用電気工学』を基に作成〕

機関その二

> **問13** 同期発電機に関する次の問いに答えよ。
> 　運転中，突発短絡が生じると，発電機にどのような影響を及ぼすか。
> （概要を記せ。）　　　　　　　　　　　　　　　　　　　　(2202)

解答

　突発短絡が発生すると，瞬間的に定格電流の15～30倍もの大きな突発短絡電流が流れて，電機子巻線相互間に異常な機械力が働き，発電機に電気的，機械的影響を及ぼす。

① 電機子巻線を変形したり絶縁を破壊する。
② スロット外にあるコイル端を破壊する。
③ 界磁巻線に高電圧を誘導し，損傷する。

解説

◆突発短絡：定格端子電圧で運転中の発電機を突然短絡する場合を，突発短絡（急短絡または過渡短絡）という。

> **問14** 図は，三相同期発電機の同期検定灯の結線を示す。図に関する次の問いに答えよ。
> 　　　　　　　　　　　　　　　　　　　　　(1504/1802/1910/2207)
> (1) 両発電機が同期した場合，L_1，L_2及びL_3の各ランプの光度は，それぞれどのようになるか。
> (2) 上記(1)の場合の相電圧のベクトルは，どのようになるか。（図で示せ。）
> (3) ランプが最大光度のときのランプにかかる電圧は，線間電圧の何倍になるか。

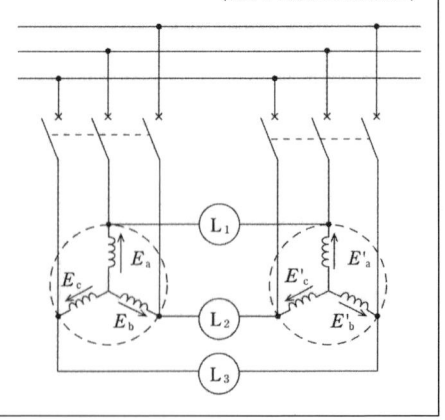

解答

(1) L_1は消灯し，L_2とL_3は同じ明るさで点灯する (注1)。
(2) 同期している場合は，両発電機のベクトルは一致しているので図のように

なる。

(3) 位相差が 180° ずれているとき，L_1 にかかる電圧は相電圧の 2 倍となり，最大電圧となってランプは最大光度となる。Y 結線の場合，相電圧は線間電圧の $1/\sqrt{3}$ 倍なので

最大電圧 $= 2 \times$ (線間電圧$/\sqrt{3}$)
$\qquad = 1.155 \times$ 線間電圧

となる。

《解答図》

解説

(注1) 同期の場合，L_1 は両機の同相の線につないでいるので，電圧差がゼロ ($E_a - E'_a = 0$) となり消灯する。L_2 と L_3 はいずれも相の異なる線間に結線し位相が 120° ずれているので電圧差ができるが，同期であれば電位差は等しい ($E_b - E'_c = E_c - E'_b$) ので同じ明るさで点灯する。

◆並行運転：2 台以上の同期発電機を電気的に並列に接続して運転すること。並行運転には
- 電圧の大きさ（電圧計で確認する。）
- 周波数（周波数計で確認する。）
- 位相（同期検定灯で確認する。）

が等しいことが条件となる。

◆同期検定灯：2 台の発電機の位相を一致させるために用いる。位相の一致は検定灯の明るさで確認する。位相が一致していない時は，各相に電圧差が生じ，各ランプは異なる明るさで点灯する。

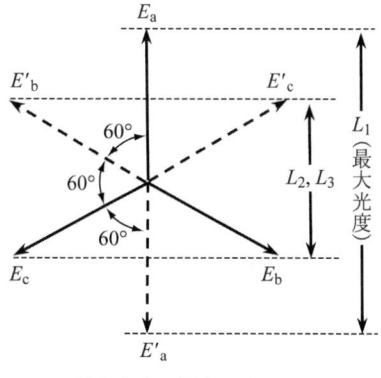

最大光度の場合のベクトル

問15 2 台の同期発電機を並行運転中，両機の起電力の大きさに差を生じた場合について，次の問いに答えよ。　　　　　(1404/1704/1904/2104)

(1) 周波数が等しくて，起電力の大きさに差を生じる原因は，何か。
(2) 起電力の差は，両機の負荷分担の割合に影響があるか。また，それは，なぜか。

(3) 循環電流は，起電力に対してどのような位相で流れるか。

解答
(1) 励磁電流のアンバランス
(2) 起電力の差によって流れる循環電流は無効電流のため，負荷分担にはほとんど影響しない。
(3) 起電力の大きい方から見て，約 90° 遅れの位相で流れる。

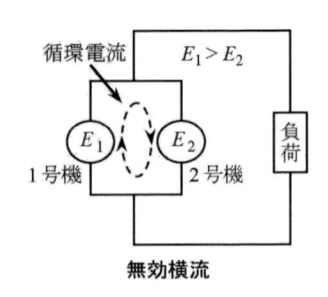

解説
(注) 2 台の起電力の大きさが異なる場合は，両機の起電力（電圧）の大きさを一致させるように循環電流（無効横流）が流れる。
◆励磁電流：磁化するために流れる電流で，電流の大きさによって電磁石の強さが変わり，電機子巻線に生じる起電力の大きさも変わる。

問 16 2 台の同期発電機の並行運転中に流れる横流に関して，次の問いに答えよ。　　　　　　　　　　　（1310/1507/1610/1807/2004/2302）
(1) 無効横流は，どのような場合に流れるか。また，両発電機にどのように働き，どのような影響を与えるか。
(2) 有効横流は，どのような場合に流れるか。また，両発電機にどのように働くか。

解答
(1) ① 原因：両発電機の起電力の大きさが異なる場合
　　② 作用：起電力が大きい発電機に対しては，遅れ電流による電機子反作用として減磁作用が働き起電力を下げ，他方の発電機に対しては，進み電流による電機子反作用として増磁作用が働き起電力を高め，両機の電圧差を小さくする。
　　③ 影響：この無効横流は出力に影響しないが，電機子抵抗損を増加させ巻線を過熱する。
(2) ① 原因：両発電機の起電力に位相差が生じた場合

3　電気

　② 作用：位相が進んだ発電機に対しては，負荷分担が増加し速度が低下する。他方の発電機に対しては，負荷分担が減少して速度が増加し，両機の速度差が小さくなり，位相が一致するように働く。

|解説|
- ◆横流：並列に接続された発電機間に循環する電流
- ◆起電力：電圧のことであるが，発電機は連続して電気を作る機械なので発電機で発生した電圧を起電力という。または電流を連続して流し続ける力ともいえる。
- ◆位相差：並行運転している同期発電機の周波数が異なるときに生じる。
- ◆有効横流（同期化電流）：周波数（回転速度）の高い同期発電機が発電し，周波数の低い同期発電機が受電し，有効電力を授受する作用をする。

問17 電気機械に発生する軸電流に関して，次の問いに答えよ。
（1502/1607/1802/1904/2007/2110/2302）
(1) 軸電流とは，どのようなことか。
(2) 軸電流が発生しているかどうかを調べるには，どのような方法があるか。
(3) 軸電流が発生した場合，どのような不具合があるか。
(4) 軸電流を防止するには，どのような方法があるか。

|解答|
(1) 電気機械が回転するときに，軸または軸受内に電位差を生じ

　　　┌→軸→軸受→軸受台→ベース→軸受台→軸受┐

のように循環する閉回路を作って流れる電流を軸電流という。
(2) 軸と軸受台間の電圧をテスタ（交直両用低電圧計）で測定する。
(3) 軸や軸受表面が電気的に侵食され梨地肌のようになり，微小な黒点を生じる。また，大きな軸電流の場合，軸受面の潤滑油膜を破壊して軸受の過熱や焼損の原因となる。

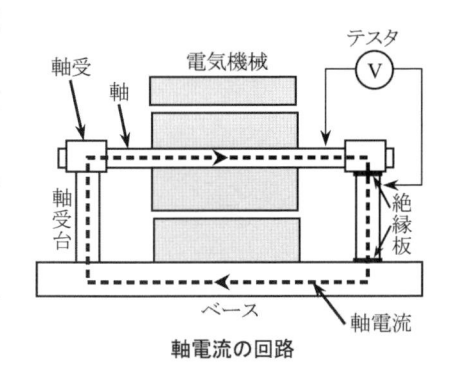

軸電流の回路

(4) 軸受台とベース間，または軸受と軸受台に絶縁板を挿入して軸電流回路を遮断する。

問18 変圧器に関する次の問いに答えよ。　（1502/1710/1904/2010/2204/2307）
(1) 変圧器における加極性及び減極性とは，それぞれどのようなことか。また，一般に用いられているのは，どちらか。
(2) 3台の単相変圧器を1群として使用する場合，一般に用いられている結線方法には，どのようなものがあるか。（2つあげよ。）

解答
(1) 一次側，二次側の誘導起電力(注1)の向きが同じ場合が減極性，異なる場合が加極性といい，二次巻線の巻方の違いによる。日本においては，一般的に減極性が用いられる。
(2) Y-Δ結線，Δ-Y結線(注2)

解説
(注1) 図中のE_1は一次側の誘導起電力，E_2は二次側の誘導起電力を表す。

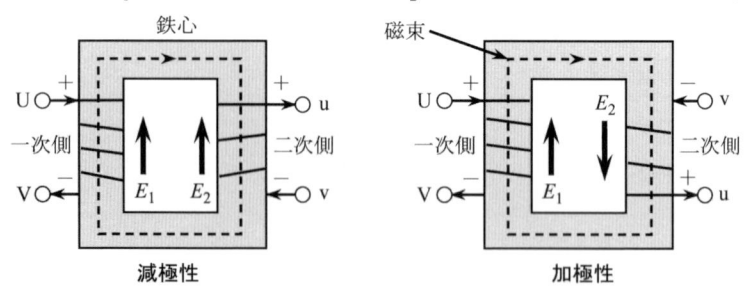

(注2) Y-Δ結線は送電圧を下げる場合に適する。Δ-Y結線は送電圧を上げる場合に適する。

◆極性：誘導起電力の方向を表し，電池の＋，－に対応するもので，複数の変圧器を接続する場合に必要となる。

問19 計器用変圧器及び変流器に関する次の問いに答えよ。
　　　　　　　　　　　　　　　（1410/1604/1804/2002/2107/2210）

3 電気

(1) 計器用変圧器及び変流器を用いると，どのような利点があるか。
(2) 一次側の巻数を N_1 回，二次側の巻数を N_2 回とすると，計器用変圧器及び変流器では，それぞれ N_1 と N_2 のどちらが多いか。また，変圧比及び変流比を N_1 及び N_2 を用いて表すと，それぞれ，どのようになるか。
(3) 変流器の二次回路を接地するのは，なぜか。

解答

(1)
① 高電圧・大電流を，通常用いる電圧計や電流計を使用して測定できる(注1)。
② 二次回路を延長すると，高電圧・大電流を離れた場所で集中管理できる。
③ 高電圧・大電流から絶縁された二次回路で測定するので安全に測定できる。
(2) 変圧器では N_1 が，変流器では N_2 が多い。変圧比は N_1/N_2，変流比は N_2/N_1 で表される。
(3) 絶縁が不良であっても，測定者や測定器を保護する。

解説

(注1) 高電圧を低電圧に，大電流を小電流にして測定するため，最大目盛が 100V，5A 程度といった通常用いる計器で高電圧・大電流を測定できる。高電圧用，大電流用計器を必要としない。

◆変圧器：高電圧を低電圧に変える。
◆変流器：大電流を小電流に変える。

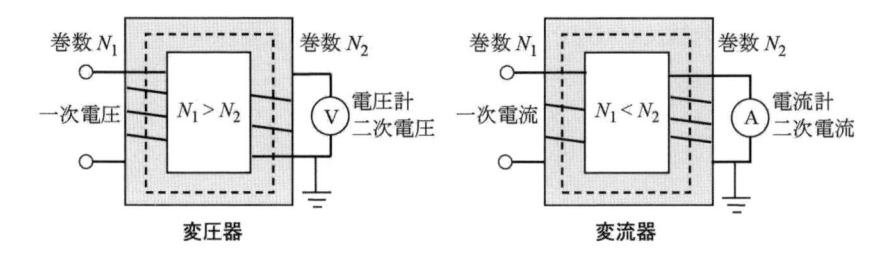

変圧器　　　　　　　　　　　変流器

問20 変圧器に関する次の問いに答えよ。　　　　（1504/1607/1802/2004/2104）
(1) 通常運転時の温度上昇の原因は，何か。　　　　　　　　　（2202/2304）
(2) 温度が限度以上になると，どのような不具合を生じるか。　（2202/2304）
(3) 冷却するには，どのような方法があるか。　　　　　　　　（2202/2304）

(4) 乾式変圧器は油入変圧器に比較して，どのような点が優れているか記せ。

解答
(1) ①ヒステリシス損失，②うず電流損失，③巻線における抵抗損失
(2) ①絶縁の劣化，②冷却油の変質
(3) ① 油入式：変圧器を絶縁油に浸して冷却する方式で，自冷式，空冷・水冷式，循環水冷式などがある。
    ② 乾式：絶縁油を用いずに自然に冷却される小容量のものと，強制空冷式の大容量のものとがある。
(4) ① 油を使用しないので，火災や爆発の危険性がない。
    ② 油の管理が必要ないので，保守及び点検が容易である。
    ③ 小形軽量なので，設置場所の制約が少ない。

解説
◆ヒステリシス損失：変圧器は交流を入力し，鉄心の磁束を変化させながら使用するが，交流電圧の向きが変わる際に鉄心内部の残留磁気を打ち消さなければならず，エネルギを消費する。これをヒステリシス損失という。
◆うず電流損失：変圧器を貫く磁束が変化すると，うず巻状の電流が磁束の変化を妨げる方向に発生する。この電流をうず電流と呼び，熱が発生しエネルギが消費される。この損失をうず電流損失という。

問21 かご形誘導電動機において，無負荷運転から負荷運転としたとき，電動機の速度が低下または停止する場合の原因をあげよ。
(1602/1804/1910/2304)

解答
① 電源電圧の低下
② 固定子巻線の短絡または断線
③ 負荷の増大
④ Y-Δ始動器において，Y結線からΔ結線に切り替わらない。
⑤ かご形導体の一部が開路している。

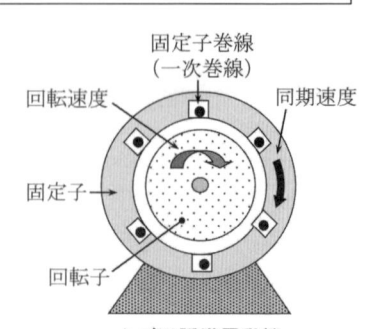

かご形誘導電動機

3 電気

|解説|
- ◆三相誘導電動機の原理：固定子巻線に三相交流を流して生じる回転磁界が回転子巻線を切るとそこに起電力が生じ，その二次電流と回転磁界の間にトルク（回転力）が発生する。
- ◆回転磁界：固定子巻線に三相交流を流すことによって生じる方向が回転する磁界
- ◆固定子巻線：一次巻線ともいう。
- ◆回転子巻線：二次巻線ともいう。

|問22| 直入れ始動のかご形誘導電動機において，始動トルクが不足し，始動しないか始動しても正規の加速が得られない場合の，機械的及び電気的原因をそれぞれあげよ。　　　　　　　　　　　　　　(2202)

|解答|
＜機械的原因＞
　① 負荷が大き過ぎる。　　② 回転子と固定子の接触　　③ 軸受の故障
＜電気的原因＞
　① 電源電圧の不足(注1)　　② 一次巻線の短絡
　③ 端絡環と回転子導体の接触不良(注2)

|解説|
(注1) 始動トルクは端子電圧の2乗に比例して減少する。
(注2) 二次回路の抵抗が著しく不平衡となって始動トルクが減少する。

|問23| 誘導電動機のトルクとすべりの関係を示す曲線（トルク-速度特性曲線）を描き，安定な運転ができる範囲を示して，その理由を述べよ。
　　　　　　　　　　　　　　　　　(1402/1507/1707/1902/2307)

|解答|
　図において，最大トルクを生じる点 M から右側が安定な運転範囲である。
　理由：安定運転範囲内では，何らかの原因で負荷トルクが増加してもすべりが増し，電動機トルクは新たな負荷トルクに対応する。逆に負荷トルクが減少

すればすべりも減少し，電動機トルクは負荷トルクに追随して減少し安定な運転ができる。

|解説|
◆すべり：トルク発生には二次起電力が必要なので，回転子の速度は同期速度より必ず遅れる。この速度差に対する百分率をすべりといい，「すべり＝(同期速度－回転速度)/同期速度」で表される。すべりが増すとは，回転速度が低下することを，すべりが減少するとは，回転速度が増加することを意味する。ここで，回転磁界の速度を同期速度という。

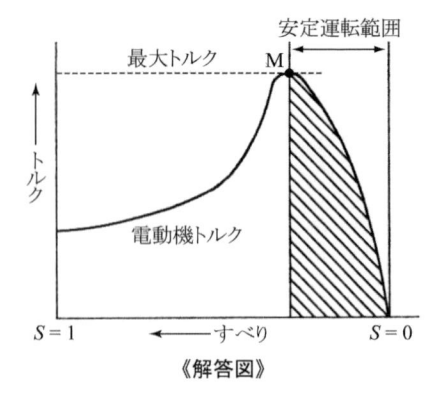

◆最大トルク：最大トルク以上のトルクがかかると誘導電動機の回転速度が落ち停止するので，停動トルクとも呼ばれる。

《解答図》

|問24| 三相誘導電動機に関する次の問いに答えよ。
(1) エアギャップが大き過ぎると，どのような不具合を生じるか。
　　　　　　　　　　　　　　　　　　(1404/1704/1810/2007)
　|類| エアギャップは，同期機及び直流機に比べて狭くしてあるのはなぜか。
　　　　　　　　　　　　　　　　　　(1504/1610/1710/1907)
(2) 定格値以下の端子電圧で運転した場合，トルクはどのように減少するか。
　　　　　　　　　　　　　　　　　　(1504/1610/1710/1907)
(3) 運転中における日常の点検は，どのような事項について行うか。
　　　　　　　　　　　　　　　　　　(1504/1610/1710/1907/2110)

|解答|
(1) ① 無負荷電流が増大する。
　　② 電動機の力率が小さくなる。
　|類| 同期機や直流機では，エアギャップを狭くすれば電機子反作用を強めることになるので，あまり狭くできないが，誘導電動機では力率を良くする目的で，できるだけエアギャップを狭くする。
(2) トルクは電圧の2乗に比例して減少する。

3 電気

(3) ① 電流計指針の変化の有無
　　② 異常音や異臭，振動の有無
　　③ 温度の上昇の有無。特に軸受温度に注意する。
　　④ 接続端子のゆるみの有無

|解説|
◆エアギャップ（空隙）：回転子と固定子とのすきま
◆無負荷電流：電動機が無負荷のとき一次巻線に流れる電流で励磁電流ともいう。
◆力率：一次電流のうちの一次負荷電流の割合をいう。

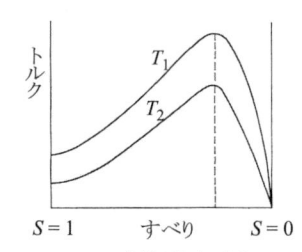

T_1：定格電圧のとき
T_2：電圧低下のとき

トルクと電源電圧との関係
〔機関長コース1987年9月号「受験講座・船用電気」第6回（原田秀己）を基に作成〕

|問|25　三相誘導電動機に関する次の問いに答えよ。　　　　(1510/2007)
(1) 力率は，全負荷と軽負荷では，いずれの場合が低くなるか。また，それはなぜか。
(2) 電動機を急停止させるためには，どのような制動法が適しているか。

|解答|
(1) 軽負荷では，一次電流に占める励磁電流の割合が大きくなるので<u>力率</u>(注1)は低くなる。
(2) 逆相制動法

|解説|
(注1) 力率は全負荷付近で最も良く，過負荷や軽負荷では低下するので運転としては不適である。
◆一次電流：固定子巻線（一次巻線）に流れる電流
　　一次電流 { 無負荷時：無負荷電流（励磁電流ともいう。）
　　　　　　　負荷時：励磁電流＋一次負荷電流(出力に比例して流れる電流)
◆励磁電流：回転磁界を発生させるための電流。励磁電流は負荷の有無にかかわらず一定である。
◆逆相制動法（Plugging，プラッギング）：電動機の一次側の2端子を入れ替

えると回転磁界の回転方向が逆になるので,回転子に逆方向の力(トルク)が発生して急激に制動する。

問26 三相誘導電動機に関する次の問いに答えよ。(1404/1510/1704/1810/2110)
かご形誘導電動機において,Y-Δ 始動の場合,電流及びトルクは,全電圧始動の場合に比較して,それぞれどのような値となるか。また,その理由は何か。

解答
① 始動電流及び始動トルクともに 1/3 となる。
② 理由
- 電源電圧を V,固定子巻線のインピーダンスを Z とすれば,始動電流(Y 接続)は $I_Y = \dfrac{V}{\sqrt{3}Z}$,全電圧(Δ 接続)に切り替わると $I_\Delta = \dfrac{\sqrt{3}V}{Z}$ となるので,$I_Y/I_\Delta = (V/\sqrt{3}Z)/(\sqrt{3}V/Z) = 1/3$ となる。
- トルクは電圧の 2 乗に比例するので,$\left(\dfrac{V/\sqrt{3}}{V}\right)^2 = \dfrac{1}{3}$ となる。

解説
(注) 誘導電動機の始動においては始動電流と始動トルクが問題になる。始動電流は定格電流の 5〜7 倍の大きな電流が流れるので,大形機では巻線の過熱や,電源電圧の低下などを生じ無視できなくなる。巻線形では,外部抵抗により始動電流を小さく,始動トルクを大きくできるが,かご形ではできないので,電圧を下げて始動トルクは小さくなるが始動電流を抑える方に重点をおいた始動法がとられる。

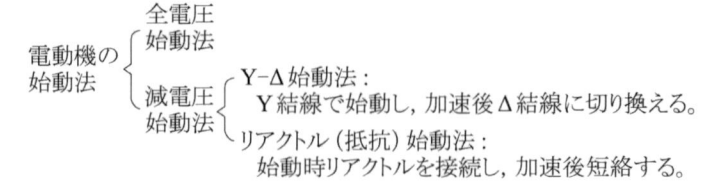

電動機の始動法
- 全電圧始動法
- 減電圧始動法
  - Y-Δ 始動法:
    Y 結線で始動し,加速後 Δ 結線に切り換える。
  - リアクトル(抵抗)始動法:
    始動時リアクトルを接続し,加速後短絡する。

◆ I_Y 及び I_Δ:問 7 参照

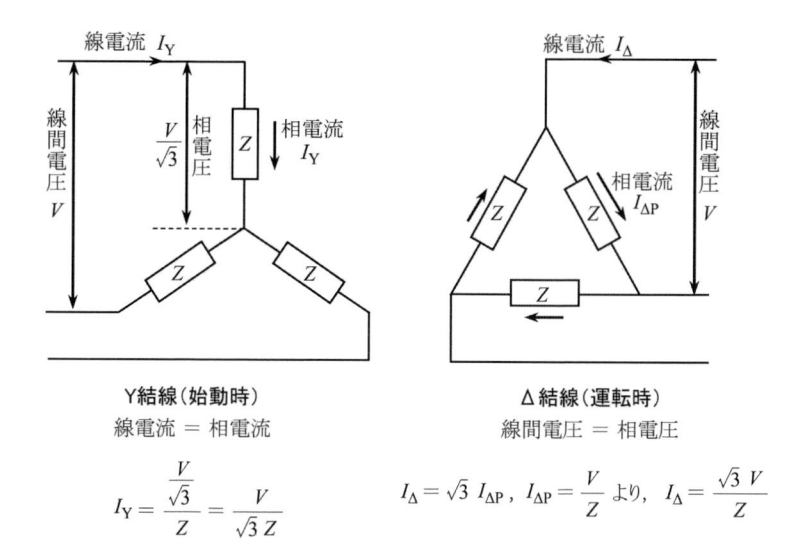

3　電気

Y結線（始動時）
線電流 = 相電流

$$I_Y = \frac{\frac{V}{\sqrt{3}}}{Z} = \frac{V}{\sqrt{3}\,Z}$$

Δ結線（運転時）
線間電圧 = 相電圧

$$I_\Delta = \sqrt{3}\,I_{\Delta P}, \quad I_{\Delta P} = \frac{V}{Z} \text{ より, } I_\Delta = \frac{\sqrt{3}\,V}{Z}$$

問27 誘導電動機の始動器に関する次の問いに答えよ。
(1) 不足電圧保護（UVP）型の始動器とは，どのようなものか。　　　（1702）
(2) 不足電圧開放（UVR）型の始動器とは，どのようなものか。
(3) 不足電圧開放型の始動器に設けられる順次始動用限時継電器とは，どのような役目のものか。　　　（1702）

解答

(1) 低電圧や無電圧によって電動機が停止し，その後電源が復旧したとき，人為的に始動操作を加えないと電動機が始動しないものをいう。緊急始動を要しない一般の電動機に用いられる。

(2) 低電圧や無電圧によって電動機が停止し，その後電源が復旧したとき，人為的に始動操作を加えなくても自動的に再始動するものをいう。緊急始動を要する操舵機そのほか重要補機に採用される。

(3) 電源が復旧したとき，多くの電動機が一斉に再始動すると電源電圧の低下を起こし，発電機にも大きな負担となるので，不足電圧開放型の始動器のうち大容量のものは，始動器に順次始動用限時継電器（タイマリレー）を設け，電動機の<u>優先順位によって順次始動を行う</u>(注1)。

解説
(注1) タイマ設定値の例としては，重要な補機から操舵機 0 秒，主潤滑油ポンプ 3 秒，主冷却水ポンプ 6 秒のように始動開始時間を変える。

問28 電気図記号に関する次の問いに答えよ。　　　　　　　　　　　　　(2302)
(1) 下図の⑦〜㋔に示す図記号は，何を表すか。（それぞれ名称を記せ。）

(2) 下図の㋕〜㋙は継電器接点を表す図記号である。これらの中で下記の
　　①及び②に該当するものは，どれか。（それぞれ 1 つずつ選べ。）
　　① ある設定時間経過後に復帰するメーク接点
　　② ある設定時間経過後に動作するブレーク接点

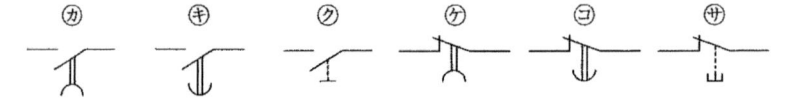

解答
(1) ⑦：断路器　㋑：コイル　㋒：遮断器　㋓：ヒューズ　㋔：フレーム接続
(2) ①：㋕　　②：㋘

解説
◆メーク接点（a 接点）：初期状態では接点が開いているが，リレーコイル通電などにより動作すると接点が閉じるスイッチ
◆ブレーク接点（b 接点）：初期状態では接点が閉じているが，リレーコイル通電などにより動作すると接点が開くスイッチ

3　電気

問29 図は，三相誘導電動機の始動器の回路を示す。図に関する次の問いに答えよ。

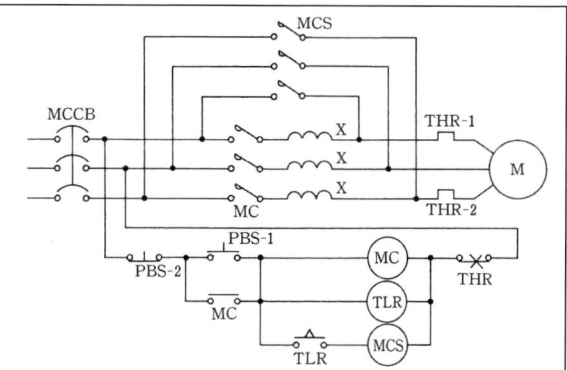

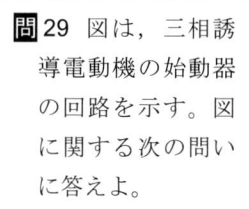

(1) この始動器は，何によって始動時の電流を制御するか。

(2) 始動ボタン PBS-1 を押した場合の作動シーケンスは，どのようになるか。（図の記号を用いて説明せよ。）

解答

(1) リアクトル X

(2) 始動ボタン PBS-1 を押すと，電磁コイル MC が通電し，PBS-1 と並列にあるスイッチ MC の a 接点が ON となり，自己保持する。同時に主回路の電磁接触器スイッチ MC の a 接点が ON となり，電動機 M はリアクトル X に接続された電流制限状態で始動する。またタイマ TLR も通電しているため，タイムカウントを開始する。タイマの設定時間が経過すると限時動作接点 TLR の a 接点が ON となり，電磁コイル MCS が通電，主回路の電磁接触器スイッチ MCS の a 接点が ON となり，リアクトル X は短絡され，スイッチ MCS 経由で電動機に直接電流が流れる。

解説

◆運転流れ図

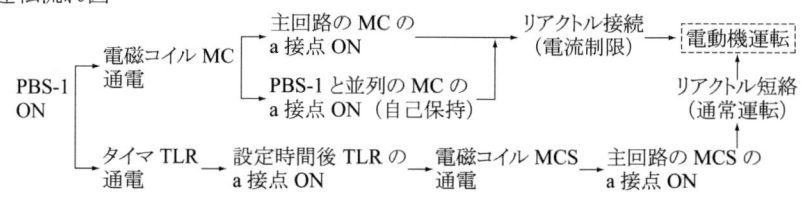

PBS-1 ON
├─ 電磁コイル MC 通電
│   ├─ 主回路の MC の a 接点 ON → リアクトル接続（電流制限） → 電動機運転
│   └─ PBS-1 と並列の MC の a 接点 ON（自己保持）
└─ タイマ TLR 通電 → 設定時間後 TLR の a 接点 ON → 電磁コイル MCS 通電 → 主回路の MCS の a 接点 ON → リアクトル短絡（通常運転）

◆電動機の始動法：誘導電動機の始動時には，大きな電流が流れる。小型電動機の場合，電源電圧をそのまま加えても支障ないが，大型になると始動電流

が著しく大きくなり，巻線が発熱したり，電源電圧が低下するなど悪影響を生じる。このため，始動電流を抑える減電圧始動法が必要となる。

電動機の始動法 ─ 全電圧始動法
　　　　　　　└ 減電圧始動法 ─ Y-Δ始動法：
　　　　　　　　　　　　　　　Y結線で始動し，加速後Δ結線に切り換える。
　　　　　　　　　　　　　　　リアクトル（抵抗）始動法：
　　　　　　　　　　　　　　　始動時リアクトルを接続し，加速後短絡する。

◆リアクトル：交流電流を流れにくくするコイル
◆自己保持：始動ボタンの手を放して接点がOFFとなっても，始動ボタンに代わってONの状態を維持すること。
◆電磁継電器：コイルに電流が流れると励磁され，接点がON，OFFするスイッチ

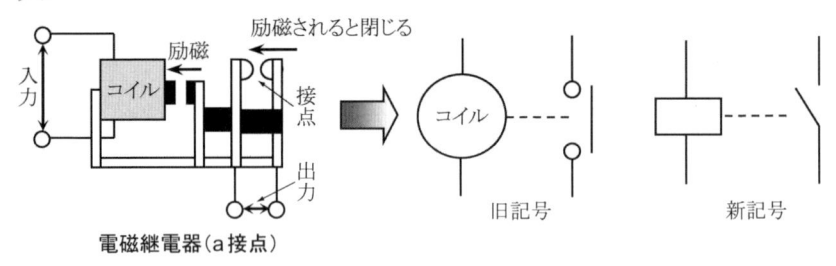

電磁継電器（a接点）　　　　　旧記号　　　　　新記号

問30 電動ウインチに関する次の問いに答えよ。　　　　（1710/2004）
(1) 発電制動法及び回生制動法とは，それぞれどのような制動方法か。
　　　　　　　　　　　　　　　　　　　　　　　　　　（1404/1507）
(2) ノッチバックリレー及びドアスイッチは，それぞれどのような場合に作動する保護装置か。

解答
(1) ① <u>発電制動法</u>（注1）：制動するとき電動機を電源から切り離し，電動機に抵抗を接続して発生電力を抵抗で熱として消費させて制動させる。
　　② <u>回生制動法</u>（注2）：重量物の降下中などに，電動機が同期速度以上で回転すると，電源電圧より逆起電力が高くなって，電源側に電力を送り返す。この電力が制動として働く。

3　電気

(2) ① ノッチバックリレー：巻上げノッチに進めたとき，荷重が一定以上になると自動的に低ノッチに移行して，巻上げ速度を小さくして電動機を保護する。
　　② ドアスイッチ：一体型ウインチにおいては，内部に熱がこもるので，冷却用通風機の通風窓を開けないと電動機を始動できなくした保護装置

|解説|
(注1) 回転エネルギを抵抗で熱に変えて制動力を得る。
(注2) 電源に電力を逆送するので，効率のよい制動法といえる。
◆ノッチ：電動ウインチでは，車のシフトレバにあたるノッチで速度を切り替える。

|問|31　電動ウインチに関する次の問いに答えよ。　　　　（1704/1807/2204）
　(1) 安全に運転するために設けられる継電器には，過負荷継電器のほかにどのようなものがあるか。（2つあげて簡単に説明せよ。）
　(2) 電動ウインチの点検及び手入れは，どのような事項について行うか。
　　　　　　　　　　　　　　　　　　　　　　　　　　　（1404/1507）

|解答|
(1) ① 無電圧継電器：電源が無電圧になったとき電動機は停止するが，その後電圧が復旧しても主制御器のハンドルを停止位置にリセットしないと再起動できない。
　　② 緩動可逆継電器：急激に逆回転方向に操作しても，電動機がいったん完全に停止するまでは逆回転できない。
(2) ① メーカが定めた点検事項を定期的に実施する。
　　② 絶縁抵抗を定期的に測定し，低下した場合は洗浄や乾燥を行う。
　　③ 湿気，油，ほこりなどは絶縁抵抗を低下させるので，清掃に努め，パッキン類は定期的に交換し気密を保持する。
　　④ ギヤケースには清浄な潤滑油を正常な量保持し，グリースカップには定期的にグリースを補給する。
　　⑤ 船体の振動によるウインチの据付け部や接合部あるいは電気的接合部の緩みに注意する。

⑥ 各種保護装置や制動装置の作動を点検・確認する。
⑦ 運転時の軸受温度やモータの電流値は，日頃から点検し，正常状態を確認しておく。

解説
◆絶縁抵抗：電気が電路以外に漏れ出るのをさえぎる力の大きさを表し，この値が大きいほど安全度が高くなる。
◆継電器（リレー）：電気信号でオン・オフするスイッチ

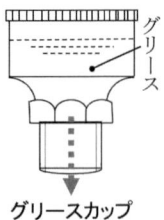

問32 電動ウインチの円板式電磁ブレーキに関する次の問いに答えよ。
(1510)
(1) ウインチに働く制動作用は，何の力によるか。
(2) 作動中のブレーキを手動で開放するための機構は，どのようになっているか。　　　　　　　　　　　　　　　　　　　　　（1907/2107/2302）
(3) ブレーキライニングの摩耗の状況は，外部からどのようにして判断すればよいか。　　　　　　　　　　　　　　　　　　（1907/2107/2302）

解答
(1) ばねの力
(2) ブレーキ作動中は，ばねの力で可動板を摩擦板に押し付けた状態になっている。ブレーキを手動で開放するには，手動レリーズハンドルを回すことによりばねの力に抗して制動力を取り除き開放する。
(3) 手動レリーズハンドルがばねを押し始める状態になるまでの角度 (注1) によって判断する。

解説
(注1) ハンドルがばねを押し始めるまでは遊び（空回り）があり，摩耗が大きくなるとこの遊び（角度）が小さくなる。
◆摩擦板：ブレーキライニング
◆手動レリーズ（開放）ハンドル：機械的に可動板を摩擦板から引き離し，ブレーキを開放する。

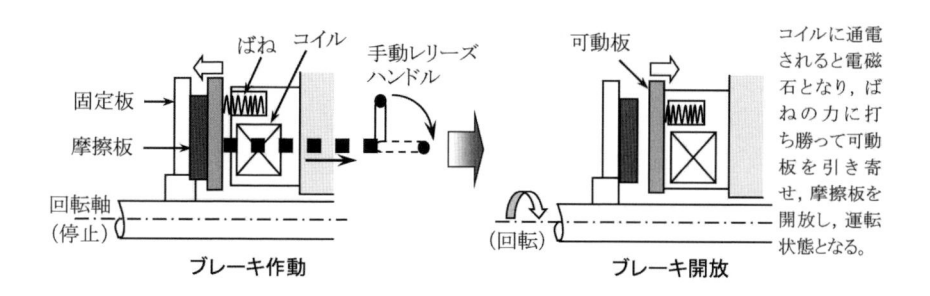

3　電気

（図：ブレーキ作動／ブレーキ開放。注記「コイルに通電されると電磁石となり，ばねの力に打ち勝って可動板を引き寄せ，摩擦板を開放し，運転状態となる。」）

> 問33　電動ウインチの円板式電磁ブレーキに関する次の問いに答えよ。
> （1510）
> （1）ブレーキ円板と電磁鉄心間の距離の調整は，どのようにして行うか。
> （2107/2302）
> （2）円板ブレーキと円すいブレーキでは，同一条件のもとで制動トルクが大きいのはどちらか。

解答
（1）調整ライナ（注1）の厚さを調整する。
（2）円すいブレーキ

解説
（注1）長期使用により摩擦板が摩耗して電磁石とのギャップが限界値を超えると可動板を吸引できなくなるので，調整ライナの厚さを調整する。

◆円すいブレーキ：円すい面のくさび作用により同一条件の円板ブレーキより摩擦力が大きく，制動トルクが大きくなる。

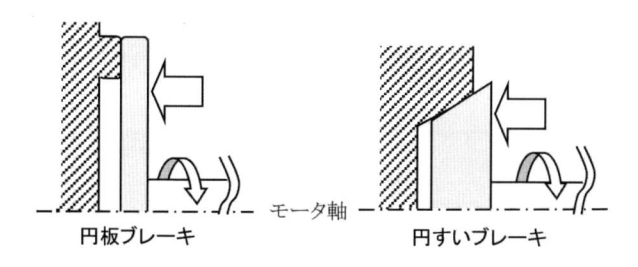

（図：円板ブレーキ／円すいブレーキ，モータ軸）

> 問34　図は，蛍光灯の点灯回路の略図である。図に関する次の問いに答え

機関その二

よ。　　　　　　　　(1407/1707/2002/2104)
(1) 電源を入れると，どのようにして蛍光灯は点灯するか。
(2) コンデンサは，どのような働きをするか。
(3) チョークコイルは，点灯中はどのような働きをするか。

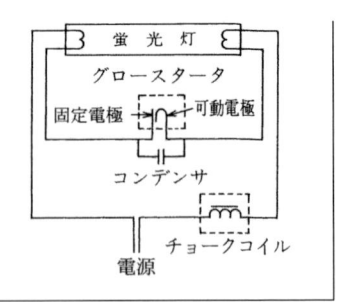

解答
(1) 電源を入れると，グロースタータの電極間で空中放電が起こる。可動電極のバイメタルが放電の熱によって変形し，グロースタータの両電極が閉じる。このため，回路に大きな電流が流れて，蛍光灯のフィラメントが余熱される。一方，グロースタータでは，両電極の接触により放電が止まるため，バイメタルが冷えて元の形に戻り，接触していた固定電極から離れる。その瞬間，チョークコイル(注1)に流れていた大電流が遮断されることで高電圧が発生し，これがフィラメントにかかり，管全体に電子が放出され点灯する。
(2) グロースタータ開閉時のノイズ発生を防止する。
(3) 蛍光灯の電流を安定させる。

解説
(注1) コイルやコンデンサはエネルギを蓄積したり放出する性質があるので，電圧や電流の安定のために用いられる。

◆蛍光灯の原理：蛍光灯は，ランプ内の放電で発生する紫外線を蛍光物質に当て，可視光線として取り出す照明器具で，蛍光灯点灯の流れは，電源→フィラメント加熱→放電(電子の放出)→水銀原子と衝突→紫外線の発生→蛍光物質から可視光線の発生となる。

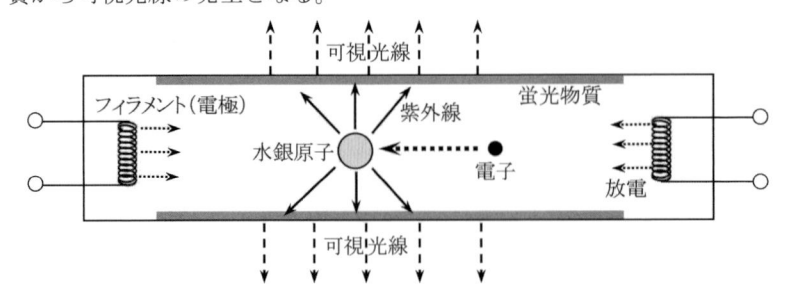

3　電気

◆グロースタータ：グロースイッチ，点灯管ともいう。
◆バイメタル（bimetal）：熱膨張率の異なる 2 枚の金属板を貼り合わせたもので，温度によって変形が異なる性質を利用して，温度計やスイッチなどに利用される。バイは「2」，メタルは「金属」の意味

問 35　高電圧設備に関する次の問いに答えよ。　　　　　　(2207/2310)
(1) 船舶の大型化や船内電気設備の大型化に伴い，高圧配電方式が採用される理由は，何か。
(2) 高圧配電方式の一般的な適用電圧は，いくらか。
(3) 高圧 3 心ケーブル及び低圧 3 心ケーブルの色による識別（線心識別）はそれぞれどのようになっているか。
(4) 高圧単心ケーブルによる誘導障害について，電磁誘導及び静電誘導による障害を比較した時，影響が大きいのはどちらか。

解答
(1) 電気推進船や大型コンテナ船などのように船内電力が大きくなると，<u>従来の AC440V 発電機の定格電流を高くして発電機の電力容量を増加させることは難しい</u>(注1)。このため発電機電圧を高電圧にすることで，発電機電力の大容量化に適応している。
(2) 6600V
(3) 高圧：赤，白，青　　低圧：赤，白，黒
(4) 電磁誘導

解説
(注)　高電圧になると危険性が増し，とくに感電に注意が必要となる。また，遮断器も ACB（気中遮断器）ではなく VCB（真空遮断器）が採用される。高圧は 3300V 〜 6600V，低圧は 600V 以下をいう。
(注1) 短絡電流が大きくなり，また，大容量の発電機や電動機を低圧で製作するのは難しくなる。
◆静電誘導：帯電した物体を不導体に接近させることで，帯電した物体に近い側に，帯電した物体と逆の極性の電荷が引き寄せられる現象。
◆電磁誘導：磁束が変動する導体に，電圧が生じる現象。単心の場合，電磁誘

導による渦電流の発生により火災のおそれがあるため，ケーブルには磁気を伝わりにくくする（非磁性体）材料を使用する。

4　計測装置

> **問1**　図は，流量計に用いる流量検出端部の略図を示す。図に関する次の問いに答えよ。　　　　　　　　　　　　　　　　　（1410/1610/1810/2204）
> (1) 図のような形をしたものの名称は，何か。
> (2) 流量を求めるため，流体を㋐から㋑へ流すか，それとも㋑から㋐へ流すか。また，どことどこの差圧を検出するか。
> (3) 差圧と流量の間には，どのような関係があるか。
> (4) 差圧を検出して流量を計測するものとしては，図の形式のほかに，どのようなものが用いられるか。

解答
(1) ベンチュリ管
(2) ㋐→㋑へ流し（注1），㋐と㋒の差圧を検出する。
(3) 流量 Q は差圧の平方根に比例する。$Q \propto \sqrt{差圧}$（注2）
(4) オリフィス，ノズル，ピトー管

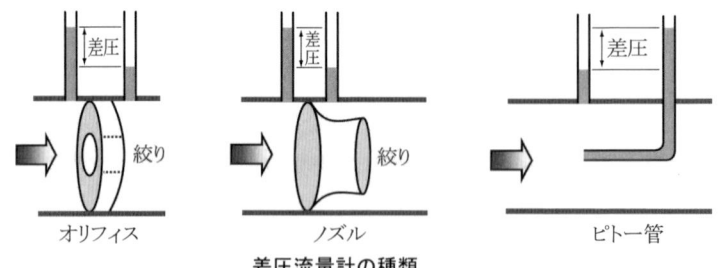

差圧流量計の種類

解説
(注1) 絞り㋒前後の管の長さは，入口管㋑＜出口管㋓とする。
(注2) 正確には流速 V が差圧の平方根に比例する。

4 計測装置

$$Q = A \times V = A \times \sqrt{差圧} \propto \sqrt{差圧}$$

> **問2** 流量計に関する次の問いに答えよ。　　　　（1402/1607/1807/2210）
> (1) 差圧流量計は，どのような原理のものか。また，正確に測定するためには，どのような条件が必要か。　　　　（1502/2004/2307）
> (2) 面積流量計の一種であるロタメータは，どのようなものか。

【解答】

(1) ① 原理：流量が圧力差の平方根に比例することを利用し，管路の途中に絞りを設け，その前後の圧力差を計測して流量を測定する。絞りには，オリフィス，ノズル，ベンチュリ管などがある。

② 条件
- 絞りを通る流れが定常流であり，流体の粘度が無視できること。
- 非圧縮性の流体であること。

(2) フロート型面積流量計ともいい，面積流量計の代表的なものである。

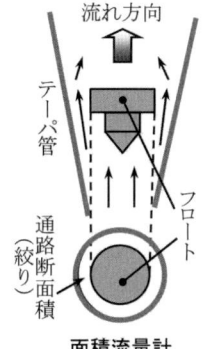

　面積流量計は，差圧が常に一定になるように絞りの面積を変えて，その面積を測定して流量を求める。特徴は，作りが簡単で用途が広く，差圧流量計で測れない小流量や，高粘度流体の計測も可能である。

面積流量計

【解説】

(注) 流量 Q [m³/s]は，流速を V [m/s]，通路断面積を A [m²]とすると

$$Q = A \times V = A \times \sqrt{差圧}$$

から求まる。このため，流量計には

① 流量 Q を直接求める容積式
② 断面積 A を一定にして，流速 V（差圧）から流量 Q を求める差圧式
③ 流速 V を一定にして断面積 A から流量 Q を求める面積式

がある。ここで，断面積 A は絞りの面積となる。

◆定常流：よどみのない連続した流れ

◆圧縮・非圧縮性流体：気体は構成する分子が空間を飛び回って隙間だらけであるが，液体は分子が結合した状態なので隙間はほとんどない。そのため空気のような気体は圧縮すると体積が変化して密度が変化するので圧縮性流体といい，水のような液体では圧縮しても体積も密度もほとんど変化しないので，非圧縮性流体という。
◆絞り：流路の断面積を縮小した部分で，のど部ともいう。絞りの前後では圧力差を生じる。
◆テーパ：円すい状に先が細くなった形状
◆フロート：浮子ともいう。

問3 流量計に関する次の問いに答えよ。　　　　　　　　(1707/2010/2304)
(1) 面積流量計とは，どのようなものか。　　　　　　(1404/1502/2004/2307)
(2) 面積流量計のほかに，どのような形式のものがあるか。(4つあげよ。)
　　　　　　　　　　　　　　　　　　　　　　　　　　　　　　　　(1404)
(3) 計測誤差の最も小さい形式は，何か。

解答
(1) 面積流量計は，差圧が常に一定になるように絞りの面積を変えて，その面積を測定して流量を求める。特徴としては，製作が簡単で用途が広い。差圧流量計で測れない小流量や，高粘度流体の計測も可能である。
(2) 容積式，差圧式，電磁式，超音波式
(3) 容積式で，その代表はオーバル流量計

解説
◆オーバル：「楕円」，「卵形」の意味

問4 容積流量計に関する次の問いに答えよ。　　　　　(1407/1802/2104)
(1) オーバル歯車式容積流量計の構造の略図を描いて，歯車の回転方向と流体の流れの方向をそれぞれ矢印で示すと，どのようになるか。
(2) オーバル流量計と同じ原理で，流量計に使用されるロータの形式には，ほかにどのようなものがあるか。
(3) 容積流量計の特長は，何か。

4　計測装置

解答
(1) 図のとおり (注1)
(2) ルーツ式，ロータリベーン式，回転ピストン式
(3) ① 精度が高い。
　　② 高粘度の流体でも使用できる。
　　③ 流量計前後に直管部が不要
　　④ 大容量の計測にも適する。
　　⑤ 電源が不要

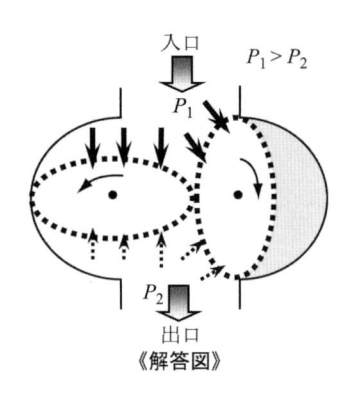

《解答図》

解説
(注1) $P_1 > P_2$ の差圧によって，左の歯車においては流れの方向（入口から出口へ）に押す力となっているが，右側の歯車においては，回転力として作用する。このため，回転は必ず矢印（外向き）の方向となる。

問5　自動制御に関する次の文の（　）の中に適合する字句を記せ。
（1610/1807/1910/2307）

(1) 自動制御を制御量の種類（応用分野）によって分類すると，プロセス制御，自動調整及び（㋐）機構に分けられる。プロセス制御及び自動調整は，多くの場合，目標値が（㋑）の制御であるから，（㋒）による制御量の変化を打ち消す制御動作が行われる。

(2) これに対して，㋐機構では，主として目標値が（㋓）する制御であるから，目標値の㋓に対して（㋔）する制御動作が行われる。

解答
㋐：サーボ　㋑：一定　㋒：外乱　㋓：変化　㋔：追従

解説
◆プロセス制御：原料から製品を作り出す過程をプロセスといい，プロセス制御はその温度や圧力，流量などを管理・制御する。
◆サーボ機構：物体の位置，方位，姿勢などを制御量とし，目標値の任意の変化に追従するよう構成された制御系

|問6| 自動制御に関する次の㋐～㋔に適合する用語を，それぞれ答えよ。
㋐ 入力が，ある一定の値から他の一定の値に瞬間的に変化したときの応答
㋑ 操作量または操作量を支配する信号が，入力の大きさにより2つの定まった値のどちらかをとる動作　　　　　　　　　　　　　　(1507)
㋒ 目標値，外乱の情報に基づいて，操作量を決定する制御　(1902/2107)
㋓ 変化する目標値に追従させるフィードバック制御系　(1704/1902/2107)
㋔ ランプ入力が加わったときの応答　　　　　　　　　　(1704)

|解答|
㋐：ステップ応答　㋑：オンオフ動作　㋒フィードフォワード制御
㋓：サーボ系　㋔：ランプ応答

|解説|
◆ステップ：「階段」の意味

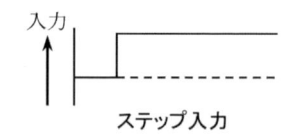

ステップ入力

|問7| 自動制御に関する次の㋐～㋔に適合する用語を，それぞれ答えよ。
㋐ 入力が，ある定常状態から別の状態に変化したとき，出力が変化後の定常状態に達するまでの応答　　　　　　　　　　(1704/1902/2107)
㋑ 外乱の情報によって，その影響が制御系に現れる前に必要な訂正動作を行う制御　　　　　　　　　　　　　　　　　　　(1507)
㋒ フィードバック制御系において，一つの制御装置の出力信号によって他の制御装置の目標値を変化させて行う制御　(1704/1902/2107)
㋓ 物体の位置，方位，姿勢などを制御量とし，目標値の任意の変化に追従するよう構成された制御系
㋔ 入力が，ある時刻から一定速度で変化しつづける場合の応答

|解答|
㋐：過渡応答　㋑：フィードフォワード制御　㋒：カスケード制御
㋓：サーボ機構　㋔：ランプ応答

|解説|
◆ランプ：「勾配」，「傾斜」の意味

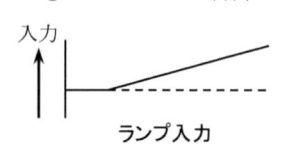

ランプ入力

問8 自動制御に関する次の㋐～㋔に適合する用語を，それぞれ答えよ。
(1810/2010/2302)

㋐ ある比較的短い期間だけその大きさが有限で，それ以外の時点ではゼロとなる信号 (1507)
㋑ ステップ入力に対し，過渡応答が消えて定常状態に達したときの目標値と制御量との差
㋒ 制御系の状態を乱そうとする外部からの作用
㋓ あらかじめ定められた順序又は手続に従って制御の各段階を逐次進めていく制御
㋔ 閉ループを形成して出力側の信号を入力側へ戻すこと

解答

㋐：パルス信号　㋑：オフセット　㋒：外乱　㋓：シーケンス制御
㋔：フィードバック

解説

◆オフセット：定常偏差，残留偏差，制御偏差ともいう。

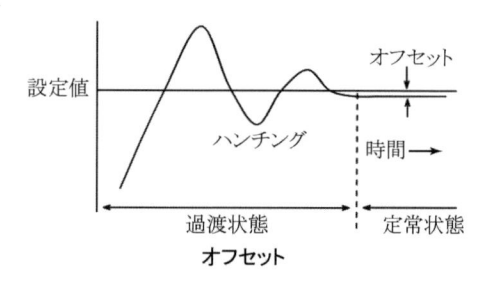

オフセット

問9 自動制御の用語に関する次の文の（　）の中に適合する字句を記せ。

(1) 積分動作とは，入力の時間積分値に（㋐）する大きさの出力を出す制御動作をいい，一般に（㋑）動作と略称する。 (1502/2104)
(2) 過渡応答とは，入力がある（㋒）状態から他の状態に変化したとき，出力が㋒状態に達するまでの（㋓）的な変化をいう。 (1502/2104)
(3) 追従制御とは，（㋔）が変化する制御をいい，㋔が一定の制御を（㋕）制御という。

機関その二

解答
㋐：比例　㋑：I (注1)　㋒：定常　㋓：時間　㋔：目標値　㋕：定値

解説
(注1) 積分動作は，Integral control action より，I動作と略称する。
◆応答：制御量が目標値になるまでの時間的な変化のこと。

問10 自動制御に関する次の(1)～(3)の用語について，それぞれ概要を説明せよ。　　　　　　　　　　　　　　　　　　　　(1602)
(1) 過渡応答(2110/2304)　　　(2) ランプ応答(2110/2304)
(3) フィードフォワード制御

解答
(1) 入力が，ある定常状態から他の状態に変化したとき，出力が定常状態に達するまでの応答
(2) 入力が，ある時刻から一定速度で変化し続ける場合の応答
(3) 外乱の情報によって，その影響が制御系に現れる前に必要な訂正動作を行う制御

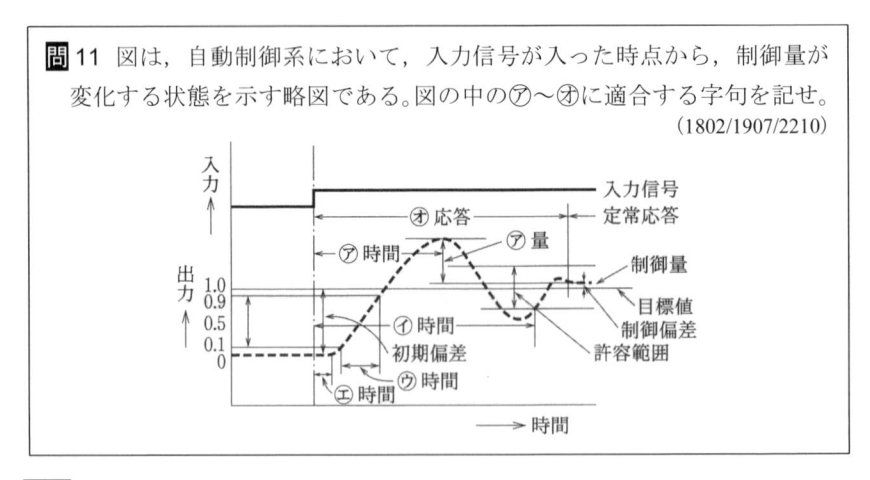

問11 図は，自動制御系において，入力信号が入った時点から，制御量が変化する状態を示す略図である。図の中の㋐～㋔に適合する字句を記せ。
(1802/1907/2210)

解答
㋐：行過ぎ　㋑：整定　㋒：立上がり　㋓：むだ　㋔：過渡

解説
◆むだ時間：入力信号が発生した時点から，操作量が変化するまでの時間

問 12 自動制御に関する次の用語について，それぞれ概要を説明せよ。
(2110/2304)
(1) 立上がり時間(1602)　　(2) 行過ぎ量

解答
(1) ステップ応答において，出力が目標値の 10 % から 90 % に至るまでの時間
(2) ステップ応答において，出力が最終値を超えたのち最初にとる過渡応答の最大値と最終値とのへだたり

問 13 自動制御の用語に関する次の文の（　）の中に適合する字句を記せ。
　行過ぎ量とは，入力がある一定の値から他の一定の値に瞬時的に変化したとき，出力が（ ⑦ ）値を超えたのち最初にとる極値の⑦値からのへだたりをいう。
(1502/2104)

解答
⑦：最終平衡

問 14 自動制御に関する次の問いに答えよ。
(1) サンプリングとは，どのようなことか。　　(1407/1604/2002)
(2) 比例ゲインとは，どのようなことか。　　(1407/1604/2002)
(3) 制御方法をオンオフ動作から比例動作に変えると，どのような欠点を補うことができるか。
(1707/2004)

解答
(1) 時間的に連続した信号を，一定の周期あるいは間欠的な間隔で抽出すること。
(2) (注1) 比例動作における入力変化分に対する出力変化分の比
(3) オンオフ動作では，ある振幅で制御量が変動するため精密な制御は難しい

が，比例動作では制御出力が連続的であるため，変動の少ない滑らかで精密な制御ができる．

解説
(注1) 比例動作の強さを表し，この値が大きいと，目標値に早く追従できる．
◆オンオフ動作：操作量がオンかオフかの2値動作をするもの．

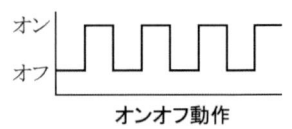

問15 自動制御に関する次の問いに答えよ．
(1) 電気式調節器において，比例動作を行う要素は，下記の㋐〜㋒の中のどれか． (1707/2004)
　㋐ 抵抗の回路　㋑ 静電容量の回路　㋒ 自己誘導のある回路
(2) 空気式調節器において，積分動作を行う要素は，下記の㋐〜㋒の中のどれか． (1707/2004)
　㋐ ばね　㋑ てこ　㋒ 絞り
(3) 計装フローシートとは，どのようなものか． (1407/1604/2002)

解答
(1) ㋐ 抵抗の回路　　(2) ㋒ 絞り
(3) プロセス制御装置などの制御系全体を電気回路と同じように，計装用図記号や文字記号で表したもの．

解説
◆計装：機関の運転管理のため，計測装置などを装備すること．

問16 図は，蒸気によって液体を加熱する場合の温度制御装置を示す略図である．図に関する次の問いに答えよ． (1504/1710)
(1) 調節計は，どのように作動するか．
(2) 主フィードバック量は何か．
(3) この制御系のブロック線図を

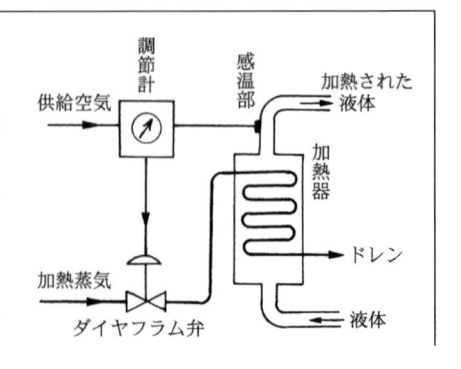

描くと，どのようになるか。
(4) 制御量及び操作量は，それぞれ何か。

解答
(1) 調節計は，感温部で検出された温度が設定値より高ければダイヤフラム弁を閉じる方向，低ければ開ける方向に作動する。
(2) 主フィードバック量は，感温部で検出される液体の温度
(3) 図のとおり

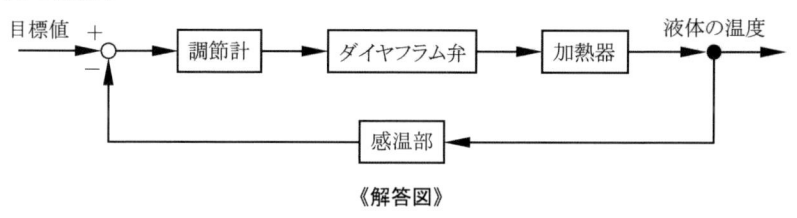

```
目標値 +→[調節計]→[ダイヤフラム弁]→[加熱器]─→ 液体の温度
       -↑                                    │
        └──────────[感温部]←─────────────────┘
```

《解答図》

(4) ＜制御量＞　液体の温度　　　＜操作量＞　蒸気流量

問17 図は，室温を一定に保つために，蒸気の供給量を加減する温度制御装置の略図である。図に関する次の問いに答えよ。

(1404/1904/2204)

(1) サーボモータは，どのように作動するか。
(2) 主フィードバック量は，何か。
(3) 制御量及び操作量は，それぞれ何か。
(4) この制御系のブロック線図を描くと，どのようになるか。

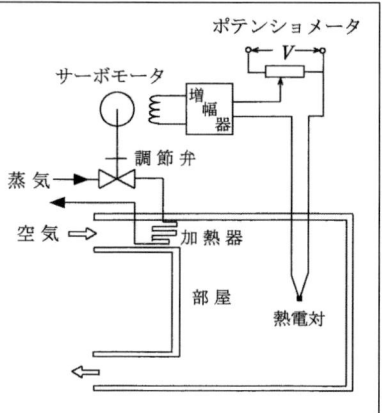

解答
(1) サーボモータは増幅器によって増幅された制御電流[注1]によって作動し，調節弁を開閉して蒸気の流量を増減する。
(2) 熱電対起電力

(3) 制御量は部屋の温度，操作量は蒸気流量
(4) 図のとおり

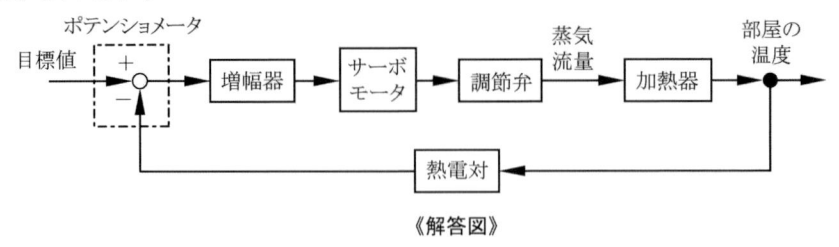

《解答図》

解説
(注1) 熱電対による室温計測信号（主フィードバック量）と室温設定値（目標値）に対応するポテンショメータ電圧との電位差（偏差）を増幅器によって増幅し，サーボモータを駆動させる。

◆サーボモータ：指示した位置，方位，姿勢などに素早く追従させる制御をおこなうモータ

問18 空気圧式自動調節弁に関する次の問いに答えよ。
(1407/1607/1810/2002)
(1) エアツゥオープン（通気時開）またはエアツゥクローズ（通気時閉）のいずれの動作をする弁を使用するかは，どのような事項を考慮して決めるか。
(2) 単座弁及び複座弁には，それぞれどのような特徴があるか。

解答
(1) 電源喪失や制御空気喪失，あるいはダイヤフラムの損傷などの異常事態発生時に，プロセスにとって弁を開ける方が安全か，それとも閉じた方が安全かによって決まる。
(2) ① 単座弁：比較的安価で保守も容易であり，完全に閉止させる箇所の使用に適するが，大口径または高圧流体には向かない。
② 複座弁：比較的小さな力で弁の開閉ができるので大口径または高圧流体に適するが，完全閉止が難しく，全閉時わずかな漏れがある。

4　計測装置

解説 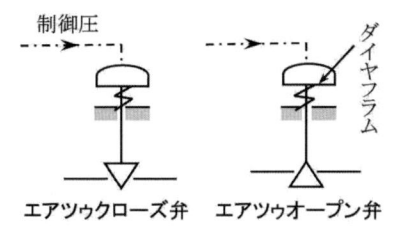
◆エアツゥオープン：制御圧が加わると開弁し，無くなると閉弁する。ボイラ燃焼制御系などに使用され，異常が発生した時，閉弁してボイラを停止（燃料遮断）する。
◆エアツゥクローズ：エアツゥオープンと反対の作動をするので，ボイラの給水制御系などに使用される。異常が発生した場合，ボイラにとって，開弁して給水を継続する方が，給水を停止するより安全である。
◆ダイヤフラム：隔膜，膜板，仕切り板

問19　図は，空気式制御装置におけるダイヤフラム式操作弁の略図である。図に関する次の問いに答えよ。
(1407)
(1) 正栓を表すか，それとも逆栓を表すか。
(2) 複座弁を採用する理由は，何か。また，複座弁には，どのような短所があるか。

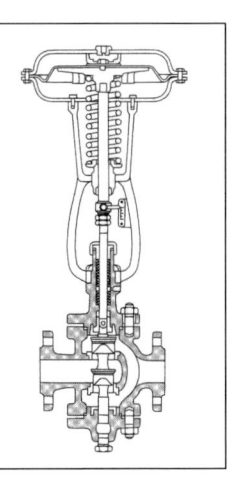

解答
(1) 正栓 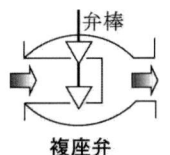
(2) ① 理由：比較的小さな力によって弁の開閉ができ，大口径または高圧流体の使用に適している。
　　② 短所：
　　　・完全閉止が難しく，全閉時わずかな漏れがある。
　　　・単座弁に比べて構造が複雑で価格も高価になる。

解説
◆正栓：弁棒が押し込まれて閉弁となる。

問20 自動制御装置における空気式調節部に対する取扱い上の注意事項をあげよ。　　　　　　　　　　　　　　　　　　　（1507/1702/2207）

解答
① 制御用空気には，湿気やゴミ，油などが混入していない清浄な空気を使用する(注1)。
② 空気圧に変動がないこと。
③ 設置箇所
  ● ドレンが調節部に溜まらない管路とし，また，定期的にドレンが排除できること。
  ● 熱や振動などの影響を受けないこと。
④ 定期的に分解整備して，ノズルの閉塞や接合部のがた，ばねのき裂や伸びの有無などを点検する。

解説
(注1) 細管内部で詰まりの原因となる。また湿気は錆を発生させる。
◆ノズル：（空気の）噴射孔

問21 燃料油の自動粘度調節器（ディーゼル主機用）に関する次の問いに答えよ。　　　　　　　　　　　　　　　　　　　（1510/1902/2207）
(1) 細管式は，どのようにして粘度を検出し，調節するか。
(2) 粘度の検出には，上記(1)のほかに，どのような方式があるか。（1つあげて説明せよ。）

解答
(1) 一定の条件(注1)のもとでは，流体の差圧が粘度に比例することを利用する。燃料油加熱器出口の燃料をポンプで採取して細管へ送る。

　差圧検出器で細管前後の圧力差を検出し，信号を調節器から操作部へ送り，燃料油加熱器への加熱蒸気量を調節する。

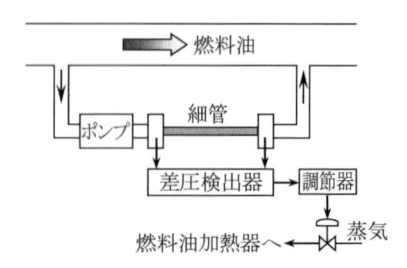

4　計測装置

(2) 落体式，回転式，振動式

　　落体式：油中に円筒形や球体の物体を落とし，一定距離を落下する時間を測定し，粘度を求める。

解説

(注1)　細管内の流れが層流であるとき。

問22　熱電（熱電対）温度計に関する次の問いに答えよ。
（1504/1804/2007/2302）
(1)　どのような原理で温度を測定するか。
(2)　補償導線とは，どのようなものか。
(3)　指針がふらつく場合の原因は，何か。
(4)　指針がマイナス側に振り切れる場合の原因は，何か。

解答
(1) 2種類の異なった金属線の両端を接続して閉回路を作り，その両方の接点間に温度差があると熱起電力（電位差）が発生する。この熱起電力を測定することによって，温度を計測する。このような原理を利用したものを熱電対といい，熱電対を用いた温度計を熱電温度計という。
(2) 測温接点から基準接点（温度計）までの距離が長い場合，その全てを熱電対で構成すると高価になるので，途中から温度と熱起電力の関係が熱電対に使用している金属とほぼ等しい金属線（補償導線）を用いる。
(3) ①接続箇所の接触不良，②外からの振動，③交流電流の漏入，④電磁波や静電気の影響
(4) ①導線の短絡，②＋極と－極の誤接続

解説

熱電対温度計

問23 自動制御における回転速度の検出部に関する（　）の中に適合する字句を，下記①〜⑭の語群の中から選べ。　　　　　　　(1410/2202)

(1) タコジェネレータは，発電機の一種であり，発生電力は（ ⑦ ）に比例する。（ ④ ）発電機を用いると，回転方向は発生電圧の（ ⑨ ）から判別出来る。

(2) 近接スイッチは，検出対象に（ ㊀ ）することなく検出することを目的としているスイッチ（センサ）の総称であり，JIS規格においては，誘導形のほか，（ ㊄ ）形，（ ㊅ ）形，超音波形などがある。速度センサとして使用されるものは，内部に（ ㊆ ）を備え，歯先などに近接させ，⑦に比例した（ ㊇ ）信号を出力する。

語群：①静電容量　②接触　③磁石　④極性　⑤接触回数　⑥交流
　　　⑦直流　⑧脈動　⑨回転速度　⑩歯車　⑪パルス
　　　⑫半導体開閉素子　⑬電流　⑭光電

【解答】
⑦：⑨回転速度　④：⑦直流　⑨：④極性　㊀：②接触　㊄：①静電容量
㊅：⑭光電　㊆：⑫半導体開閉素子　㊇：⑪パルス

【解説】
◆タコジェネレータ：回転速度を計測するための速度計用発電機
◆極性：プラスとマイナス
◆近接スイッチ：物体の接近や近傍の物体の有無を非接触で検出するスイッチ。金属の存在を検出する誘導形，金属及び非金属の存在を検出する静電容量形，音響反射物体を検出する超音波形，物体の存在を検出する光電形がある。

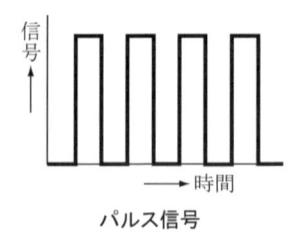

パルス信号

5 油圧回路

> **問1** 次の⑦〜㋕に適合する油圧及び空気圧用語を，下記①〜⑭の語群の中から選べ。 (1610)
> ⑦ 逆止め弁，リリーフ弁などで圧力が上昇し，バルブが開き始めて，ある一定の流れの量が認められる圧力
> ④ 圧力エネルギの蓄積や，停電時などの緊急用圧力源などに用いる装置
> ⑦ 主として流体の圧力エネルギを用いて連続回転運動のできるアクチュエータ
> ㋔ 負荷の落下を防止するため，背圧を保持する圧力制御弁
> ㋕ 低入力をある定まった高い出力に増幅する回路
> 語群：
> ①メータイン回路 ②シーケンス弁 ③サージ圧 ④ブリードオフ回路
> ⑤アキュムレータ ⑥スプール ⑦クラッキング圧 ⑧レシート圧
> ⑨油圧モータ ⑩バックアップリング ⑪油圧ポンプ ⑫ブースタ回路
> ⑬カウンタバランス弁 ⑭サーボアクチュエータ

解答
⑦：⑦クラッキング圧　　④：⑤アキュムレータ　　⑦：⑨油圧モータ
㋔：⑬カウンタバランス弁　　㋕：⑫ブースタ回路

解説
◆ 逆止め弁（逆止弁，チェックバルブ）：逆流を防ぐ弁
◆ リリーフ弁：安全弁の働きとともに，油圧回路の圧力を一定に制御する弁。リリーフは「除去」，「軽減」の意味
◆ アキュムレータ（蓄圧器）：アキュムレートは「蓄積する」の意味
◆ アクチュエータ：油圧モータや油圧シリンダなどの油圧駆動装置。アクチュエートは「作動させる」の意味
◆ 背圧：回路の出口または圧力作動面の背後に作用する圧力
◆ カウンタバランス弁（背圧弁）：重量物を降ろすとき，自重で加速しないよう降下速度を一定に保つ場合などに用いる。

機関その二

◆ブースタ回路：昇圧，増幅回路。ブーストは「押し上げる」の意味
◆油圧装置：作動油は，油タンクからフィルタを通って油圧ポンプで送油され，手動切換弁によりシリンダ内に流入する方向が制御される。手動切換弁に入る前にリリーフ弁があって，油圧が設定値より高くなったとき，作動油は，ばねに抗して油タンクに戻り，油圧はほぼ一定に保持される。

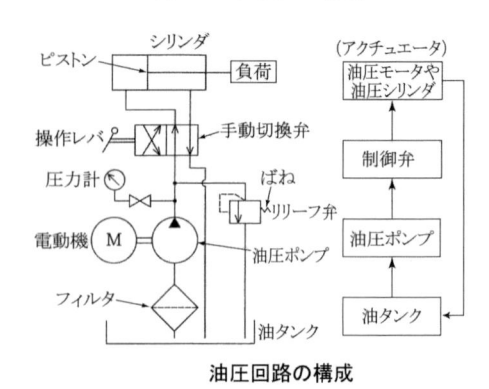

油圧回路の構成

問2　油圧装置に用いられる次の(1)～(3)の制御弁に該当するものを，下記①～⑥の語群の中からそれぞれ2つ選べ。
(1) 圧力制御弁　　(2) 流量制御弁　　(3) 方向制御弁
語群　①スローリターン弁　②アンロード弁　③スプール弁
　　　④カウンタバランス弁　⑤シャトル弁　⑥絞り弁

解答
(1) ②アンロード弁，④カウンタバランス弁
(2) ①スローリターン弁，⑥絞り弁
(3) ③スプール弁，⑤シャトル弁

解説
◆制御弁の種類：油圧回路には，圧力制御弁，流量制御弁，方向制御弁の3種類の制御弁が使用される。
　・圧力制御弁：油圧回路内の圧力を一定に保持したり，最高圧力を制限するなど，圧力を制御する。
　・流量制御弁：油圧モータなどの運動速度を調整するために流量を制御する。
　・方向制御弁：正転，逆転のように油の流れる方向を制御する。
◆アンロード弁：回路の油圧が規定圧力に達したとき，油圧ポンプを無負荷（アンロード）運転させるために，圧力を低下させずにポンプからの吐出流をタ

5 油圧回路

ンクに戻す圧力弁

◆スローリターン弁：油を負荷側へ圧送するときは開度を最大にし，逆送するときは絞りにより流量を制御する弁

◆スプール弁：円筒形の滑り面の中を串形（段付き）のスプールが軸方向に移動して流体の流路を切り換える弁

◆シャトル弁：2つの入口と1つの共通の出口をもち，高圧側の入口と出口を接続させる方向制御弁

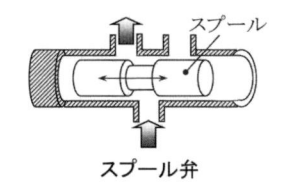

問3 図は，油圧装置のバランスピストン形（パイロット作動形）リリーフ弁の略図である。図に関する次の問いに答えよ。　(1602/1804)

(1) パイロット弁及びバランスピストン弁は，それぞれ⑦〜㋒のどれか。

(2) ㋓と㋔のどちら側に，回路の油圧が作用するか。

(3) 回路中の油圧が上昇すると，このリリーフ弁はどのように作動するか。（作動の概要を記せ。）

(4) 直動形リリーフ弁と比較した場合の利点は，何か。

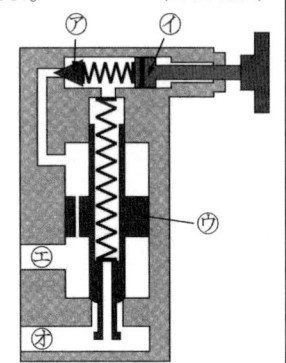

解答

(1) パイロット弁：⑦，バランスピストン弁：㋒

(2) ㋓

(3) ① 回路の圧力が上昇すると，バランスピストンの小孔を通って流入したバランスピストン背後の油圧も上昇し，設定ハンドルによる設定圧力を超えるとパイロット弁が開き，油がバランスピストン内部を通ってタンクへ流れる。

② パイロット弁が開くと，バランスピストン上下の圧力バランスが崩れバランスピストン全体を持ち上げ，作動油は直接タンクに流れ，回路の油圧を一定に保持する。

(4) ① チャタリングを起こしにくい。
    ② 作動が安定で，設定圧力の誤差も小さい。
    ③ 高圧・大容量に適する。
    ④ ベント回路を用いて圧力の遠隔制御が可能

解説
◆チャタリング：短時間に弁が開いたり，閉じたりを繰り返して激しく弁座を叩く現象。チャットは「カチカチ音をたてる」の意味
◆ベント口：逃し口

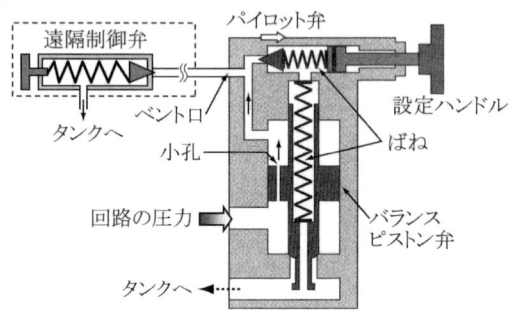

問4 油圧装置に関する次の問いに答えよ。
(1) 油圧回路の流量制御弁に設けられる圧力補償弁の役目は，何か。
  類 油圧回路の圧力補償付流量調整弁における圧力補償とは，何か。
  (1607/20072304)
(2) 流量制御弁を設ける場合，取扱いについては，どのような注意が必要か。 (1607/2007/2304)
(3) リリーフ弁は，装置及び作動油がどのような場合に騒音を発するか。
(4) 直接作動形リリーフ弁を長時間，一定圧で作動させている場合，その圧力が不安定になる原因は，何か。 (1504/1707)

解答
(1) 流量は絞りによって制御するが，絞りだけの場合，開度を一定にしても<u>絞り前後の圧力差が変わると流量が変化する</u>(注1)欠点がある。圧力補償弁は，弁の前後に圧力の変動が生じても常に流量が一定になるように働く。

5 油圧回路

(2) ① 油の温度，圧力を一定に保持する。
    ② 油中の不純物を除去する。
    ③ 設置については，正しい取付け方向，振動の少ない場所，配管に生じる応力の影響を受けない固定に注意する。
(3) ① チャタリングを生じた場合
    ② 機械的振動がある場合
    ③ 振動源と共振する場合
    ④ 作動油の粘度が高い場合
    ⑤ 作動油圧が高い場合
(4) ① 作動油中のゴミなどによる作動不良
    ② 作動油中への空気の混入
    ③ 作動油の粘度が不適
    ④ 弁の加工精度や取付けが不良
    ⑤ ニードル弁の摩耗，ばねのへたりなどにより，ニードル弁の弁座への当たりが不安定
    ⑥ 油圧ポンプの性能劣化

直接作動形リリーフ弁

|解説|
(注1) 絞り弁の通過流量は，絞り弁前後の圧力差の平方根に比例して変化する。
◆ニードル弁（針弁）：弁体の形状が，針のように細長い円錐形をしており，流量の微調整が可能な弁
◆へたり：長期使用による反発力の低下

|問|5 油圧装置に関する次の問いに答えよ。
(1) 油圧回路におけるメータイン回路とはどのような回路か。
　　　　　　　　　　　　　　　　　　　　　　　　　（1607/2007/2304）
(2) 油圧回路におけるメータアウト回路とはどのような回路か。
　　　　　　　　　　　　　　　　　　　　　　　　　（1604/2207）
(3) 上記(2)の回路の利点は，何か。

|解答|
(1) アクチュエータへ送る油を制御して速度を制御する回路
(2) アクチュエータから出る油を制御して速度を制御する回路

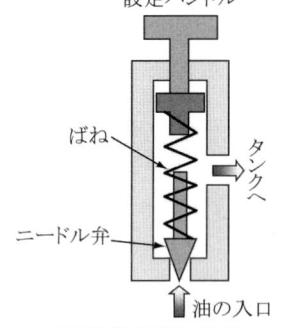

機関その二

(3) ① 急な負荷変動にもアクチュエータの動きが安定する。
　　② 圧力変動に強く，複数個の回路を同時に操作できる。
　　③ 負荷がマイナス^(注1)の場合でも，設定速度に制御できる。

|解説|
(注1) メータイン回路では，負荷がマイナス（負荷に引張られる）の場合，アクチュエータが先走りするので，正常な制御ができない。

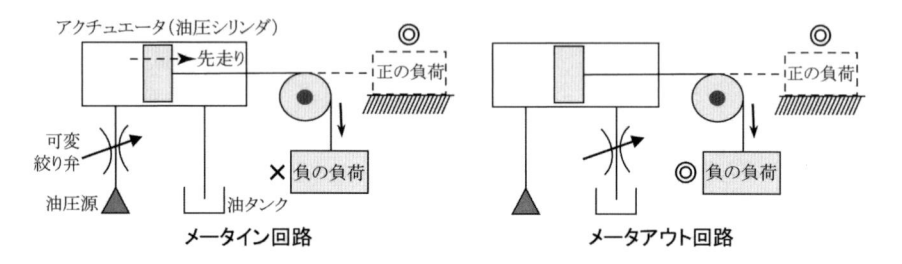

　　　　　メータイン回路　　　　　　　　メータアウト回路

|問6| 油圧装置に関する次の問いに答えよ。
(1) 油圧回路にアキュムレータを設ける場合の利点は，何か。(1604/2207)
(2) アキュムレータは，どのような油圧回路に用いられるか。(1504/1707)

|解答|
(1) ① 油圧ポンプの故障あるいは停電の場合，機能を停止させることなく回路の圧力を保持する。
　　② 瞬間的に圧油を回路に放出できるのでポンプが小型で，ポンプ動力も少なく経済的である。
　　③ 回路内で発生するサージ圧を吸収，緩和し，機器を保護する。
　　④ 油圧ポンプの脈動を均一化できる。
　　⑤ 回路の油漏れを補給し，油温変化による容積変化を補償する。
(2) ① 動力補償回路：ポンプの小型化や緊急時の補助動力源などに利用する。

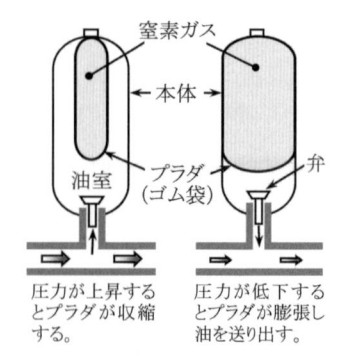

アキュムレータ

5 油圧回路

　②　衝撃緩衝回路：サージ圧を吸収する。
　③　脈動吸収回路　：ポンプの脈動を吸収する。
　④　漏えい油補給回路：回路の油漏れを補給する。

【解説】
◆サージ圧（衝撃圧）：急激に上昇した異常圧力
◆脈動：圧力が周期的に変化する現象

問7　油圧ウインチの動力源に可変容量形油圧ポンプを用いる場合の利点をあげよ。　　　　　　　　　　　　　　　　　　（1402/1910/2210）

【解答】
①　負荷に応じて吐出圧力，吐出量を自動的に自由に調節でき(注1)，動力の損失が少ない。
②　モータの過負荷を防止し，有効にモータを使用できる。
③　小型・軽量で設置場所を適当に選定できる。
④　起動・停止，反転，速度制御が容易で，遠隔操作が可能である。
⑤　起動トルクが大きく，速度によるトルクの変化が少なく，低速回転が容易に得られる。
⑥　油温の上昇が少ない。

【解説】
（注1）無段階の変速が可能
◆可変容量形油圧ポンプ：固定容量形は，油圧ポンプ一回転当たりの吐出量が変えられないので，流量を少量しか必要としない場合でもポンプからは一定量の圧油が吐出される。この場合，不要な流量が発生し，圧油をタンクに戻しエネルギを無駄に消費するが，可変容量形では負荷に応じた油量を吐出するので省エネになる。

問8　油圧装置に関する次の問いに答えよ。　　　　　　　（1504/1707）
　ジャンネあるいは，ヘルショウ電動油圧操舵装置の主油圧回路に用いられている閉回路（クローズド回路）とは，どのような回路のことをいうのか。

機関その二

解答
　油圧ポンプの出口と入口がいずれもアクチュエータと連絡され，油の流れはこの両者で行われる油タンクが不要な回路

解説
◆開回路：油の流れは，油タンク→油圧ポンプ→油圧モータ→油タンクとなる回路

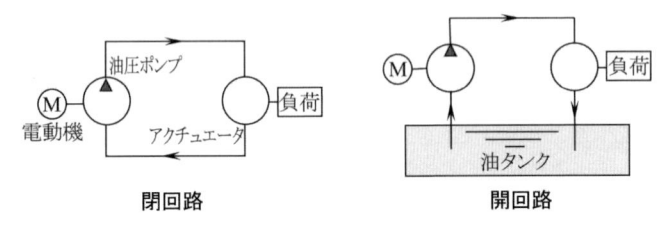

閉回路　　　　　　　　　　開回路

問9　図は，係留中の油圧式自動係船機（オートテンションムアリングウインチ）を自動係船専用の油圧ポンプを用いて自動運転する場合の機器配置と運転特性をそれぞれ示している。図に関する次の問いに答えよ。
（1502/1902）

(1) 低圧リリーフ弁及び高圧リリーフ弁の設定点は，それぞれ a〜d のどれか。

(2) 油圧の上昇過程で，低圧リリーフ弁，高圧リリーフ弁が作動する場合の役目は，それぞれ何か。

(3) 巻胴の停止状態は，どのようにして保たれるか。（機器配置図を用いて説明せよ。）

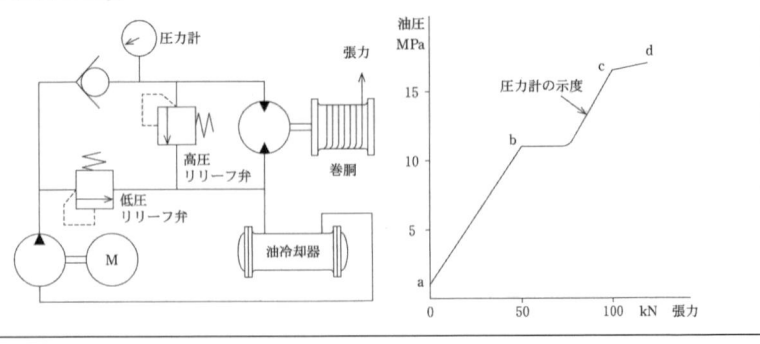

5 油圧回路

解答
(1) 低圧リリーフ弁：b 点，高圧リリーフ弁：c 点
(2) 低圧リリーフ弁：巻込み張力の最高値を設定し，油圧モータの巻込み操作を停止させる。

　　高圧リリーフ弁：繰出し開始張力を設定し，油圧モータを逆転させ，索の繰出しを行う。

(3) ① 索を巻き込むにつれて張力は増加し，油圧も上昇する。b 点に達すると低圧リリーフ弁が開弁し，ポンプからの圧油は油圧モータをバイパスし，直接油圧ポンプに戻り，油圧モータは張力を保ったまま停止する。
　　② 更に張力が増すと油圧モータが逆転しようとするが，逆止め弁により繰出し開始張力点 c までは油圧が保持されるので，索張力が支えられ，巻胴は停止状態を保つ。

解説
◆オートテンションムアリングウインチ：ムアリングウインチは係船装置。係船索は潮位や風浪によって張ったり緩んだりするが，オートテンションの場合は，常に索の張りを一定に保つように油圧モータを自動運転する。

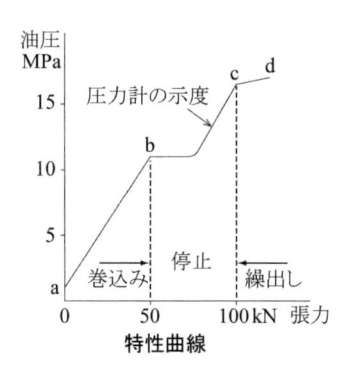

問10 油圧装置に関する次の問いに答えよ。　　　　　　　(1604/2207)
　油タンク内の仕切り板（隔板）の役目は何か。（2 つあげよ。）

解答
　仕切板で戻り管の油が，直にポンプ吸込み管に吸入されないので，
① 油の滞留時間が長くなり，水分，スラッジ，ごみが分離され油温も低下できる。
② 戻り油の気泡がポンプに吸入されるのを防止できる。

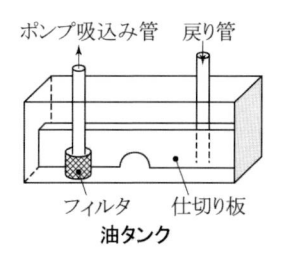

機関その二

解説
◆スラッジ：油中の不純物が凝集沈殿した泥状物質

6 油清浄機

問1 図は，弁排出形遠心油清浄機のスラッジ排出機構の 1 例である。図によって，次の文の（　）の中に適合する字句を記せ。

(1) 回転筒内に分離沈でんした（⑦）を，運転中に，（④）を開けることによって排出する。
(2) 作動水タンクから（⑦）室へ低圧作動水を供給すると，（㋑）が作用して④が閉じる。このとき㋑と低圧作動水タンクのヘッドが釣り合って，水は A 線より（㋔）にとどまる。
(3) 次に高圧作動水を供給すると，水位が内側に移動して（㋕）室に通じる。⑦室より㋕室のほうが受圧面積が（㋖）いので④を開く。
(4) 排出後，高圧作動水を遮断すると㋕室の水は，（㋗）から徐々に噴出し，㋕室の圧力がなくなり，⑦室の水圧によって④が閉じる。

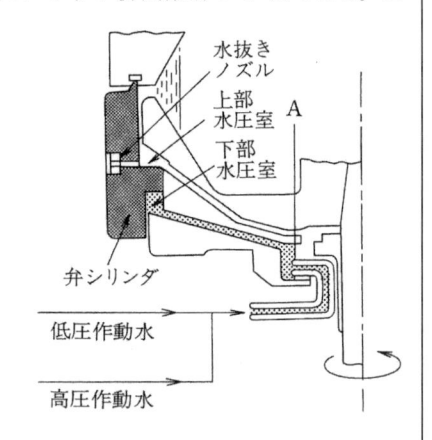

解答
⑦：スラッジ　　④：弁シリンダ
⑦：下部水圧　　㋑：遠心力
㋔：外方　　　　㋕：上部水圧
㋖：大き　　　　㋗：水抜きノズル

6 油清浄機

解説

（注1）弁シリンダの開閉は

- 下部水圧室に低圧作動水が供給されると，弁シリンダは押し上げられ，弁パッキンに達し，閉弁状態になる。
- 上部水圧室に高圧作動水が供給されると，弁シリンダは点線のように押し下げられ，開弁し，スラッジを排出する。

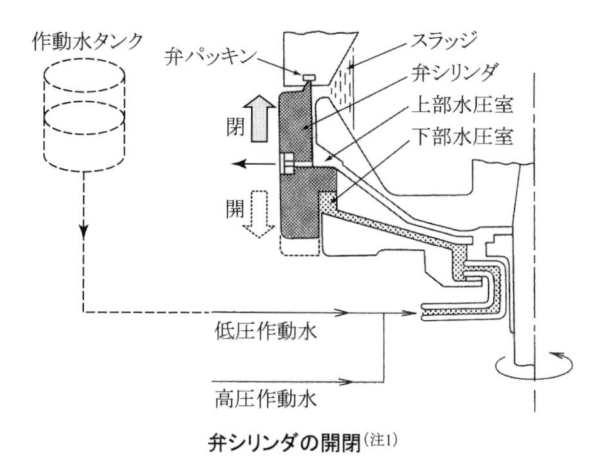

弁シリンダの開閉（注1）

問2 図は，弁排出形遠心油清浄機（分離板形）の排出機構部の略図である。図に関する次の問いに答えよ。　　　　　　　（1702/1902/2004/2307）

(1) パイロット弁の開・閉動作は，それぞれ何によってなされるか。

(2) スラッジの排出は，どのようにして行われるか。（その作動を説明せよ。）

(3) ③の名称と役目は，それぞれ何か。

(4) 清浄運転中における弁シリンダの閉弁状態は，どのようにして保たれているか。

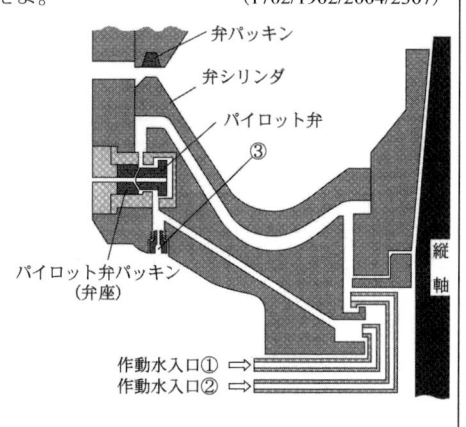

解答
(1) ＜開動作＞ 高圧の開弁用作動水がパイロット弁を内側へ移動し，開弁する。
　　＜閉動作＞ パイロット弁が遠心力により外側へ移動し，閉弁する。
(2) ● 高圧の開弁用作動水が作動水入口①から供給されると，その圧力によって，パイロット弁が内側に移動し，パイロット弁が開弁され，閉弁水圧室の作動水が回転体外に流出する。
　　● 閉弁水圧室の作動水が抜けると，弁シリンダを押し上げている力がなくなり，弁シリンダは回転体内の液圧により押し下げられ，スラッジが回転体の外へ排出される。
(3) ＜名称＞ 水抜きノズル
　　＜役目＞ 開弁水圧室の作動水を排出し，弁シリンダの閉弁を確実にする。
(4) パイロット弁が遠心力により外側へ移動してパイロット弁を閉弁する。一方，作動水タンクから閉弁用作動水が作動水入口②を通って弁シリンダ下部の閉弁水圧室に供給され遠心力を与えられ，弁シリンダを押し上げて弁パッキンとの間で閉弁状態になる。

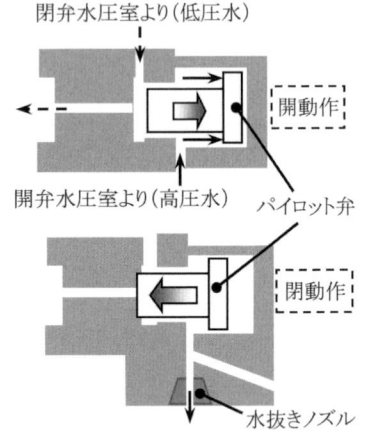

弁の開閉動作

解説
◆弁パッキン：弁シリンダの弁座用パッキン。交換可能なゴム製またはテフロン製のパッキンが使用される。

7　空気圧縮機

問1　たて形2段空気圧縮機に関する次の問いに答えよ。
(1504/1802/2010)
(1) 中間冷却器を設けて，2段圧縮する理由は，何か。（p-V 線図を描いて説明せよ。）

7　空気圧縮機

(2) シリンダ及び各軸受は，それぞれどのような方法で潤滑されるか。
(3) スターティングアンローダは，どのようにして，始動時の負荷を軽減させているか。

【解答】
(1) ① 図中の2-3-4-5-2の部分の面積に相当する所要動力が削減できる。
② 2段圧縮の吐出し空気4の温度は，単段圧縮の吐出し空気5の温度より低いので，潤滑油の劣化が少なく，弁類の寿命が長くなる。
③ ガス温度が低いので，容積効率が向上する。
(2) ① シリンダ
   ● 滴下式注油器により吸気とともに潤滑油を吸い込ませる方法
   ● ボッシュ形注油器による強制注油
② 軸受
   ● クランク軸直結の歯車ポンプにより強制給油
   ● 飛まつ給油あるいは重力滴下給油
(3) ① <u>圧縮機の吸入空気口を閉鎖する</u>(注1)。
② <u>各段の吸入弁を開放する</u>(注2)。
③ <u>圧縮機から空気タンクに至る管の途中にある逆止め弁までの空気を大気に逃がす</u>(注3)。

《解答図》

【解説】
(注)　初圧 p_1 から終圧 p_2 まで圧縮する場合，中間冷却器を設けない単段圧縮では空気の状態変化は 1→2→5 となるが，中間冷却器を設けて2段圧縮する場合は 1→2→3→4 となる。ここで，1→2 は低圧圧縮機での圧縮，2→3 は中間冷却器，3→4 は高圧圧縮機での圧縮である。
(注1) 圧縮媒体の空気を吸入しない。
(注2) 圧縮行程において空気を吸入側に逆戻りさせる。
(注3) 圧縮機出口を大気開放する。

◆容積効率：単位時間にピストンが排除する空気量の何

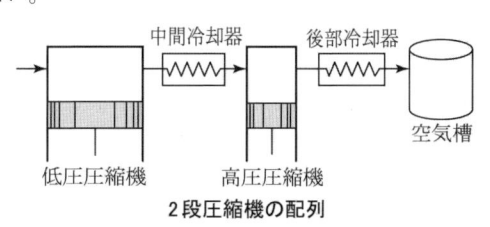

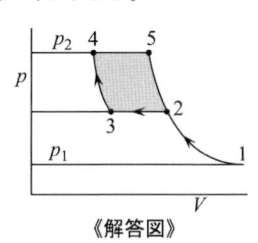

2段圧縮機の配列

％が実際の吐出空気量であるかを表す。

◆スターティングアンローダ（無負荷起動）：往復圧縮機を電動機で運転する場合，電動機の過負荷を防止するため無負荷で始動する。

問2 圧縮機を駆動する V ベルト及び V ベルト車に関する次の問いに答えよ。　　　　　　　　　　　　　　　　　　　　　　　　　　　　(1904)
(1) V ベルトは，同じ回転力を得るのに，平ベルト伝動の場合より，小さなベルト張力でよいのは，なぜか。
(2) 数本の V ベルトで駆動する場合，V ベルトについては，どのような点に注意しなければならないか。
(3) V ベルトを損傷しないようにするため，V ベルト車の溝については，どのような注意が必要か。

解答
(1) ベルトに張力がかかると，ベルトが V ベルト車の溝にくさびのように食い込むことによって大きな摩擦力が得られる。このため，同じ回転力を得るのに，平ベルト伝動の場合より，小さなベルト張力でよい。
(2) ① 各ベルトの張力を均等にする。
　　② 取換えは，同時に全部取り替える。
　　③ ベルトに油や潤滑剤を付着させない。
(3) ① ベルト溝に傷がなく滑らかなこと。
　　② ベルト溝に変形がないこと。
　　③ V ベルトの形状・大きさに適合した溝であること。
　　④ V ベルト車は材質的な欠陥のない材料で製作されていること。
　　⑤ ベルトの摩耗粉など付着物を除去し，溝の清掃に努めるとともに，定期的な点検に努める。

解説
◆V ベルト及び V ベルト車：断面が台形のベルトを V 型の溝を持った V ベルト車に巻きかけ動力を伝達する。V 溝側面の接触摩擦も利用できるので平ベルトより接触面積が大きく，ベルトの食い込み(接触圧力)が高く，滑りが少ないので伝達効率が高い。

7　空気圧縮機

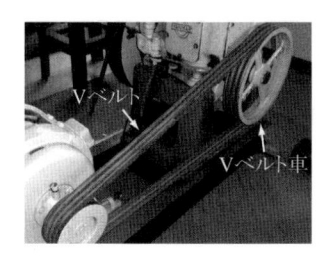

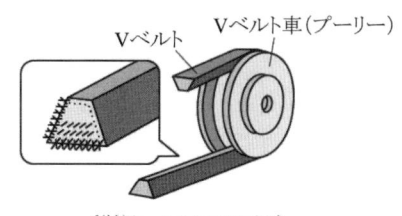

問3　図は，圧縮空気管系に用いられる直動形リリーフ付減圧弁の略図である。図に関する次の問いに答えよ。

(1704)

(1) 使用中，ハンドルによって調節ばねを圧縮した場合，弁体はどのような動きをするか。
(2) 二次側の圧力が制限値を超えて大きくなった場合，リリーフ機構は，どのように作動するか。
(3) この弁の欠点は，何か。

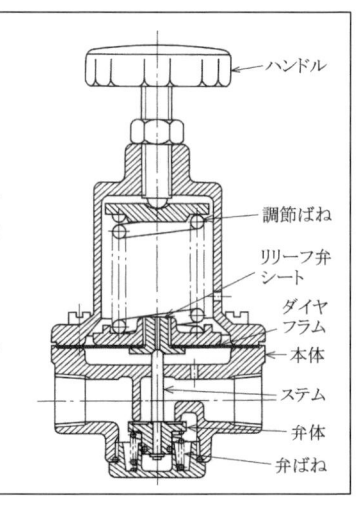

解答

(1) ハンドルによって調節ばねを圧縮するとステムを介して弁体は下方に押され，弁が開き一次側から空気が二次側に流れる。二次側の空気圧が上昇すると二次側本体の穴を通った空気がダイヤフラムを押し上げ，調節ばねの力と平衡する位置まで弁体を押し上げて平衡する。
(2) 二次側の圧力が設定値を超えるとダイヤフラムが持ち上がり，二次側の空気はリリーフ穴から大気へ放出される。二次側の空

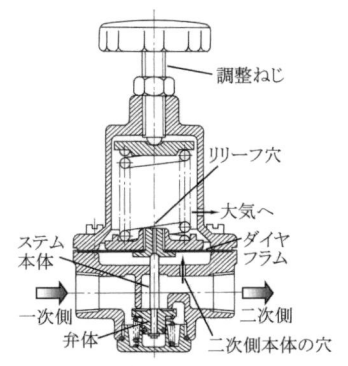

気圧が設定値に近づくとダイヤフラムは下降し，ステムの先端がリリーフ穴を閉じ，平衡がとれた状態で停止する。
(3) 減圧比が大きく，かつ負荷変動が大きい場合は，絶えずハンチングを起こし，安定性が悪くなる。

<u>解説</u>
◆リリーフ付き：設定空気圧力以上になった時に空気圧力を大気に逃がす機能
◆ステム：軸，心棒
◆ダイヤフラム：薄膜，薄板，隔離板
◆ハンチング：安定せずに，振動変化を繰り返す現象

問4 制御用圧縮空気について，雑用圧縮空気と比較して，配慮がなされている事項をあげよ。　(2007)

<u>解答</u>
① フィルタや，油や水分離器，脱湿器などを設置する(注1)。
② オイルレス空気圧縮機を使用する。
③ 雑用空気圧縮機からも供給できるように配管する。
④ 空気圧低下警報装置を設置する。
⑤ 空気圧力に大きな圧力変動がなく，常に一定圧力を保持する。

<u>解説</u>
(注1) 制御用圧縮空気は，精密な空気制御機器に使用するため，制御器に不具合が起きないよう，ごみ，油，水分（錆や凍結の原因になる）の混入を阻止しなければならない。
◆雑用圧縮空気：主に清掃（掃除）用として使用するので，制御用のような特別な配慮は必要としない。
◆オイルレス空気圧縮機：ピストン往復部にフッ素樹脂を使用して，潤滑油を供給することなく耐摩耗性を向上させた空気圧縮機

問5 遠心送風機において，サージングが発生した場合の対策を3つ記せ。　(1907)

7 空気圧縮機

|解答|
① 送風機送出し側の放出弁から吐出空気の一部を大気に放出する。
② 送風機の回転速度を下げる<u></u>(注1)。
③ 掃気口や空気冷却器，フィルタなどを掃除する。

|解説|
(注) サージングの防止策は，サージングを起こさない流量域で運転することが原則である。
(注1) サージング限界点が少風量側へ移動する。

◆サージング（脈動）：遠心式送風機をサージング領域で運転すると送風機空気圧と空気量の関係が不安定な状態となり，吐出し空気の逆流と正流を繰り返し送風機や配管が激しく振動する現象で，騒音を発し著しい場合は運転を継続できない。サージングラインの右下がりの領域では，瞬時的に空気量が減少しても送風機空気圧が上昇するので，また元に戻り復原性があるので安定運転ができる。一方，サージング領域（不安定領域）では，空気量が減少すると送風機空気圧も下がるので，瞬時的に送風機吐出し側の圧力が送風機空気圧を上回り逆流が起こる。逆流により吐出し側圧力が低下すると送風機空気圧が吐出し側の圧力を上回り正流となる。こうして空気量と空気圧が周期的に変動する不安定な運転が継続する。軸流送風機の性能曲線は，左下がりがなく右下がりのみなのでサージングは発生しない。サージは「波打つ，激しく変動する」の意味

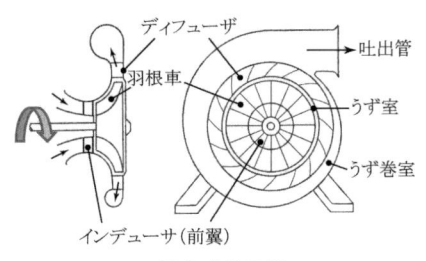

遠心式送風機
〔機関長コース 1984 年 7 月号「受験講座・内燃機関」最終回（三原伊文）を基に作成〕

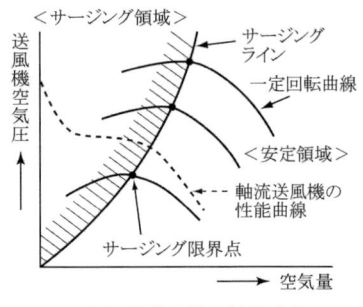

遠心式送風機の性能曲線

◆サージングの原因：
- 空気冷却器や掃気口など送風機吐出し側が汚損し，流路が絞られた場合（この場合，吐出し空気量が減ってサージング領域に入る。）

- 送風機吸入フィルタの汚れなどで，空気量が減少した場合
- 荒天運転中のレーシングなどで，機関の負荷が急激に変動した場合
- 送風機が汚損などにより性能が低下した場合

◆ サージング領域：圧力と風量の関係が右上がりになる領域

8　イナートガス装置

> 問1　イナートガス装置に関する次の問いに答えよ。
> (1) この装置を油タンカーに装備する場合，どのような利点があるか。（2つ記せ。） (1802/2202)
> (2) スクラバ自体の腐食防止には，どのような対策がとられているか。 (1702/2002/2104/2310)
> (3) 運転中，安全装置が働いてイナートガス装置を停止する場合の原因は何か。（4つ記せ。） (1702/2002/2104/2310)

解答

(1) (注1)
　① 爆発及び火災を未然に防ぐ。　② タンク内の腐食を防止する。

(2) (注2)
　① ステンレス鋼のような耐食性材料を使用する。
　② 内面をゴムによって内張りする。

(3) ① イナートガス中の酸素濃度が規定値を超えたとき。
　② スクラバ内の水位が規定値を超えたとき。
　③ 制御空気の圧力が低下したとき。
　④ 制御電源が喪失したとき。

解説

(注1) イナートガス装置とは，油タンカーにおいて，タンク内の空気や可燃性ガスを不活性ガス（主に窒素ガス）に置き換える装置で，イナートとは「不活性な」の意味

8　イナートガス装置

(注2) 硫酸による腐食

◆スクラバ：洗浄器

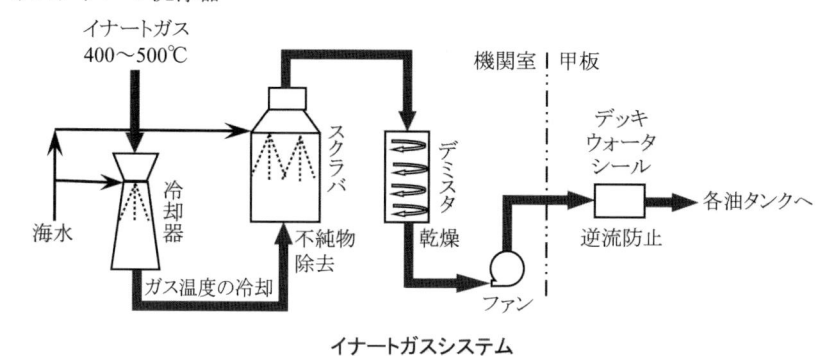

イナートガスシステム

> **問2**　イナートガス装置に関する次の問いに答えよ。
> (1) 次の㋐〜㋒の装置の役目は，それぞれ何か。　　　　（1802/2202）
>   ㋐　スクラバ　　　　　　　　　　　　　　　　（1702/2002/2104/2310）
>   ㋑　デミスタ
>   ㋒　デッキウォータシール
> (2) ディーゼル機関の排気ガスを直接イナートガスとして使用することが，不適当であるのは，なぜか。　　　　　　　　　　（1702/2002/2104/2310）

解答
(1) ㋐　海水のシャワーによって，排ガスから硫黄分やすすを除去するとともに，排ガス温度を下げる。
　　㋑　スクラバを出た排ガス中には水滴が多く含まれるので，除湿乾燥し，腐食を防止する。
　　㋒　油タンク内の可燃性ガスが機関室に逆流するのを防止する。
(2) イナートガスとしては，酸素濃度が 5 ％以下の不活性ガス(注1)でなければならないが，ディーゼル機関の排気ガス(注2)には掃気行程などによって約 10 ％前後の酸素が含まれ，不適当である。

解説
(注1) 酸素濃度を約 11 〜 12 ％以下にすれば，可燃性ガスが爆発を起こすこと

はないが，余裕を見てタンク内を酸素濃度 8 %以下にする（同時にタンク部材の腐食を低減できる）。このためには酸素濃度 5 %以下のイナートガスを使用する。

(注2) ボイラの排ガスは酸素濃度 2 〜 4 %と低いのでイナートガスとして使用できる。

◆デミスタ：乾燥器，気水分離器

9 海洋生物付着防止装置等

問1 海洋生物付着防止装置に関する次の文の（　）の中に適合する字句を記せ。　　　　　　　　　　　　　　　　　（1604/1904/2207）

(1) 海水を電気分解すると，陽極では（ ⑦ ）が発生し，一方，陰極では（ ⑦ ）が生成され，⑦と⑦が反応して次亜塩素酸ナトリウムに変わる。これを海水系統に絶えず流すようにする。次亜塩素酸ナトリウムは海洋生物に対して，海水中の⑦濃度が 0.05 〜 0.2ppm 程度で抑制効果がある。

(2) 金属イオン被覆方式では，シーチェスト内などに（ ⑦ ）と（ ⑦ ）の 2 種類の材質の電極棒をそれぞれ陽極として設置し，船体及び管系を陰極として直流を流す。⑦電極はイオンとなって溶出し，陰極に発生した（ ⑦ ）イオンと反応し（ ⑦ ）を生成する。⑦電極から溶出するイオンは，（ ⑦ ）状物質である⑦に吸着され，海水管系の内壁に付着し，防汚効果をあらわす。

解答
⑦：塩素　　⑦：水酸化ナトリウム　　⑦：銅　　⑦：アルミニウム
⑦：水酸化物　⑦：水酸化アルミニウム　⑦：コロイド

解説
◆海洋生物付着防止装置：藻類や貝類などが海水系統に侵入し繁殖すると，管や熱交換器の詰まりや腐食を起こすので，これら生物の付着を防止する装置

◆次亜塩素酸ナトリウム：海洋生物に対し塩素と同様の毒性を有する。NaClO
（Cl は塩素，Na はナトリウム）
◆シーチェスト：海水取水口
◆コロイド：微細粒子が溶液中に分散している状態

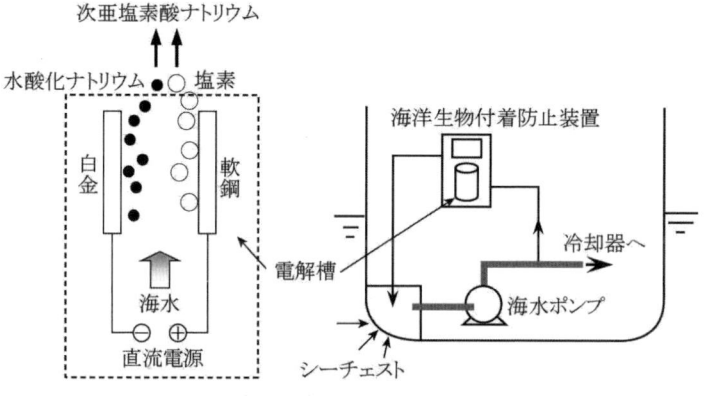

海洋生物付着防止装置

問2　フィンスタビライザに関する次の問いに答えよ。
　　　　　　　　　　　　　　　　　　　　　　　　（1507/1710/2010/2307）
(1) どのような原理によって，横揺れを減少させるか。
(2) この装置は，フィンのほか，どのようなものから構成されるか。（名称をあげよ。）

解答
(1) 水面下の左右両舷にフィンを設け，その突き出したフィンに水流が当たって発生する揚力による復原モーメントを利用して横揺れを減少する。揺れの度合いに応じてフィンの角度を変え，揚力を変化させる。
(2) ① 検出部分：ジャイロを用いて横揺れの角度・角速度を検出する。
　　② 制御部分：①の信号をもとにフィンの角度を決定する。
　　③ 操作部：フィンを動かす油圧装置
　　④ フィン格納ボックス：フィンを使用しない場合は格納する。

機関その二

解説
◆フィンスタビライザ：フィンは魚のひれ（翼），スタビライザは安定化装置
◆ジャイロ：物体の角度や角速度を検出する計測器

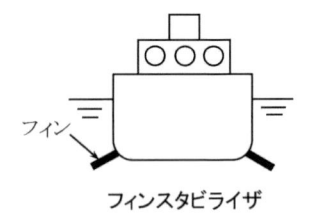

問3 回転軸に使用されるオイルシールに関する次の問いに答えよ。
(2110)
(1) オイルシールの役目は，何か。
(2) 断面構造を図で示すと，どのようになるか。
(3) 取り付けるときには，どのような注意が必要か。

解答
(1) ① 作動油やグリースの流出を防ぐ。
　② 外部からゴミや水分などの異物が侵入するのを防ぐ。
(2) 図のとおり（ハウジングや軸などオイルシール以外の作図は不要）
(3) ① オイルシールに汚れやゴミ，きずなどがないことを確認する。
　② リップ部には適切で清浄な潤滑油を塗布する。
　③ ハウジングに圧入するときは，取付けジグを使用し，均等に挿入する。

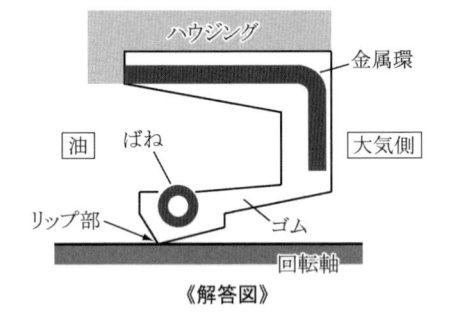

解説
◆オイルシール：回転軸端部に設ける油密装置で，オイル（油）をシール（封じる）という意味
◆ハウジング：ケーシングの中でオイルシールが納まる箇所
◆ジグ：オイルシールをハウジングに均等に挿入するための専用工具

10 配管装置

> **問1** 管系に関する次の問いに答えよ。
> (1) 管系に使用されるスイング逆止め弁とは，どのような構造のものか。（略図で示せ。） (1302/1410/2110)
> (2) 上記(1)のほかに，どのような形式の逆止め弁があるか。（名称をあげよ。） (1302/1410/2110)
> (3) ねじ締め逆止め弁には，逆止め弁であることを表示するために，どこにどのような表示がされているか。
> (4) ポンプと配管のフランジ部の締付けには，どのような注意が必要か。

解答

(1) (注1)

図のとおり（破線や矢印は不要）

(2) ① ねじ締め逆止め弁
② リフト式逆止め弁
③ ディスク式逆止弁

(3) 弁棒頂部に十字の溝を切り，墨入れしている(注2)。

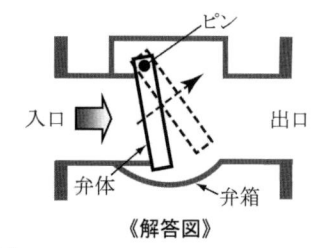

《解答図》（ピン，入口，出口，弁体，弁箱）

(4) ① 締付け前にフランジ面合わせを十分に行う。
② フランジ部の締付けにより機器の中心が狂わないよう注意する(注3)。
③ 無理な締付けをしない。

解説

(注1) 弁体は弁上部のピンにより支持され，流体が弁体を押し上げて弁箱内に流入する。入口側の圧力が低下すると弁体は自重により下降する。逆方向の場合は，弁体の背面に圧力が加わり，弁は閉鎖され，流体の逆流は起こらない。

(注2)

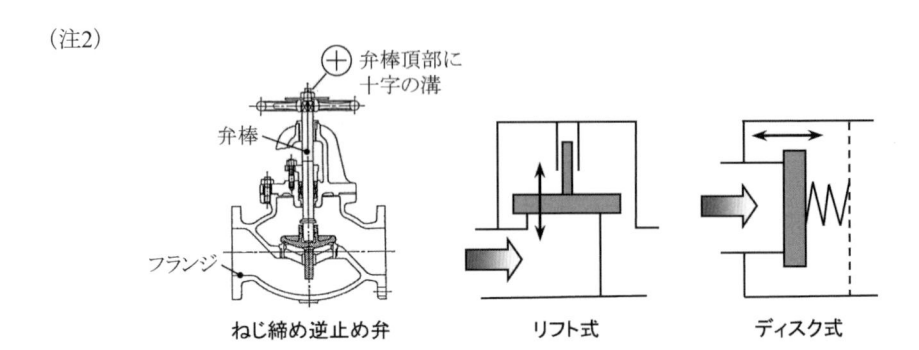

ねじ締め逆止め弁　　リフト式　　ディスク式

(注3) ポンプの中心が狂うとモータなどの原動機の運転にも支障をきたす。
◆ねじ締め逆止め弁：弁棒のねじで弁を上下させる逆止め弁
◆スイング：揺れ動くこと。
◆ディスク：円板

問2　配管装置に関する次の文の中で，正しくないものを2つあげ，その理由を記せ。　　(1602/2007)
㋐　高温高圧の蒸気管系には，うず巻形ガスケットが用いられる。
㋑　横たわみ及び振動を吸収するため，ベローズ形伸縮継手が用いられる。
㋒　小径の銅管と銅管の接続に，フレア継手が用いられる。
㋓　フランジ面は，溝形よりも，はめ込み形のほうがガスケットによる気密性が保たれやすい。
㋔　高圧蒸気管系の減圧弁のバイパス弁は，減圧弁の下部に設置される。

解答
㋓　溝形はガスケットが滑り出るのを防止するため，はめ込み形より気密性が良い。
㋔　バイパス弁を減圧弁の下部に設置すると，バイパス弁前後にドレンが溜まるので，水平か上方に設置する(注1)。

解説
(注1) バイパス弁は減圧弁が不調あるいは整備の場合にのみ使用するので，ドレンが溜まると錆の原因となる。

10　配管装置

◆ガスケット：気密性や水密性を持たせるために用いる固定部のシール材で，運動部のシール材はパッキンと呼ぶ。
◆フレア継手：管をラッパ状に拡げ，ナットで締め付けて本体に密着させる継手
◆ベローズ形伸縮継手（波形伸縮継手）：ベローズとは，「ふいご」，「蛇腹（じゃばら）」，「伸縮管」の意味

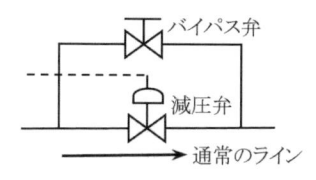

うず巻形ガスケット　　　フレア継手　　　減圧弁の設置

問3　配管装置に関する次の問いに答えよ。
(1) 配管装置に用いられる伸縮継手にはどのような種類があるか。（名称をあげ，それぞれ概要を説明せよ。）　　　　　　　　　　　(1907/2310)
(2) 配管装置の伸縮継手として用いられるスライド形継手を，管に取り付ける場合の注意事項は，何か。

解答
(1) ① ベローズ形伸縮継手：<u>ステンレスや耐摩耗性合成ゴム</u>(注1)で作られたベローズの伸縮を利用して熱膨張を吸収する。
　　② スライド形伸縮継手：本体内にすべり筒とパッキン箱を設け，すべり筒が自由にスライドして熱膨張を吸収する。
(2) ① 本体とすべり筒の軸心を，正確に一致させること。
　　② 取付け方向（流れの方向）を間違えないこと。

解説
(注1) ステンレスは排気管など高温部，合成ゴムは清水や海水管に使用される。
◆スライド形伸縮継手：すべり伸縮継手ともいう。

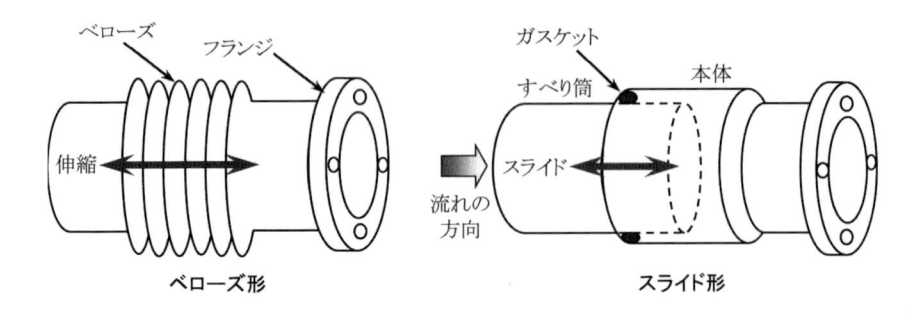

機関その二

問4　排気管などに用いられるベローズ形伸縮継手の略図を描き，次の(1)～(4)の部分の名称を記入せよ。また，管系に取り付ける場合の注意事項をあげよ。　　(2107)
(1) フランジ　　(2) 端管　　(3) 内筒　　(4) ベローズ

解答
① 略図：図のとおり
② 注意事項
- 熱膨張による圧縮荷重を軽減するため，あらかじめ少し伸ばした状態で取り付ける(注1)。
- 軸方向以外の荷重が加わらないようにする。
- 取付け方向は，内筒及び端管をフランジに溶接した本継手側をガス入口に取り付け，矢印のように流体が流れるようにする。

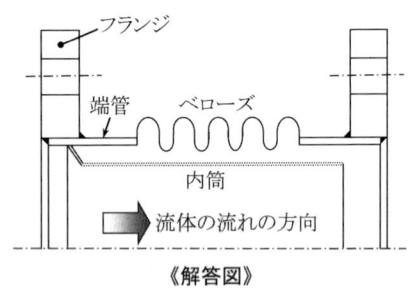

《解答図》

解説
(注1) 縮み代(しろ)を持たせるため。

問5　スチームトラップに関する次の問いに答えよ。　　(2202)
(1) 図は，ディスク式及びバイメタル式のスチームトラップの略図である。それぞれ，どのように作動してドレンを排除するか。　　(1910)
類　バイメタル式のスチームトラップは，どのように作動してドレンを

10　配管装置

排除するか。(構造を示す略図を描いて，作動を説明せよ。) (1702/1804)
(2) ディスク式及びバイメタル式のほかに，どのような形式のスチームトラップがあるか。(2つあげよ。)　　　　　　　　　　(1702/1804/1910)

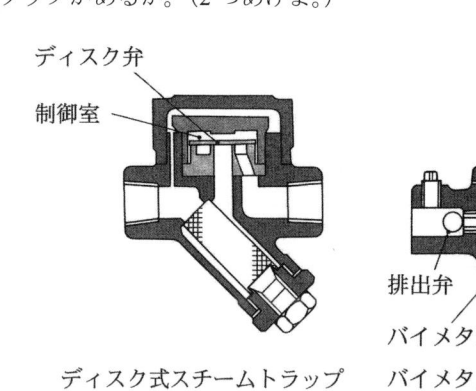

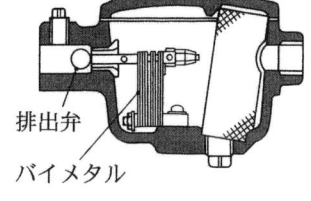

ディスク式スチームトラップ　　バイメタル式スチームトラップ

解答
(1) ① ディスク式：ドレンが流入すると制御室の温度を下げ，圧力を低下させるので，ディスク弁を押し上げ(注1)，ドレンは排出される。蒸気が流入すると，ディスク弁の下面を高速で通過するため，この部分の圧力が低下し，ディスク弁は閉弁する。
② バイメタル式：熱膨張係数の異なる2種類の金属板を接着したバイメタルが温度によって湾曲(わんきょく)する性質を利用して，排出弁を開閉する。

類　図のとおり
(2) フロート式，ベローズ式 (注2)

解説
(注1) ディスク弁上下の圧力差により開弁する。
(注2) その他，ラビリンス式，オリフィス式などがある。

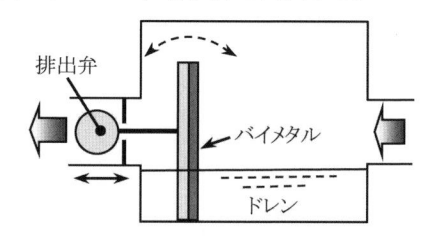

《解答図》バイメタル式

◆スチームトラップ：蒸気配管や蒸気使用機器のドレン(復水)を自動的に排出する機器
◆フロート：浮子ともいう。

機関その二

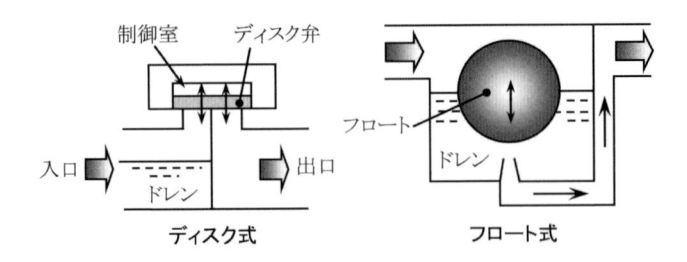

ディスク式 / フロート式

（図中ラベル：制御室、ディスク弁、入口、出口、ドレン、フロート）

> 問6　配管装置に関する次の問いに答えよ。
> (1) 海水管系において，腐食の発生原因には，どのようなものがあるか。
> 　　　　　　　　　　　　　　　　　　　　　　　　　　　(1907/2310)
> (2) 海水管系の管内面の腐食は，どのような箇所に生じやすいか。
> 　　　　　　　　　　　　　　　　　　　　　　　　　　　(1410/2110)

解答
(1) ① 空気の吸込み
　　② 局部電池の形成による電気化学的作用
　　③ 材料内部の残留応力
　　④ 過大な流速や流れの急変による衝撃作用
　　⑤ 防食処理の不良
　　⑥ 異物の堆積
　　⑦ 迷走電流
(2) ① 空気の溜まり易い箇所
　　② 管材料の組成や組織が異なる箇所
　　③ 異種材料の接触箇所
　　④ 過大な流速，流れの急変する箇所
　　⑤ 防食処理の不良箇所
　　⑥ 堆積物が存在する箇所

解説
◆局部電池：異種金属が接触する所，同一金属であっても，組成比や組織などが異なる所や金属面に堆積物が存在する所，あるいは金属面に残留応力によるひずみがある所，海水中の溶存酸素濃度が異なる所などに発生する。
◆迷走電流：回路以外を流れる電流

機関その三

1 燃料油・潤滑油

> **問1** 重油の粘度–温度線図に関する次の問いに答えよ。　(1607/1902/2007)
> (1) 粘度–温度線図とは、どのようなものか。(略図を描いて説明せよ。)
> (2) 粘度–温度線図は、どのような場合に利用されるか。

解答
(1) 油の粘度は温度によって変化し、温度が高くなれば粘度は低下する。粘度–温度線図は、縦軸に粘度、横軸に温度をとって、代表的な重油の粘度変化が対数目盛の場合は直線で示されている。
(2) ① 任意の温度における粘度(注1)を知ることができる。
　② ノズルやバーナで噴霧燃焼させる場合の適正加熱温度(注2)を知ることができる。
　③ 重油を移送する場合の温度の限界(注3)を知ることができる。

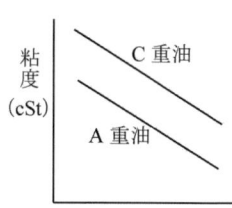

《解答図》

解説
(注1) 油の粘度は 50 ℃の粘度で表示されるので、任意の温度での粘度は、線図上に引かれた代表的な油との平行線を引くことにより求めることができる。
(注2) ボイラでは、バーナの噴霧に適した粘度に、ディーゼル機関では、動粘度が 12 〜 14 [mm²/s] 程度になるように加熱する。
(注3) 油の温度が低下すると、粘度が増して流動性が悪くなり、ポンプでの移

送が困難になる。
◆粘度：油の粘っこさを数値で表したもの。
◆動粘度：流体の動きにくさを表すのに粘度だけでは不十分で，粘度以外に影響を及ぼすものが流体の密度である。同じ速度で走る自動車とトラックが同じ大きさのブレーキをかけたとしても止まる距離が異なるように，同じ粘度であっても密度が異なると動きにくさが異なる。このため，粘度を密度で割ることで得られる動粘度で流体の動きにくさを表す。

50℃における動粘度＝$\dfrac{粘度}{密度}$ を[mm^2/s]単位で表わす。

> **問2** 重油中のアスファルテンに関する次の問いに答えよ。
> （1707/1907/2304）
> (1) アスファルテンは，油中にどのような状態で分散しているか。
> (2) 分散しているアスファルテンが凝集沈殿するのは，どのような場合か。

解答
(1) 重油中のアスファルテンはコロイド状に分散して平衡状態にある。
(2) ① 異種の油と混合したとき。
　　② 加熱し過ぎたとき。
　　③ 長期に貯蔵したとき。

解説
◆アスファルテン：アスファルトの主成分で，黒褐色をした固体または半固体の高分子炭化水素。重油中のアスファルテンは，重油とアスファルテンとの中間物質に覆われコロイド状に分散している場合は問題ないが，加熱や異種油との混合などによって覆われている中間物質が除去されると，アスファルテンが析出し，スラッジとなって凝集沈殿する。スラッジが燃料油系統に流れると，フィルタや細管部で詰まり機関に燃料が供給されなくなって，機関停止などの障害となる。
◆コロイド：微細粒子が重油中に分散している状態
◆炭化水素：炭素と水素の化合物

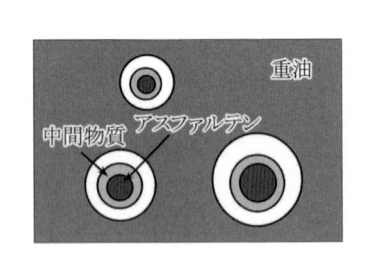

1　燃料油・潤滑油

> **問3**　燃料油に添加剤を使用する場合，その効果を十分に考慮して選択しなければならないが，添加剤の効果には，どのようなものがあるか。5つあげよ。
> （1510/1807/2002/2107）

[解答]
① <u>燃焼の促進</u>（注1）　　② 水分の分離（エマルジョン破壊）
③ スラッジの分散　　　　④ セタン価の向上
⑤ 腐食の防止

[解説]
（注）添加剤の効果には，その他に⑥防かび，⑦流動点の降下などがある。
（注1）燃料油添加剤は，一般に助燃剤ともいわれる。
◆スラッジ：油中の不純物が凝集沈殿した泥状物質
◆エマルジョン（乳化液）：水と油の混ざった状態
◆セタン価：燃料の着火性を示す数値。この値が大きいほど着火性が良い。
◆流動点：重油が流動性を保つことができる最低温度

> **問4**　大形二サイクルディーゼル機関のシリンダ潤滑油として必要な性質をあげ，それぞれについて，要点を記せ。
> （1402/1704/2202）

[解答]
① 密封作用：<u>燃焼ガスのクランクケースや掃気室への吹抜け</u>（注1）を防止するため密封性を有すること。
② 清浄作用：シリンダ内面を清浄に保つ清浄性を有すること。
③ 減摩作用：ピストンリングとシリンダライナとの減摩作用を行うこと。
④ 酸中和能力（ライナの腐食防止作用）：低質燃料油中には硫黄分が多く含まれ低温腐食の原因となるので，低質燃料を使用する場合はアルカリ性が高いこと。
⑤ 放熱，冷却：良好な熱伝導性を有すること。
⑥ 高引火点：炭化を少なくするため引火点が高いこと。

[解説]
（注）シリンダ油は高温，高圧にさらされるので，シリンダ油に求められる性

質はシステム油以上に厳しい。

(注1) ブローバイという。

◆内燃機関用潤滑油：内燃機関用潤滑油は，全塩基価や動粘度等の違いにより，1種（ストレート油）のシステム油，2種（プレミアム油）の酸化防止性が改善されたシステム油，3種（HD油）の酸化防止性と清浄性が改善されたシステム油及びシリンダ油，そして，4種の酸化防止性と清浄性が高度に改善されたシリンダ油に分類されている。添加剤としては酸化防止剤や清浄分散剤のほかに，粘度指数向上剤，油性向上剤，流動点降下剤，極圧剤，消泡剤，錆止め剤などが使用される。

◆シリンダ（潤滑）油：ピストンリングとシリンダライナの接触面に供給される潤滑油

◆シリンダライナ：シリンダ内に装着する中空円筒形の部品

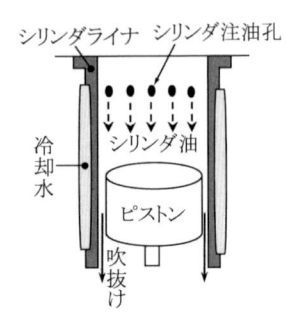

問5 ディーゼル機関用潤滑油（システム油）に関する次の文の中で，正しくないものを2つあげ，その理由を説明せよ。　　　　（1504/1804/2302）

㋐　粘度指数の小さいものは，大きいものより温度による粘度変化は，小さい。

㋑　極圧添加剤の効果は，摩擦によって高温になった局部にあらわれる。

㋒　2種類の潤滑油を混合した場合の混合粘度は，両潤滑油の粘度の算術平均では求められない。

㋓　液体潤滑状態において，運動に対する抵抗は，潤滑油の油性のみに関係する。

㋔　潤滑油が流動する最低温度は，凝固点より高い。

解答

㋐　粘度指数は0～100までの数字で表し，粘度指数が大きいほど温度による粘度変化が小さく，粘度特性に優れた油といえる。

㋓　液体潤滑状態においては，運動に対する抵抗は粘度のみに関係し，潤滑油の油性には関係しない。

1　燃料油・潤滑油

解説

- ◆システム油：軸受に供給される潤滑油で，循環潤滑油ともいわれる。4サイクル中・小形機関ではシステム油がシリンダ油も兼ねる。
- ◆粘度指数：粘度は温度によって変化し，温度が高いと油はサラサラになり，低いと流動性を失う。システム油は40℃程度で機関に入り，軸受を潤滑するとともに摩擦熱を吸収して油温が上昇し100℃前後でサンプタンクに戻る。粘度指数はこの40℃～100℃の温度変化で粘度変化の割合，つまり粘度の温度依存性を0～100の数値で示したもので，100に近いほど粘度変化が小さく良質油といわれる。
- ◆液体（流体）潤滑：金属間が潤滑油で完全に隔てられ，金属同士が接触することのない潤滑状態
- ◆境界潤滑：金属間の潤滑油が少なく，金属面の凸部では接触するような潤滑状態で，油性の影響が大きい。
- ◆油性：金属表面に吸着する油の性質。油性が良いと大きな荷重がかかっても金属面に油が吸着し，金属同士が直接接触することがなく，摩擦や摩耗を減少させる。油性がよいと油切れ状態の始動時などで軸受の焼付きを防止できる。
- ◆凝固点：油を冷却して固まる温度。凝固する前の流動性を失った温度は流動点という。

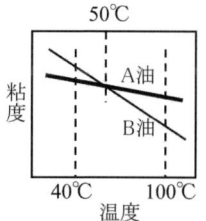

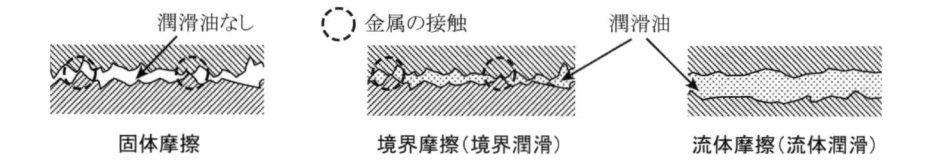

A油とB油は，50℃での粘度が同じでも，温度変化（40～100℃）における粘度変化が異なる。A油の方が粘度変化が小さく，粘度指数は大きい。

粘度指数

固体摩擦　　境界摩擦（境界潤滑）　　流体摩擦（流体潤滑）

問6　ディーゼル機関で使用される舶用内燃機関用潤滑油3種（HD油）において，アルカリ価に関する次の問いに答えよ。　　（1604/1810/2207）

(1) 測定する目的は，何か。
(2) 減少する原因は，何か。

(3) 減少した場合，機関にどのような影響があるか。

解答

(1) アルカリ価の減少に伴い，清浄性や酸中和能力が低下するので，潤滑油の劣化を判定する目安となる。
(2) 燃料油中の硫黄分の燃焼によって生じる硫酸や，潤滑油自身の酸化によって生じる酸を中和して減少する。
(3) 酸性物質を中和できなくなり，スラッジが増加し，腐食や摩耗，こし器の目詰まり，ピストンリングの固着などの原因となる。

解説

◆アルカリ価：低質重油を使用する場合，硫黄分を多く含むので硫酸が発生し，潤滑油が酸性化する。酸性になるとスラッジが発生し，鉄を腐食するので，酸性分を中和するため潤滑油はアルカリ性を維持する。アルカリ価はエンジン油中のアルカリ性成分の含有量を示す。

◆ HD（Heavy Duty）油：シリンダ油は高温・高圧の燃焼室内で潤滑作用を行わせるので，システム油より過酷な条件で使用される。このため，2 サイクル大形機関ではシリンダ油とシステム油を分けているが，4 サイクル中・小形機関ではシリンダ油とシステム油の両用ができる HD 油が使用される。

問7 潤滑油の極圧添加剤に関する次の文の（　　）の中の⑦〜⑦に適合する字句を，下記①〜⑫の語群の中から選べ。　　　　　　　（1407/1710/2110）

(1) 摩擦面の（ ⑦ ）が極めて大になり，（ ④ ）剤の添加のみでは，潤滑作用が維持できなく，（ ⑤ ）接触状態になる場合に備えて，極圧添加剤が潤滑油に少量添加される。

(2) 極圧添加剤は，④剤が摩擦面に（ ④ ）を生成するのに対し，摩擦面上の境界膜が局部的に（ ④ ）した場合，急速に（ ④ ）と反応して無機金属化合物の（ ④ ）を生成する。このように，反応が速いことは，極圧添加剤として重要な性質であるが，低温で反応しやすいものは，金属面を（ ④ ）させるおそれがある。

語群：①形成　②気体　③腐食　④離脱　⑤沈でん　⑥生成物
　　　⑦凹部　⑧研磨　⑨分子　⑩破断　⑪領域　⑫吸着膜

⑬高温　⑭荷重　⑮共存　⑯機構　⑰平滑　⑱潤滑油
⑲摩擦　⑳安定　㉑作用　㉒液体　㉓皮膜　㉔軸受面
㉕固体　㉖融点　㉗減摩　㉘防食　㉙油性　㉚清浄分散

[解答]
㋐：⑭荷重　㋑：㉙油性　㋒：㉕固体　㋓：⑫吸着膜　㋔：⑩破断
㋕：㉔軸受面　㋖：㉓皮膜　㋗：③腐食

[問8]　潤滑油の添加剤に関する次の問いに答えよ。　(2307)
(1)　酸化防止剤は，どのようにして潤滑油の酸化を防止するか。
　　　　　　　　　　　　　　　　　　　　　　　　　(1410/1802/2004)
(2)　潤滑油に添加された極圧剤は，どのような働きをするか。　(1802)
(3)　潤滑油の添加剤には，酸化防止剤や極圧剤のほか，どのようなものがあるか。（名称を記せ。）　(1410/1802/2004)

[解答]
(1)　●酸化途中の連鎖反応で発生する中間生成物を安定な物質に変え酸化の進行を停止する(注1)。
　　●金属は酸化反応を加速する触媒作用があるため，金属を不活性化して間接的に酸化を防止する。
(2)　極圧剤は高荷重下で摩擦面上の境界膜が局部的に破断した場合，この時の発生熱で急速に金属面と反応して，無機金属化合物の皮膜を生成し，焼付きや摩耗を防ぐ。
(3)　清浄分散剤，粘度指数向上剤，油性向上剤，流動点降下剤，消泡剤，錆止め剤など。

[解説]
(注1) 酸化防止剤は，酸素との連鎖反応を阻止する役目をもつ。
◆酸化防止剤：潤滑油は金属の存在下で高温のとき，空気中の酸素と反応して酸化されると粘度が増し，スラッジを発生し，潤滑油管系の閉塞，伝熱効果の減少，摩擦の増大などの障害を起こすので，酸化防止剤を添加する。
◆触媒：特定の化学反応の反応速度を速める物質で，自身は反応の前後で変化しないものをいう。

◆油性（向上）剤：金属表面に吸着膜を作り，直接金属接触を減少させ，摩擦を低下させる。
◆流動点降下剤：油の低温固化の原因であるろう分の発生を抑える添加剤

> **問9** 潤滑油の添加剤に関する次の問いに答えよ。　　　　　　（1410/2004）
> 　　潤滑油に添加された清浄分散剤は，どのような働きをするか。

解答
　清浄分散剤は，酸化されて生成したスラッジを溶解性にするとともに油中に分散させ，スラッジの付着，堆積を防止する。また，燃料中の硫黄分の燃焼によって生じる硫酸を中和し，腐食や摩耗の防止，潤滑油の劣化を防ぐ。

解説
（注）　清浄分散剤は，酸中和性を向上させる添加剤と同一のものなので，アルカリ価は清浄分散性の良否も示す。

> **問10** 使用中のディーゼル機関用潤滑油（システム油）の分析試験において，溶剤として使用されるペンタンとトルエンに関する次の問いに答えよ。　　　　　　　　　　　　　　　　　　　　　　（1507/2104/2210）
> （1） ペンタンに溶けるものには，何があるか。
> （2） ペンタン不溶分のうち，トルエンに溶けるものには，何があるか。
> （3） トルエン不溶分には，何があるか。

解答
（1） 潤滑油
（2） 潤滑油の酸化生成物
（3） すす，摩耗粉，ごみなど

解説
◆不溶分：潤滑油の使用過程で生成する酸化劣化物や金属粉などの劣化汚染物質の総量を意味する値で，粘度を上昇させるとともにフィルタの閉塞や軸受などの摩耗を促進する。ペンタン不溶分（すす，摩耗粉，ごみなどと酸化劣化物）の値とトルエン不溶分（すす，摩耗粉，ごみなど）の値の差がエンジ

ン油の酸化生成物（熱，酸化劣化物）の量となる。

◆潤滑油の劣化：劣化は，油自体の酸化による変質，または，外部からすすなどの不純物が混入することによって起こる。

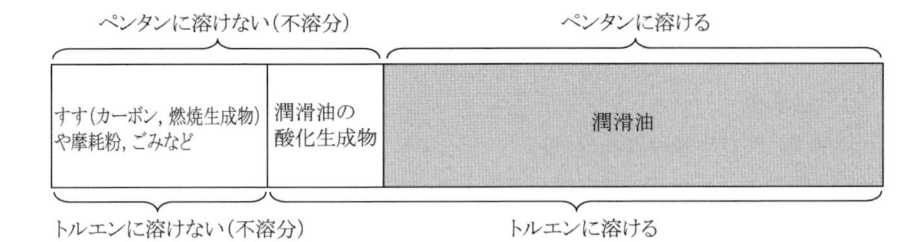

ペンタンに溶けない（不溶分）		ペンタンに溶ける
すす(カーボン，燃焼生成物)や摩耗粉，ごみなど	潤滑油の酸化生成物	潤滑油
トルエンに溶けない（不溶分）		トルエンに溶ける

問11 潤滑油の泡立ちについて，次の問いに答えよ。　　(1702/1910/2310)
(1) 泡立ちが生じる原因には，どのようなものがあるか。
(2) 泡立ちを生じると，どのような不具合が起きるか。

解答

(1) ① 油タンクの戻り管の位置が高い場合
　　② 潤滑油の温度が上昇した場合
　　③ 潤滑油に酸化防止剤，清浄分散剤，極圧剤などの添加剤を過度に添加した場合
　　④ 潤滑油ポンプの吸入側から空気を吸い込んだ場合
　　⑤ 潤滑油ポンプの送出し速度の過大や送出し量が過多の場合
　　⑥ 圧力低下により油中の溶解空気が分離した場合

(2) ① 潤滑油の酸化を促進する。
　　② 給油量が減少し，潤滑能力や冷却能力を低下する。
　　③ 油面計の読み間違いをする。
　　④ 油圧装置において作動を不確実にする(注1)。

解説

(注) 泡には，油の表面に浮遊した泡沫（ほうまつ）と，油中に分散している分散気泡の2種類がある。

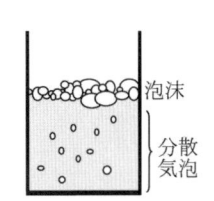

(注1) 空気などの気体は圧縮性があるので，油圧装置などでは荷重が吸収され確実な作動ができなくなる。

問12 潤滑油に関する次の文の（　）の中に適合する字句を記せ。
(1602/2204)

(1) 冷凍機油の要件としては，冷媒ガスと（ ⑦ ）を起こさないこと，（ ⑦ ）が冷媒の蒸発温度以下であること，低温で（ ⑦ ）を析出しないことなどが要求され，また，電動機と圧縮機が一体構造となっている密閉形圧縮機用には（ ⑦ ）に対する性能が要求されている。
(2) JIS規格の舶用内燃機関用潤滑油は1種から4種までであり，清浄性と（ ⑦ ）性が改善された3種油は一般にHD油と呼ばれている。
(3) 遠心式油清浄機のギヤケースに使われる潤滑油は，多くの場合，境界潤滑状態で使用されることを考慮して（ ⑦ ）を配合したものが用いられている。
(4) タービン油に添加されている消泡剤には，（ ⑦ ）が最もよく使用されている。

解答
⑦：化学反応　　⑦：流動点　　⑦：ろう分　　⑦：絶縁破壊電圧
⑦：酸化防止　　⑦：極圧添加剤　　⑦：シリコーン油

解説
◆ろう分：ワックスの原料になる物質で，油の流動性を悪くする。
◆シリコーン油：無色透明の液体で，消泡性以外に耐熱性，耐寒性，耐水性に優れている。

問13 ディーゼル機関用燃料油及び潤滑油（システム油）に関する次の文の中で，正しくないものを2つだけあげ，その理由を説明せよ。
(1404/2010)

⑦　アニリン点が高い燃料油は，アニリン点が低いものより着火性がよい。
⑦　絶対粘度が同じ燃料油では，密度が大きい油ほど動粘度が大きい。
⑦　流体潤滑において，摩擦の大小は，潤滑油の粘度だけに関係する。

1 燃料油・潤滑油

㊂ 潤滑油の引火点は，粘度が同じ場合，パラフィン基のものが他の基のものより一般に高い。
㋔ 使用中の潤滑油のトルエン不溶分は，ペンタン不溶分より多い。
㋕ パラフィン系の燃料油は，ナフテン系の燃料油より着火性がよい。

【解答】
㋑ 動粘度は，動粘度＝絶対粘度/密度で表されるので，絶対粘度が同じ燃料油では，密度が大きい油ほど動粘度が小さい。
㋔ 使用中の潤滑油のトルエン不溶分は，ペンタン不溶分より酸化劣化物の量だけ少ない。

【解説】
◆アニリン点：油脂の溶解性を表し，アニリン点が低いほど溶解性が高い。アニリン点がセタン価と相関性を持つことから，着火性能の把握などに利用される。アニリン点が高い燃料油（パラフィン系）は，低いもの（ナフテン系）より着火性がよい。

【問14】 潤滑剤であるグリースに関する次の問いに答えよ。（1502/1610/1904）
(1) どのような条件下で，用いられるか。
(2) 増ちょう剤の役割は，何か。また，増ちょう剤には，何が用いられるか。
(3) ちょう度及びちょう度番号とは，何か。（それぞれ説明せよ。）

【解答】
(1) ・軸受などのすき間が大きい箇所 (注1)
　　・給油が困難な箇所
　　・ゴミや水分が侵入しやすい箇所
　　・高荷重や衝撃荷重を受ける箇所
(2) ① 役割：増ちょう剤の量により硬さを調整して，液状潤滑剤を半固体または固体にする。
　　② 種類：カルシウムやリチウムなどの金属石けん型とシリカゲルなどの非石けん型がある。

(3) ① ちょう度：ちょう度とは，グリース中に規定円すいを5秒間落下させ，その侵入深さ（mm）を10倍した数値で，グリースの硬さを表す。数値が小さいほど硬いグリースとなる。
② ちょう度番号：ちょう度を一定の数値で区切って9段階にグレード分けしたもので，番号が小さいほど柔らかいことを表す。

解説
(注1) すき間が大きく潤滑油が漏れ出てしまう箇所
◆ちょう度：グリースの流動性を表す目安となる。
◆ちょう度番号：000号，00号，0号，1号，2号，3号，4号，5号，6号の9段階に区分され，000号は半流動性を示し，6号はほぼ固体に近い。グリース選定の目安となる。

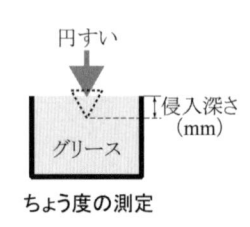

ちょう度の測定

2　金属材料

問1　金属材料について，次の(1)〜(3)の試験を行う目的をそれぞれ述べよ。　　　　　　　　　　　　　　　　　　　(2204/2304)
(1) 引張試験
(2) 衝撃試験　　　　　　　　　　　　　　　　　　　　　　(1607)
(3) 曲げ試験　　　　　　　　　　　　　　　　　　　　　　(1607)

解答
(1) 試験片に引張荷重を加えて，応力-ひずみ曲線を求める試験で，その線図から材料の降伏点，引張強さ，伸び，絞りなどがわかる。
(2) 試験片にハンマで衝撃力を加え，材料の粘り強さ及びもろさを調べる試験。シャルピー試験機が用いられる。

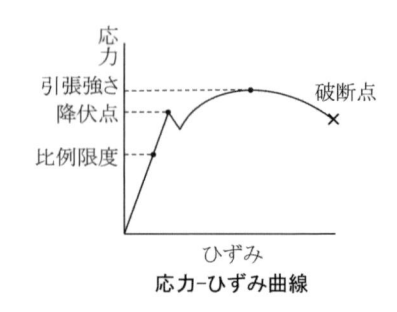

応力-ひずみ曲線

2　金属材料

(3) 試験片を2個の支えにのせ，その中央に荷重を加えて試験片を規定の角度になるまで曲げて，曲げた部分の外側の表面にできる亀裂などの欠陥を調べる試験。材料の加工性を調べることができる。

|解説|

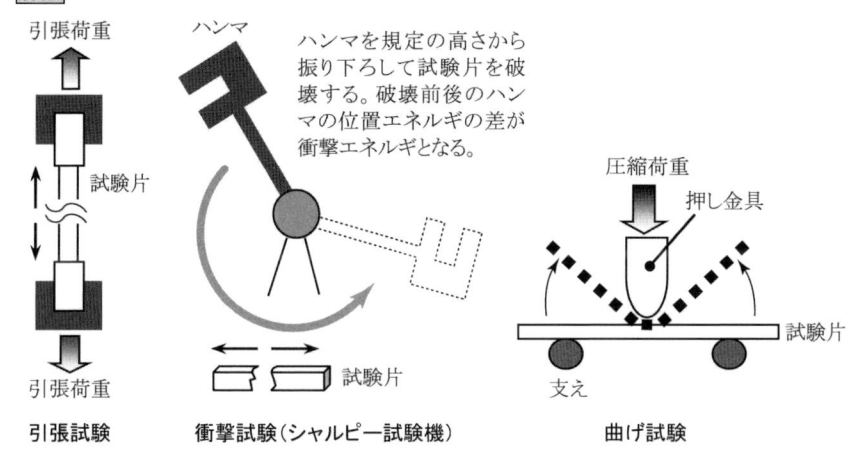

引張試験

衝撃試験(シャルピー試験機)　ハンマを規定の高さから振り下ろして試験片を破壊する。破壊前後のハンマの位置エネルギの差が衝撃エネルギとなる。

曲げ試験

◆応力：物体が外力を受けたとき，内部に生じる抵抗力を内力といい，単位面積当たりの内力の大きさを応力という。
◆降伏点：応力が増えずに，ひずみだけが急激に増加し始める応力
◆引張強さ：材料が引張荷重に耐える最大応力で，極限強さともいう。

|問2|　金属材料の引張試験に関する次の問いに答えよ。
(1604/1804/2002/2210)
(1) どのようなことが計測できるか。(4つあげよ。)
(2) 鋳鋼品，鍛鋼品などの試験片は，一般にどのような形状とするか。(図を描いて示せ。)
(3) 試験を無効とすることができるのは，一般に切断箇所がどの部分で，伸びがどのような場合のときか

|解答|
(1) ① 降伏点　　② 引張強さ　　③ 伸び　　④ 絞り

(2)

《解答図》

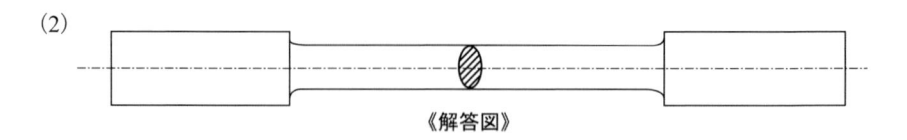

(3) 標点間の中央 1/2 (注1) 以外の箇所で切断したときは試験を無効として再度試験を行う。

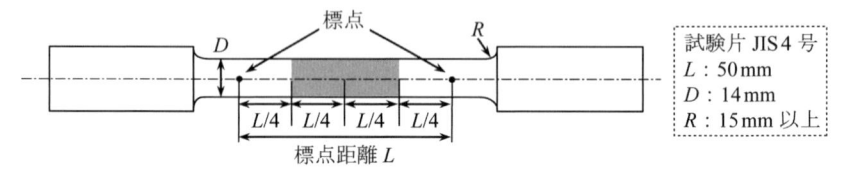

試験片 JIS4 号
L : 50 mm
D : 14 mm
R : 15 mm 以上

解説
(注1) 図中の ■ 部

◆伸び：破断後の標点距離を L' とすると，伸び $= \dfrac{L'-L}{L} \times 100$ (%) となる。

◆絞り：元の断面積を A，破断後の最小断面積を A' とすると，絞り $= \dfrac{A'-A}{A} \times 100$ (%) となる。

問3　材料の硬さに関する次の文の（　）の中に適合する字句を記せ。
(2102)

(1) 硬さとは，物体が他の物体から変形を与えられたときに生じる（ ㋐ ）をいう。

(2) （ ㋑ ）硬さ試験法は，先端にダイヤモンドのついた小さなハンマを試験片の表面に，一定の高さより落下させたときの（ ㋒ ）の高さに（ ㋓ ）する値で硬さを表している。この試験法は，試験片の表面（ ㋔ ），試料の質量及び（ ㋕ ）などによって値が左右されるため，JIS でそれらの基準が示されている。

解答
㋐：抵抗　㋑：ショア　㋒：はね上がり　㋓：比例　㋔：あらさ　㋕：厚さ

2　金属材料

> **問4** 金属材料の硬さ試験について，次の(1)及び(2)の試験方法の概要をそれぞれ述べよ。　　　　　　　　　　　　　　　　(1507/1810/2007)
> (1) ブリネル硬さ試験
> (2) ショア硬さ試験

解答
(1) 鋼球圧子を試料の試験面に押し込み，できたくぼみの表面積の大小で硬さを測定する試験。くぼみが大きく正確に測定できる利点があるが，くぼみが大きいので薄い試料や完成品には不向きである。
(2) ダイヤモンドを先端に付けたハンマを一定の高さから試料の試験面上に落下させ，ハンマの跳上がり高さで硬さ(注1)を測定する。試験機は小型軽量で操作が簡単なうえ，試験面を傷付けることがほとんどない。

解説
(注)　硬さ試験には，圧子を試験面に押し込み，出来たくぼみから硬さを測定する押込み式と，一定の高さからおもりを落下させて，その跳上がり高さから硬さを測定する反発式がある。前者にはブリネル硬さ試験やビッカース硬さ試験があり，後者にはショア硬さ試験がある。
(注1) 硬いほど，跳上がり高さは高くなる。
◆ハンマ：おもりの一種

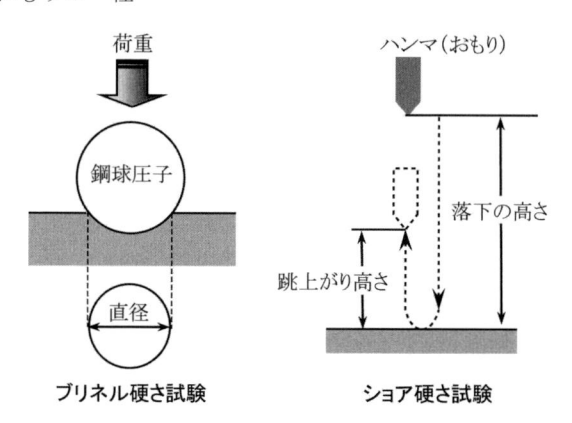

問5 図は，ある試験温度における鋼材のクリープ曲線である。図に関する次の問いに答えよ。　　　(1610/2107/2207)

(1) 縦軸及び横軸は，それぞれ何を表しているか。

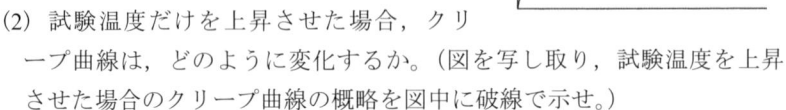

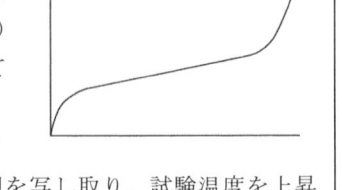

(2) 試験温度だけを上昇させた場合，クリープ曲線は，どのように変化するか。（図を写し取り，試験温度を上昇させた場合のクリープ曲線の概略を図中に破線で示せ。）

解答

(1) 縦軸：ひずみ（伸び），横軸：時間

(2) 図のとおり (注1)

解説

(注1) 試験温度をあげると，ひずみは大きく，破断までの時間は短くなる。

◆クリープ：材料に一定荷重を加えて，一定の温度下に長時間放置しておくと，時間の経過とともにひずみが増加し，最後には破断する現象をクリープという。高温・高圧で使用されるボイラ用鋼材などで問題になる。

◆ひずみ：荷重が加わって生ずる変形

《解答図》

問6 機械材料の安全係数を決める場合，材料の強さに影響を及ぼすものとして，どのような事項について考慮が払われるか。4つあげよ。
(1404/1707/2202/2307)

解答

① 荷重の種類 (注1)　　② 工作の良否
③ 使用目的 (注2)　　④ 使用環境 (注3)

解説

（注）材料の強さに影響を及ぼすものとして，その他に⑤材料の機械的性質，

2　金属材料

⑥材料の形状などがある。
(注1) 荷重の種類が繰返し荷重や衝撃荷重のような動荷重か，あるいは静荷重かによって，安全係数は異なる。
(注2) 使用目的が人か物かによって，安全係数は異なる。
(注3) 使用環境が温度，湿度，海水，圧力などの影響を受ける場合，安全係数は異なる。

◆安全係数：エレベータのロープを太くすれば安全係数は大きくなり，安全性は高まるが，材料費も高くなり，ロープを駆動するモータも大型化し不経済になる。細くすれば安全係数は小さくなり，ロープの切断事故を起こす恐れが生じる。

$$安全係数 = \frac{引張強さ（極限強さ）}{許容応力}$$

◆許容応力：使用応力ともいい，安全の面から材料に許される最大の応力

問7 金属材料の非破壊検査に関する次の問いに答えよ。
(1) 非破壊検査には，どのような利点があるか。　　　　　(1402/1910)
(2) 打音（打診）検査とは，どのような検査か。　　　　(1502/1807/2110)
(3) 放射線透過検査は，どのような原理による検査方法か。　(1402/2010)
(4) 浸透探傷法とは，どのような検査方法か。　　　　　　(1510/2310)
(5) 磁粉探傷法とは，どのような検査方法か。　　　　　　(1607/1910)
(6) うず電流探傷法とは，どのような検査方法か。　　　(1502/1807/2110)
(7) 超音波探傷における反射法は，どのような原理による検査方法か。
　　　　　　　　　　　　　　　　　　　　　　　　　　　　(2010)

解答
(1) ① 素材や製品を破壊せず，表面や内部の傷や欠陥を発見できる。
　　② 破壊しないので，使用中の製品に適用すれば，事故を未然に防ぎ，信頼性を高め，経済的損失を低減できる。
　　③ 素材に適用すれば，製造技術の改良を図ることができる。
(2) テストハンマで検査部を叩いて，その反響音によってボルトのゆるみや表面のはく離状態などを判断する検査。検査には熟練を要する。

(3) エックス線やガンマ線などの放射線を試料に照射すると，欠陥部分があるとその部分の放射線透過度が異なることを利用する。これをフィルムに撮影して欠陥の有無を判別する(注1)。

(4) 表面の割れや亀裂などの欠陥を浸透液と現像液を用いて検出する検査で，けい光浸透探傷法と染色浸透探傷法（カラーチェック）がある。

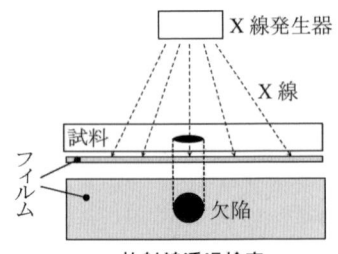

放射線透過検査

染色浸透探傷法の検査は，以下の要領で行われる。

① 前処理：洗浄液を用いて，表面に付着した油や汚れを除去し，乾燥する。
② 浸透処理：検査箇所に浸透液（赤色）を塗布し，欠陥部に浸透させる。
③ 洗浄処理：表面の余分な浸透液を洗浄液を含んだウエスで除去する。
④ 現像処理：現像液（白色）を塗布すると欠陥部に浸み込んだ浸透液が毛管現象によって表面に吸い出される。
⑤ 観察：欠陥があれば，現像液の白地に浸透液の赤色が検出され判断できる。

この検査は，表面の開口きずには適用できるが，内部欠陥の探傷はできない。

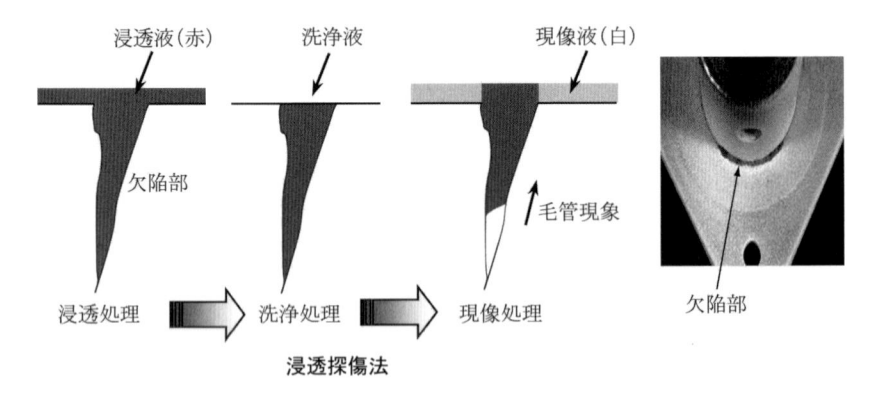

浸透探傷法

(5) 鋼や鋳鉄などの強磁性体を磁化すると，その表面もしくは表面近くに割れなどの欠陥がある場合，磁束が漏れる。漏れたところは鉄粉などを吸いつけ磁気的不連続模様を描くので，欠陥の位置や形状を知ることができる。磁粉

には，黒，赤，白色のものや蛍光物質が用いられる。欠点としては，検査は鉄鋼材料など強磁性体に限定される。
(6) 導電性のある材料の上にコイルを置いて交流を流し，発生したうず電流の変化を検出して探傷する方法。検査は導電性のある対象物に限られる。また，表面及び表面近くの亀裂を検出できるが，表面下の深い位置にある欠陥は検出できない。
(7) 超音波を材料内部に放射し，欠陥面からの反射波をモニターに表示し，戻り時間や波形から欠陥の位置や形状などを知る。厚さの薄いものや外形の複雑なものは不適である。透過法もあるが反射法が一般的である。

解説
(注1) 病院で行うレントゲン検査と同じ原理
◆強磁性体：磁界を印加すると強い磁気を帯びる物質
◆うず電流：導体内部に生じた起電力によって，導体内部でうず状に流れる電流

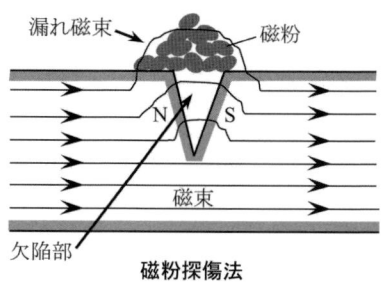

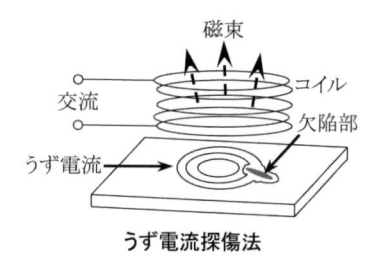

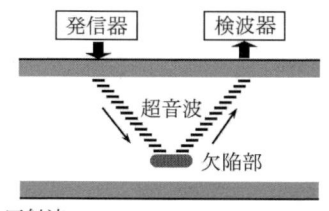

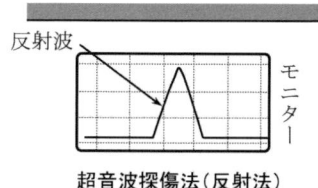

問8　鋼における次の(1)～(3)の「もろさ」をそれぞれ説明せよ。
(1602/2004)
(1) 赤熱もろさ　　(2) 青熱もろさ　　(3) 低温もろさ

解答
(1) 硫黄などの不純物を含む鋼材を 950 ℃付近の赤熱温度域で，鍛造や圧延，

プレスなどの加工をするとき割れを生じることがある。この現象を赤熱もろさまたは高温もろさという。
(2) 鋼は 250〜300 ℃で常温よりも硬くてもろくなるが，これを鋼の青熱[注1]もろさという。
(3) 鋼が低温において急激にもろくなる性質を低温もろさという。

解説
(注1) 鋼は 250〜300 ℃の範囲で酸化されて青色を呈する。
◆もろさ：衝撃荷重に対する抵抗力が低下すること。
◆鍛造：金属素材を打撃・加圧することによって成形する工作法

問9 金属材料の表面処理について，次の問いに答えよ。　(1407/1802)
(1) 表面処理の目的は，何か。
(2) 窒化とは，どのような処理方法か。
(3) 上記(2)の窒化と同様の効果がある処理方法は，どのようなものがあるか。(名称を2つあげよ。)

解答
(1) ①装飾，②錆止め，③素材の機能向上（耐摩耗性，耐疲労性，耐熱性，潤滑性など）
(2) アンモニア（NH_3）や窒素（N_2）ガス中で，鋼を加熱し，鋼の表面に窒素を浸透させて窒化物の硬化層を形成する処理法
(3) ①浸炭法，②高周波焼入れ法

解説
◆窒化：浸炭処理に比べて体積膨張が少ない利点があるが，窒化層が薄いので大きな衝撃力を受ける場所には不向きである。

問10 鋼の表面処理について，次の(1)及び(2)の処理方法の概要をそれぞれ述べよ。　(1702)
(1) 浸炭法　　　　　　(2) 高周波焼入れ法

2　金属材料

解答

(1) 低炭素鋼の表面に炭素(注1)を浸透させ，高炭素とした後，焼入れして表面のみを硬化し，内部は元の組織で靭性に富んだ材料にする処理方法で，硬化法では最も広く用いられている。

(2) 電磁誘導加熱焼入れとも呼ばれる。鋼の表面にコイルを配置して，高周波電流を流し，誘導電流を発生させて鋼の表面を短時間に加熱したのち，直ちに水を噴射して急冷し，硬化させる。

解説

(注)　表面硬化法には，表面の化学成分を変えることなく焼入れだけで硬くする物理的硬化法と，表面の化学成分を変えて硬化させる化学的硬化法がある。前者には高周波焼入れがあり，後者には浸炭法，窒化法などがある。表面硬化法は，軸や歯車などの表面のみを硬くする場合に採用される処理法で，内部は靭性を持たせ，表面は硬くして耐摩耗性を向上させる。

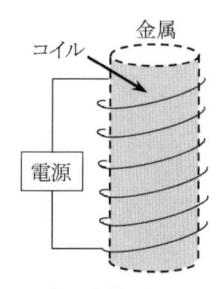

(注1) 浸炭剤には，コークスなどの固体やシアン化カリウム（KCN）などの液体，メタンガス（CH_4）などの気体がある。

◆低炭素鋼：約 0.05～0.25 %の炭素を含み，延性（延びる性質）があるためマイルド鋼とも呼ばれる。炭素量が少ないため一部は浸炭に使用される。この場合は肌焼き鋼といわれる。

◆靭性：粘り強さ

問11　右図は，亜共析鋼における①～⑤の各熱処理の温度と時間の関係を示したものである。図に関する次の問いに答えよ。

(1) 焼もどしと焼ならしは，それぞれ図の①～⑤のどれに相当するか。

(2) 焼ならしの目的は，何か。

(3) A_1 及び A_3 で示した温度を，何というか。

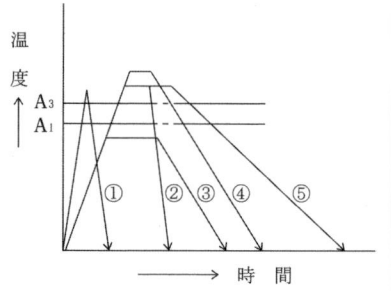

解答
(1) 焼もどし：③
　　焼ならし：④
(2) ① 加工による内部のひずみを除去する。
　　② 結晶粒を微細化させる。
　　③ 組織を標準の状態(注1)にもどし，強度や機械加工性を向上させる。
(3) 変態点

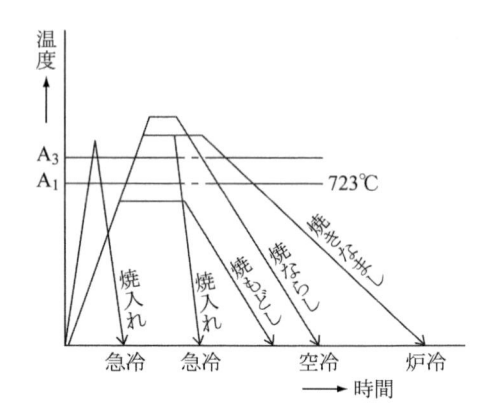

解説
(注1) 焼入れは無理やり硬くし，焼きなましは無理やり軟らかくした熱処理で，焼ならしは鋼本来の軟らかからず硬からずの状態にすること。
◆（炭素）鋼：鉄と炭素の合金，炭素量が増えると硬くなる。
◆亜共析鋼：炭素量が約 0.8 % の場合を共析鋼，炭素量が 0.8 % より少ないと亜共析鋼，多いと過共析鋼という。
◆変態（点）：金属の結晶構造が温度によって変化する現象を変態という。変態によって金属の性質が変わるので，変態現象を利用して熱処理が行われる。
◆焼入れ：約 800 ℃に加熱後，急冷して，鋼に硬さを与える熱処理
◆焼もどし：焼入れだけで作られた工具や部品は硬いが脆いので，すぐに破損したり，きずがついて使い物にならない。このため硬さを減じて粘りを回復させる熱処理で，焼入れとワンセットで行われる。

問 12 鍛鋼材に生じる次の(1)～(3)の欠陥は，それぞれどのようなものか。それぞれについて説明せよ。
(1) ゴースト線　　　　　　　　　　　　　　　(1704/1907/2302)
(2) 白点　　　　　　　　　　　　　　　　　　(1510/2310)
(3) 砂きず　　　　　　　　　　　　　　　　　(1704/1907/2302)

解答
(1) 偏析に起因する連続的欠陥。S（硫黄）や P（りん）の偏析した鋼魂を圧

2　金属材料

延して板にした時，偏析部が延ばされて帯状となった欠陥
(2) 偏析きず，毛割れともいわれる。熱間加工後の冷却時に発生する白色または灰白色に見える斑点状の内部欠陥で，Ni-Cr 鋼に多くみられる。
(3) 地きずともいわれ，製鋼中に除去できなかった非金属介在物や耐火物などの異物が残留した鋼材の表面に発生するきず

|解説|
◆鍛鋼材：鋼塊を約 1200 ℃に熱して，ハンマで叩いて目的の形状に仕上げたもので，粘り強く衝撃に強い。
◆偏析：溶けた鋼が冷えて凝固する際，鋼中の不純物が局所的に偏って存在すること。
◆変態応力：鋼の結晶構造が変わることによって生ずる応力
◆熱間加工：鋼を 900〜1200 ℃に加熱して行われる加工で，720 ℃以下の加工は冷間加工という。
◆Ni-Cr 鋼：ニッケル-クロム鋼
◆非金属：溶鋼中に含まれる酸化物や硫化物など鋼以外の不純物

問13　ケルメットに関する次の文の（　）の中の⑦〜⑨に適合する字句を，下記①〜㉔の語群の中から選べ。　　　　　　　　　　　(1410/2104)
(1) ケルメットは，銅と（ ⑦ ）を主成分とする合金で，⑦の含有量が多いほど，耐疲れ性は（ ⑦ ）し，減摩効果は（ ⑦ ）する。また，ホワイトメタルのほうが耐荷重性は（ ㊀ ）い。
(2) ケルメットに，（ ㊉ ）を添加すると偏析をおさえる効果がある。
(3) ケルメットの仕上げ面に，⑦とすずの合金をめっきして，（ ㊋ ）をつけると，軸受表面が（ ㊌ ）くなり，（ ㊍ ）性がよくなる。
語群：①鉛　②小さ　③なじみ　④油溝　⑤りん　⑥大き　⑦浸透
　　　⑧ニッケル　⑨減少　⑩亜鉛　⑪変質　⑫クラッシュ　⑬クロム
　　　⑭耐食　⑮硬　⑯マンガン　⑰増加　⑱収縮　⑲膨張
　　　⑳オーバレイ　㉑等し　㉒耐振　㉓軟らか　㉔アルミニウム

|解答|
⑦：①鉛　⑦：⑨減少　⑦：⑰増加　㊀：②小さ　㊉：⑧ニッケル

㋕：⑳オーバレイ　㋖：㉓軟らか　㋗：③なじみ

解説
◆ケルメット（鉛銅合金）：高速・高荷重用軸受材
◆疲れ：金属材料が繰返し荷重を受けて，き裂を生じたり強度が低下する現象
◆オーバレイ：表面の薄い膜

三層すべり軸受の構造

問14 金属の転造（ローリング）加工に関する次の文の（　）の中の㋐〜㋕に適合する字句を，下記①〜⑰の語群から選べ。　　　　　（1504/1904）

転造加工とは，板またはロールの型を利用して素材に局部的に（㋐）を加えて変形させる加工法で，（㋑）生産に適している。転造された場合の材料の組織は，（㋒）された場合に比べると繊維組織が切れないから（㋓）が大となり，また精度も良い。機関の重要部分に使われるボルトの（㋔）や，小径あるいは中程度の（㋕）がこの方法により造られることが多い。

語群：①高品質　②熱　③ボーリング　④強度　⑤圧力　⑥大量
　　　⑦板金加工　⑧クリープ限度　⑨ねじ部　⑩電磁波　⑪排気弁
　　　⑫リーマ部　⑬切削　⑭歯車　⑮頭部　⑯カム　⑰ぜい性

解答
㋐：⑤圧力　㋑：⑥大量　㋒：⑬切削
㋓：④強度　㋔：⑨ねじ部　㋕：⑭歯車

解説
◆転造加工：素材に転造ロールで強い力を加えて変形させる加工法で，おねじの高速成形のために開発された。切削加工と異なり切削くずを出さず，金属組織も分断しない。

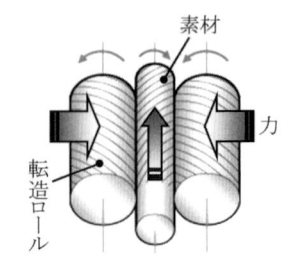

3 船舶工学

> **問1** 船体を構成する部材に関して，次の問いに答えよ。
> （1602/1802/1910/2107）
> （1）外板及び甲板のほか，縦強度材には，どのようなものがあるか。（3つあげよ。）
> （2）外板及び甲板のほか，横強度材には，どのようなものがあるか。（3つあげよ。）

解答
（1）①キール，②内底板，③中央桁（センターガータ）
（2）①フレーム，②ビーム，③横隔壁

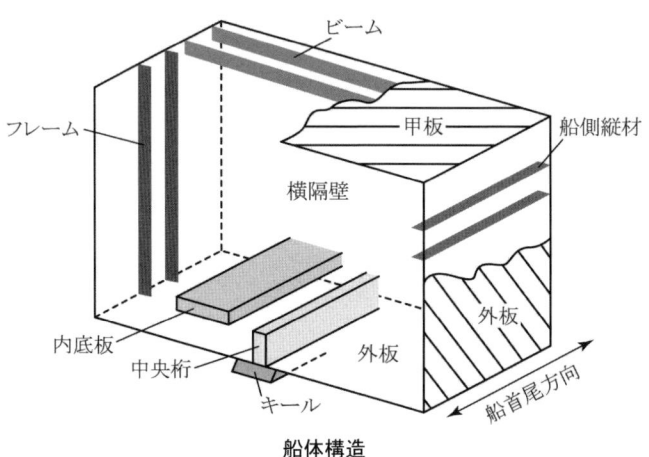

解説

船体構造

- ◆ ビーム：梁（はり）ともいう。横方向に配置する骨材
- ◆ 縦強度材：船首尾方向の補強材。上記以外に④縦隔壁などがある。
- ◆ 横強度材：船体両舷方向の補強材。上記以外に④フロアなどがある。
- ◆ 強度材が必要な理由：大量の荷物を運ぶには，外板を薄くして船体を軽くする必要がある。仮に，全長 300 m（30000 cm）の船を 30 cm に縮小したとす

ると 1/1000 となる。大型船の外板の厚さは約 30 mm なので，1/1000 にすると，外板厚さは 0.03 mm になる。アルミ缶の厚さが約 0.1 mm であり，如何に薄いかがわかる。このため船は強度材がないと内・外圧に耐えることが出来ない。船体構造上，縦強度が重要で，縦強度が不十分だと船体が二つに折れる大事故につながる。

問2 船体構造における上甲板に関して，次の問いに答えよ。
（1410/1807/2004/2210/2307）
(1) 上甲板とは，どのような甲板か。
(2) 上甲板の役目は，何か。（2つあげよ。）

解答
(1) 船体の最上層の船首から船尾まで続く全通甲板
(2) ① 縦強度材としての役目を持つ。
    ② 雨や海水の船体への浸入を防ぐ。

解説
◆上甲板：問3の解答図参照

問3 鋼船の横隔壁は，最小限どのように配置されているか。船体側面図の略図を描いて示せ。
（1502/1607/1710/1904/2007）

解答

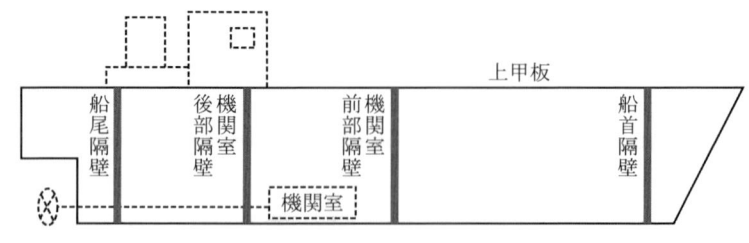

《解答図》（破線部の作図は必要なし。）

解説
◆水密隔壁：浸水が他の区画に及ぶのを食い止めるために設ける隔壁。衝突時の船首尾の保護と機関室の保護として最小限4か所の横隔壁がある。

3　船舶工学

問4　船体構造における横隔壁の役目を記せ。
（1507/1702/1804/1907/2104/2204）

解答
① 浸水，火災などを局所に制限し，隣接する区画への浸水，延焼を防ぐ。
② 船首，船尾において衝突の際の船体破壊を防ぐ。
③ 船体の横強度を保つ。
④ 貨物を分別する。
⑤ 機関室を保護する。

問5　航行中に復原力が減少するのは，どのような場合か。例を3つあげよ。
（1407/1610/1810/2002/2110/2304）

解答
① 重量物が荷崩れを起こした場合
② 燃料や清水などを消費して，船の重心位置が上昇した場合
③ 寒冷海域において甲板上に着氷した場合

解説

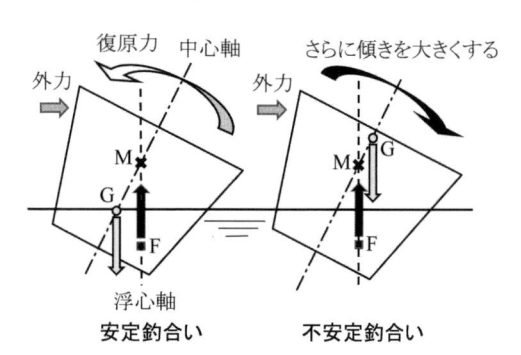

　　　　　　　復原力　中心軸　　　さらに傾きを大きくする
外力　　　　　　　　　外力

安定釣合い　　　　　　　不安定釣合い

※メタセンタMの位置より，重心Gが低ければ復原力が働き安定するが，重心が高ければ不安定になる。
※浮心Fは浮力の中心
※メタセンタMは中心軸と浮心軸の交点

（注）復原力が減少するのは，その他に④フェリーなどで，客が上甲板に集中し，船の重心位置が上昇した場合がある。

機関その三

◆復原力：船体が波や風により傾いても，元の状態に戻そうとする力をいう。

> **問6** 船が航走するときに生じる伴流とは，何か。また，伴流の大きさは，どのような事項によって影響を受けるか。それぞれ記せ。
> (1310/1707/2010/2302/2310)

解答

　船が航走するとき，船体の回りの海水は船の進行方向に引っ張られて船と同じ方向に流れを生ずる。これを伴流(注1)という。

　伴流の大きさは船型，船の長さ，船速，浸水面積，船体浸水面の粗さによって影響を受ける。

解説
(注1) 伴流は，水の塊を引きずるので，推力の一部を消費する。

> **問7** 航行中，船体が受ける次の(1)〜(3)の抵抗をそれぞれ説明せよ。
> (1404/1510/1704/1902/2202)
> (1) 摩擦抵抗　　(2) 造波抵抗　　(3) 空気抵抗

解答
(1) 表面抵抗ともいわれ，水面下の船体表面と水の摩擦にもとづく抵抗。全抵抗の中で最も大きく，低速船では全抵抗の 70〜80％ に達する。
(2) 船が水面上を航行すると波が生じる。船を推進させるためのエネルギの一部がこの波を作るために消費され抵抗となる。高船速ほど大きく，造波抵抗を減ずるために球状船首（バルバスバウ）が採用される。
(3) 船舶の水面より上の部分が空気より受ける抵抗で，風速や風向などに影響される。

解説
◆全抵抗＝摩擦抵抗＋造波抵抗＋うず(形状)抵抗＋空気抵抗

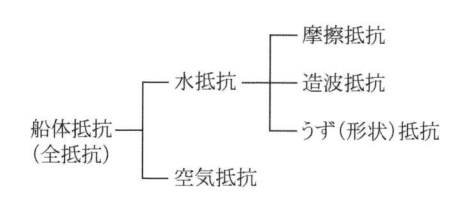

3 船舶工学

```
                          ┌── 摩擦抵抗
              ┌── 水抵抗 ──┼── 造波抵抗
船体抵抗 ──────┤          └── うず(形状)抵抗
(全抵抗)      └── 空気抵抗
```

球状船首

問8 船がある速度を持って航行する場合に船体の受ける主な抵抗の種類を4つあげよ。　（1402/1604/2207）

解答
① 摩擦抵抗　② 造波抵抗　③ うず抵抗　④ 空気抵抗

問9 管内の流体の流れに関する次の問いに答えよ。　（1504/1710/1902）
(1) 層流とは，どのような流れをいうか。
(2) 乱流とは，どのような流れをいうか。
(3) レイノルズ数とは，何か。

解答
(1) 流体の動粘度が比較的大きいか，細い管内を極めて緩やかに流れるとき，流体の粒子は乱れることなく，層をなして流れる。このような流れを層流といい，流線は規則正しい形をもつ。
(2) 流体の動粘度が比較的小さいか，太い管内を大きな流速で流れるとき，流体の粒子が不規則な運動を行い，互いに入り乱れて流れる。このような流れを乱流という。

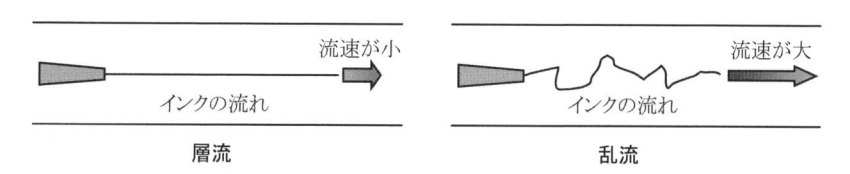

層流（流速が小，インクの流れ）　　乱流（流速が大，インクの流れ）

(3) 流れにおける慣性の大きさと粘度の大きさの比を表す無次元数。管内の平

均流速を V [m/s]，管の内径を d [m]，流体の動粘度を v [m²/s] とすると，レイノルズ数 Re は $Re = \dfrac{慣性力}{粘性力} = \dfrac{Vd}{v}$ で表される。レイノルズ数が約 <u>2300</u>[注1] を超えると層流から乱流に移行するので，レイノルズ数は流体の流れが層流か乱流かの判定基準になる。

解説
(注) レイノルズ数が小さい流れにおいては，粘性による減衰効果が大きいため，流れは安定であり，逆に，大きい流れは不安定で乱流になる。層流は乱流に比べて摩擦損失が少ないが，熱交換などの用途では効率が悪くなる。
(注1) 臨界レイノルズ数という。
◆慣性：物体は，力を受けなければ運動の状態は変わらないという性質
◆無次元数：単位のない数。無次元数には他に比重などがある。

4 計算問題

> **問1** クロスヘッド形ディーゼル機関において，ピストン棒に働く力が 2300 kN で一定とすれば，クロスヘッドガイドに直角に働く力が一番大きいときには，その力は，いくらになるか。ただし，クランク半径は 70 cm，連接棒の長さは 210 cm とする。　　　　　(1502/1810)

解答
<u>クロスヘッドガイドに働く力 F [N]</u> [注1] は，クランク角が 90° のとき最大となるので，求める力 F [N] は

$$F = P \times \underline{\tan\theta}^{\text{(注2)}}$$
$$= P \times \dfrac{r}{\sqrt{L^2 - r^2}} \text{ [N]} \cdots\cdots\cdots\cdots\cdots\cdots\cdots\cdots\cdots\cdots\cdots\cdots\text{①}$$

より求まる。ただし
　P：ピストン棒に働く力 [N]
　θ：連接棒の傾斜角

L：連接棒の長さ[m]

r：クランク半径[m]

①式に，与えられた数値を代入して

$$F = 2300 \times 10^3 \times \frac{0.7}{\sqrt{2.1^2 - 0.7^2}} = 813000 \,[\text{N}]$$

となる。　　　【答】813×10^3 [N] または 813 [kN]

解説

(注1) クロスヘッドガイドに働く力 F [N]は，ピストンがトップの位置（連接棒の傾斜角 $\theta = 0$）のときは作用しないが，下降行程になると徐々に増加し，クランク角が 90°（θ が最大）のとき最大となる。

(注2) $\tan \theta$ の求め方は，まず，三平方の定理（ピタゴラスの定理）$C^2 = A^2 + B^2$ から A を求める。

$A^2 = C^2 - B^2$ より $A = \sqrt{C^2 - B^2}$ となる。

よって，$\tan \theta = \dfrac{B}{A} = \dfrac{B}{\sqrt{C^2 - B^2}} = \dfrac{r}{\sqrt{L^2 - r^2}}$ となる。

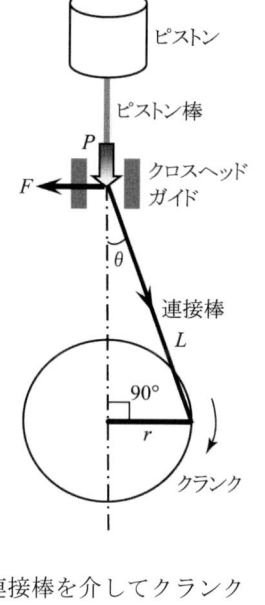

◆クロスヘッド形：トランクピストン形はピストンが連接棒を介してクランク軸と連結され，クロスヘッド形はピストン棒と連接棒を介して連結される。また，スラスト（側圧）F [N]をクロスヘッドガイドが受けるので，トランクピストン形で問題となるシリンダライナの偏摩耗を防止できる。

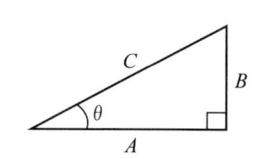

問2 図に示すように，厚さが一様な偏心円板において，外円の直径が 90 cm，穴の直径が 45 cm，穴の偏心距離が 12 cm である場合，偏心円板の質量中心（重心）を G，外円の中心を O_1，穴の中心を O_2 とすれば，穴の中心 O_2 の点 O_1 に対するモーメントが，偏心円板の点 O_1 に対するモーメントと等しいことを利用して，G と O_1 との距離を求めよ。

(1402/1802/2302)

機関その三

解答

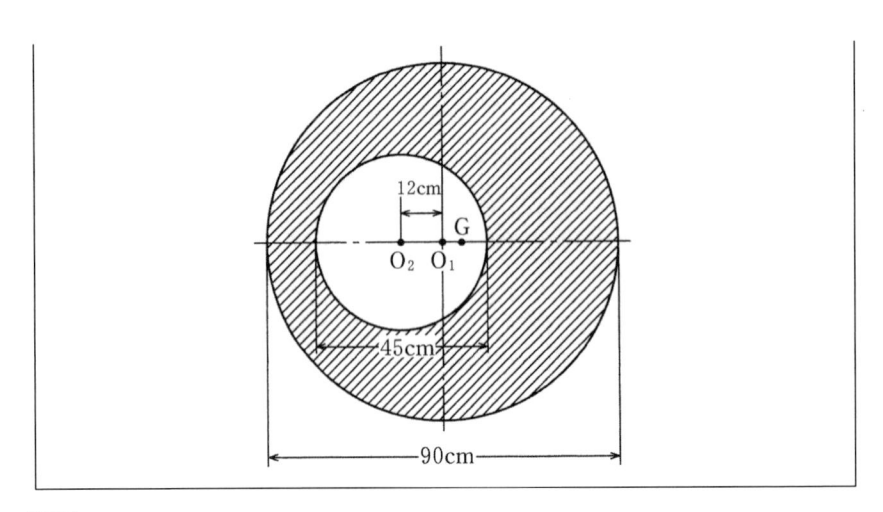

穴の中心 O_2 の，外円の中心 O_1 に対するモーメント M_1 は

$$M_1 = \ell \times 穴の面積 = \ell \times A_1 = \ell \times \left(\frac{\pi \times d^2}{4}\right) \quad \cdots\cdots①$$

より求まる。ただし，ℓ：穴の偏心距離[m]，A_1：穴の面積[m²]，d：穴の直径[m]

偏心円板の，外円の中心 O_1 に対するモーメント M_2 は

$$M_2 = L \times 偏心円板の面積 = L \times (A_2 - A_1)$$
$$= L \times \left(\frac{\pi \times D^2}{4} - \frac{\pi \times d^2}{4}\right) = L \times \frac{\pi \times (D^2 - d^2)}{4} \quad \cdots\cdots②$$

より求まる。ただし，L：偏心円板の重心 G と O_1 との距離[m]，A_2：外円の面積[m²]，D：外円の直径[m]。

題意より $M_1 = M_2$（①式＝②式）の関係があるので

$$\ell \times \left(\frac{\pi \times d^2}{4}\right) = L \times \frac{\pi \times (D^2 - d^2)}{4}$$
$$\ell \times d^2 = L \times (D^2 - d^2) \quad \cdots\cdots③$$

となる。③式に，与えられた数値を代入して，求める距離 L [m] は

$$0.12 \times 0.45^2 = L \times (0.9^2 - 0.45^2)$$

より，$L = 0.04$ [m] となる。　　　　　　【答】0.04 [m] または 4 [cm]

解説

◆モーメント：物体に力を加えると，物体は移動するか，移動しなければ変形

4　計算問題

する。移動には直線運動と回転運動があり，後者のように物体を回転させようとする力の働きを，力のモーメントという。また，「軸」の回転における力のモーメントの場合はトルクという。

問3　ウインチで 1800 kg の荷物を巻きあげる場合，あげはじめてから等加速度で 5 秒後に巻きあげ速度が 8 m/s に達し，その後この速度を保つものとする。速度の増加中，荷物を垂直につるワイヤロープにかかる張力は，いくらか。ただし，ワイヤロープやフック等の質量は，無視するものとする。

(1604/2007/2207)

解答

　質量 m [kg] の荷物には，静止中は重力の加速度 g [m/s²] のみが作用するが，等加速度で巻き上げられる場合は，これに巻き上げによる加速度 α [m/s²] が加わる。よって，ワイヤロープにかかる張力 T [N] は

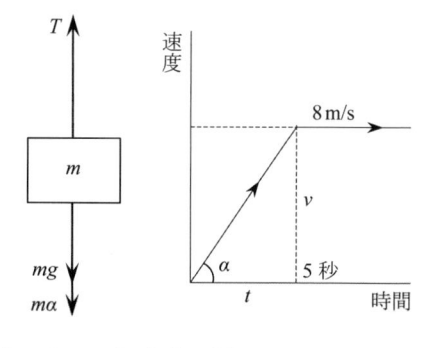

$$T = mg + m\alpha = m(g + \alpha)$$
$$= m\left(g + \frac{v}{t}\right) \text{[N]} \quad \cdots\cdots① $$

より求まる。ただし，v：巻き上げ速度 [m/s]，t：加速時間 [s]。

　①式に，与えられた数値を代入して，求める張力 T [N] は

$$T = 1800 \times \left(9.8 + \frac{8}{5}\right) = 20520 \text{ [N]}$$

となる。

【答】20520 [N] または 20.52 [kN]

解説

◆加速度：単位時間に速度が変化する割合。図で加速度は傾き α を示し，$\alpha = v/t$ で表される。

問4　遠心分離機が毎分回転速度 9000 で運転されている場合，回転軸中心から 70 mm の位置にある固形物は，重力の何倍の遠心力を受けるか。

機関その三

(1407/1707/2104)

解答

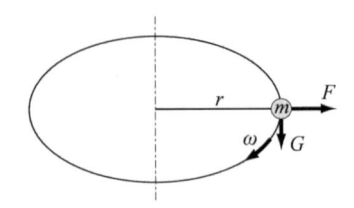

固形物が受ける遠心力 F [N]は

$$F = mr\omega^2 = m \times r \times \left(\frac{2 \times \pi \times N}{60}\right)^2 \text{ [N]} \quad \cdots\cdots① $$

より求まる。ただし，m：固形物の質量[kg]，
r：回転半径[m]，ω：角速度[rad/s]，N：毎分回転速度[min^{-1}]

固形物が受ける重力 G [N]は

$$G = mg \text{ [N]} \quad \cdots\cdots\cdots\cdots\cdots\cdots\cdots\cdots\cdots\cdots\cdots\cdots\cdots\cdots\cdots\cdots\cdots\cdots② $$

より求まる。ただし，g：重力の加速度[m/s^2]

題意より，求める答えは

$$\frac{F}{G} = \frac{mr\omega^2}{mg} = \frac{r\omega^2}{g} = \frac{r}{g}\left(\frac{2 \times \pi \times N}{60}\right)^2 \quad \cdots\cdots\cdots\cdots\cdots\cdots③ $$

より求まる。③式に与えられた数値を代入して

$$\frac{F}{G} = \frac{0.07}{9.8} \times \left(\frac{2 \times 3.14 \times 9000}{60}\right)^2 = 6338 $$

となる。　　　　　　　　　　　【答】6338 倍

解説

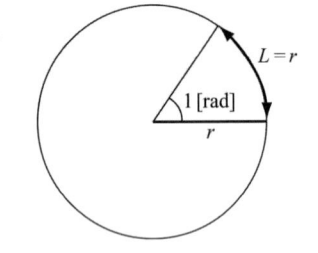

◆遠心力：物体が回転運動をしているとき回転円の中心から外方へ引っ張られる力
◆角速度：単位時間に進む角度
　角速度＝角度/秒[rad/s]
◆ラジアン[rad]：角度の単位。1[rad]とは，弧の長さ L が半径 r と等しいときの角度。360°を[rad]で表すと，円周の長さは $2\pi r$ なので，$(2\pi r)/r = 2\pi$ [rad]となる。
◆直線運動と回転運動の比較

直線運動	回転運動
距離　S [m]	回転角　θ [rad]
速度　v [m/s]	角速度　ω [rad/s]
加速度　a [m/s^2]	角加速度　α [rad/s^2]

4 計算問題

問5 はずみ車が 155 回転する間に回転速度が 250 min⁻¹ から 370 min⁻¹ まで一様に増加した場合について,次の問いに答えよ。　　(1610/2004)
(1) 回転速度の増加に要した時間は,何秒か。
(2) 上記(1)の場合の角加速度は,いくらになるか。

解答
(1) はずみ車の平均の回転速度を求めると

$$\frac{250 + 370}{2} = 310 \ [\text{min}^{-1}]$$

となる。よって,はずみ車が 155 回転するのに要する時間は

$$\frac{155}{310} \ [\text{分}] \rightarrow [\text{秒}] \text{に直すと} \ \frac{155}{310} \times 60 = 30 \ [\text{秒}]$$

となる。　　【答】30 [秒]

(2) 回転速度が増加した場合の角加速度を求める。

30 秒間の回転速度の増加は 370 − 250 = 120 [min⁻¹],これを毎秒回転速度 [s⁻¹] に換算すると

$$\frac{120}{60} = 2 \ [\text{s}^{-1}]$$

となる。2 [s⁻¹] (注1) を角速度で表すと,1 回転は 2π [rad] なので,$2\pi \times 2 = 4\pi$ [rad/s] となる。この角速度の変化が 30 秒間に生じたので,角加速度は

$$\frac{4\pi}{30} = 0.42 \ [\text{rad/s}^2]$$

となる。　　【答】0.42 [rad/s²]

解説
(注1) 1 秒間に 2 回転を表す。
◆はずみ車(フライホイール):ディーゼル機関などの往復動機関においては,行程の最上端と最下端においてピストンが停止する死点が存在する。はずみ車はこの死点においてピストンの運動を滑らかに継続させる役目を持つ。
◆角加速度:単位時間あたりの角速度。角加速度=角速度/時間 [rad/s²]

問6 直線運動をしている 80 kg の物体が,速度 6 m/s から 0.5 m/s まで減少した場合,この物体の失った運動エネルギは,いくらか。(1410/1907)

機関その三

解答

直線運動をしている物体の運動エネルギは

$$\text{物体の運動エネルギ} = \frac{mv^2}{2} \; [\text{J}] \quad \cdots\cdots\cdots\cdots\cdots\cdots ①$$

より求まる。ただし，m：物体の質量[kg]，v：物体の速度[m/s]

よって，物体の失った運動エネルギ E [J]は

$$E = (\text{初めの運動エネルギ}) - (\text{減速した後の運動エネルギ})$$
$$= \frac{m \times v_1^2}{2} - \frac{m \times v_2^2}{2} = \frac{m}{2}\left(v_1^2 - v_2^2\right) \; [\text{J}] \quad \cdots\cdots\cdots\cdots ②$$

より求まる。ただし，v_1：初めの速度[m/s]，v_2：減速後の速度[m/s]

②式に，与えられた数値を代入して，求める運動エネルギ E [J]は

$$E = \frac{80 \times (6^2 - 0.5^2)}{2} = 1430 \; [\text{J}]$$

となる。

【答】1430 [J]

解説

◆運動エネルギ：運動している物体は，他の物体に当たると，移動させるなど仕事をすることができる。この運動している物体の持っているエネルギを運動エネルギといい，質量の大きさと物体の速度の2乗に比例する。

問7 ナットを緩めるため，スパナの端を 5kg のハンマで柄に直角方向に打ったところ，スパナの端は 3cm 動いて止まった。この場合，スパナの端に加えられた力は，いくらになるか。ただし，ハンマに与えられた速度は，2m/s とする。　　　　　　　　　　(1504/1902/2310)

解答

ハンマの運動エネルギ E [J または Nm]は

$$E = \frac{1}{2}mv^2 \; [\text{Nm}] \quad \cdots\cdots\cdots ①$$

より求まる。ただし，m：ハンマの質量[kg]，v：ハンマの速度[m/s]

①式に与えられた数値を代入して，求める運動エネルギ E は

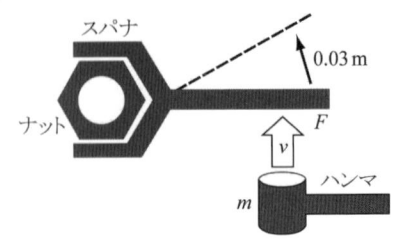

4 計算問題

$$E = \frac{mv^2}{2} = \frac{5 \times 2^2}{2} = 10 \,[\text{Nm}] \quad \cdots\cdots\cdots\cdots\cdots\cdots\cdots\cdots\cdots\cdots ②$$

となる。スパナがなした仕事 $W\,[\text{Nm}]$ は，ハンマによってスパナの端に加えられた力を $F\,[\text{N}]$，スパナの端が動いた距離を $L\,[\text{m}]$ とすれば

$$W = F \times L = F \times 0.03 \,[\text{Nm}] \quad \cdots\cdots\cdots\cdots\cdots\cdots\cdots\cdots\cdots\cdots ③$$

より求まる。題意より，$E = W$（②式＝③式）の関係から

$$10 = F \times 0.03 \quad \cdots\cdots\cdots\cdots\cdots\cdots\cdots\cdots\cdots\cdots\cdots\cdots\cdots\cdots\cdots\cdots ④$$

となる。④式から，求める力 $F\,[\text{N}]$ は，$F = 333.3\,[\text{N}]$ となる。　【答】333.3 [N]

解説

◆仕事とエネルギ：力を加えて物体を動かしたとき，力[N]×距離[m]を仕事という。また，仕事ができる能力をエネルギ[J]といい，このため，仕事とエネルギは単位が異なっても同じものといえる。1 [Nm] は 1 [J] である。

問8 絶対圧 5 MPa，温度 460 ℃ の燃料と空気の混合ガスが，初め定容燃焼して絶対圧 7.5 MPa に高まり，次に定圧燃焼して 2.5 倍の体積に膨張すると，燃焼が終わったときの温度は，いくらになるか。ただし，このガスを理想気体とみなし，燃焼中の熱は，どこへも失われないものとして計算せよ。

(1502/1707/2007/2110)

解答

定容燃焼後の温度 $T_2\,[\text{K}]$ は，ボイル・シャルルの法則 (注1)

$$\frac{P_1 \times V_1}{T_1} = \frac{P_2 \times V_2}{T_2} \quad \cdots\cdots\cdots\cdots\cdots\cdots\cdots\cdots\cdots\cdots\cdots\cdots ①$$

より求まる。ただし，P：絶対圧力[MPa] (注2)，V：体積[m³]，T：絶対温度[K]

①式に，$V_2 = V_1$，$P_1 = 5\,[\text{MPa}]$，$P_2 = 7.5\,[\text{MPa}]$，$T_1 = 273 + 460\,[\text{K}]$ を代入して

$$\frac{5 \times V_1}{273 + 460} = \frac{7.5 \times V_1}{T_2}$$

より，$T_2 = 1099.5\,[\text{K}]$ となる。

次に，定圧燃焼後の温度 $T_3\,[\text{K}]$ は，同様にボイル・シャルルの法則

$$\frac{P_2 \times V_2}{T_2} = \frac{P_3 \times V_3}{T_3} \quad \cdots\cdots\cdots\cdots\cdots\cdots\cdots\cdots\cdots\cdots\cdots\cdots ②$$

より求まる。②式に，$P_3 = P_2$，$V_3 = 2.5 V_2$，$T_2 = 1099.5\,[\text{K}]$ を代入して

機関その三

$$\frac{P_2 \times V_2}{1099.5} = \frac{P_2 \times 2.5V_2}{T_3}$$

より, $T_3 = 2749\,[\text{K}]$, 摂氏に直して $2476\,[℃]$ となる。　　　【答】$2476\,[℃]$

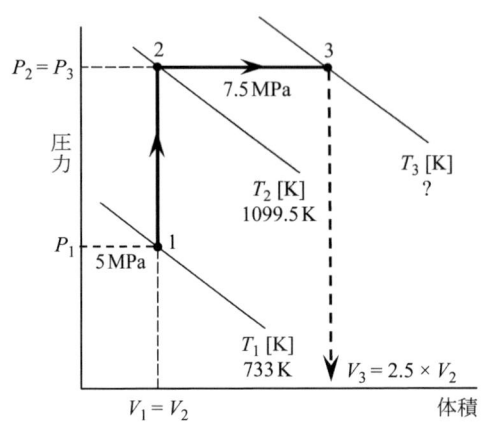

```
                2 ────────▶ 3
P₂ = P₃  ┤     7.5 MPa
         │                     ╲ T₃ [K]
         │            T₂ [K]     ?
         │            1099.5 K
P₁       ┤     1  ↓            ↓
           5 MPa                  ╲ T₁ [K]
                                    733 K    V₃ = 2.5 × V₂
              V₁ = V₂                    体積
```

1→2：定容燃焼では,
　　　体積 V 一定で
　　　圧力 P 及び温度 T は
　　　上昇する

2→3：定圧燃焼では,
　　　圧力 P 一定で
　　　体積 V 及び温度 T は
　　　上昇する

解説

(注1) 気体の体積 V は,絶対温度 T に比例し,絶対圧力 P に反比例することを表した法則で $\frac{PV}{T} = $ 一定 または $PV = mRT$ の関係式を用いる。ただし,m：質量,R：ガス定数

(注2) 絶対圧力 P の単位 [Pa] は,両辺で統一されれば [MPa] でもよい。

◆ 理想気体：ボイル・シャルルの法則に従う気体
◆ 絶対温度：$-273.15\,℃$ を $0\,[\text{K}]$ として表した温度。摂氏温度を絶対温度 T で表すと $T ≒$ 摂氏温度 $+ 273\,[\text{K}]$ となる。
◆ 絶対圧力：完全真空を $0\,[\text{MPa}]$ として表した圧力。ゲージ圧力を絶対圧力 P で表すと $P ≒$ ゲージ圧力 $+ 0.1\,[\text{MPa}]$ となる。

問9　内径 150 cm,長さ 300 cm の円筒形空気タンクにゲージ圧 2.5 MPa,温度 30 ℃の空気が入っているとすれば,タンク内の空気の量は,何キログラムか。ただし,空気のガス定数を 286.7 J/(kg・K) とする。

(1404/1704/1910/2102/2302)

4　計算問題

解答

タンク内の空気の量 m [kg]は，ボイル・シャルルの法則 $PV = mRT$ (注1) から

$$m = \frac{P \times V}{R \times T} = \frac{P \times \left(\frac{\pi \times D^2}{4} \times L\right)}{R \times T} \quad \cdots\cdots\cdots ①$$

より求まる。ただし，P：絶対圧力[Pa]，V：タンクの体積[m³]，D：タンクの内径[m]，L：タンクの長さ[m]，R：空気のガス定数[J/(kg・K)]，T：絶対温度[K]

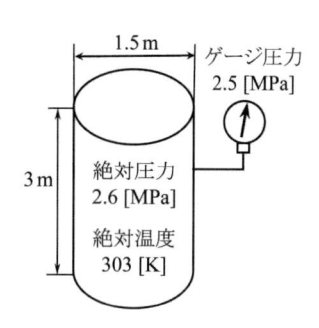

①式に，与えられた数値を代入して，求める空気の量 m [kg]は

$$m = \frac{P \times V}{R \times T} = \frac{(2.5 + 0.1) \times 10^6 \times \left(\frac{3.14 \times 1.5^2}{4} \times 3\right)}{286.7 \times 303} = 158.6 \text{ [kg]}$$

となる。

【答】158.6 [kg]

解説

（注1）ボイル・シャルルの法則でガス定数 R を使用するとき，圧力 P の単位は[Pa]を用いる。

問10 容積 20 m³ の空気タンクに圧力計の示度で 2.7 MPa，温度 35 ℃の空気が入っている。いま，温度一定のまま 50 kg の空気を取り出すと，圧力計の示度はいくらになるか。ただし，空気のガス定数を 286.7 J/(kg・K) とする。

（1802/2010）

解答

空気を取り出す前（状態1）のタンク内の空気の質量 m_1 [kg]は，ボイル・シャルルの法則 $PV = mRT$ から

$$m_1 = \frac{P_1 \times V}{R \times T} \quad \cdots\cdots\cdots ①$$

より求まる。ただし，P_1：絶対圧力 [Pa]，V：タンクの体積[m³]，R：空気のガス定数

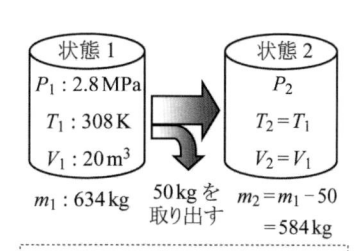

[J/(kg・K)], T：絶対温度 [K]

①式に，与えられた数値を代入して，空気の質量 m_1 [kg] は

$$m_1 = \frac{(2.7 + 0.1) \times 10^6 \times 20}{286.7 \times (273 + 35)} = 634 \text{ [kg]}$$

となる。よって，50 kg の空気を取り出した後のタンク内の空気の質量 m_2 [kg] は

$$m_2 = m_1 - 50 = 634 - 50 = 584 \text{ [kg]}$$

となる。50 kg の空気を取り出した後（状態 2）のタンクの圧力 P_2 [Pa] は，同様にボイル・シャルルの法則から

$$P_2 = \frac{m_2 \times R \times T}{V} \quad \cdots\cdots\cdots\cdots\cdots\cdots\cdots\cdots\cdots\cdots\cdots\cdots\cdots\cdots\cdots ②$$

より求まる。②式に，与えられた数値を代入して，P_2 [Pa] は

$$P_2 = \frac{584 \times 286.7 \times 308}{20} = 2.58 \times 10^6 \text{ [Pa]}$$

となる。P_2 は絶対圧力なので，ゲージ圧力に直すと

$$P_2 = (2.58 - 0.1) \times 10^6 = 2.48 \times 10^6 \text{ [Pa]}$$

となる。 【答】2.48 [MPa]

解説

(注) 圧力計の示度とは，ゲージ圧力のこと。

問11 質量比で炭素 86％，水素 12％及び硫黄 2％からなる燃料油 1 kg を完全燃焼させるために必要な理論空気量は，いくらか。（質量または容積いずれで答えてもよい。）ただし，空気中には，質量比で 23％，容積比で 21％ の酸素を含有しているものとする。また，原子量は，炭素 12，水素 1，硫黄 32 及び酸素 16 とする。　　（1410/1602/1804/2107/2210）

解答

燃料1kg中の各元素量 → 各元素の燃焼反応

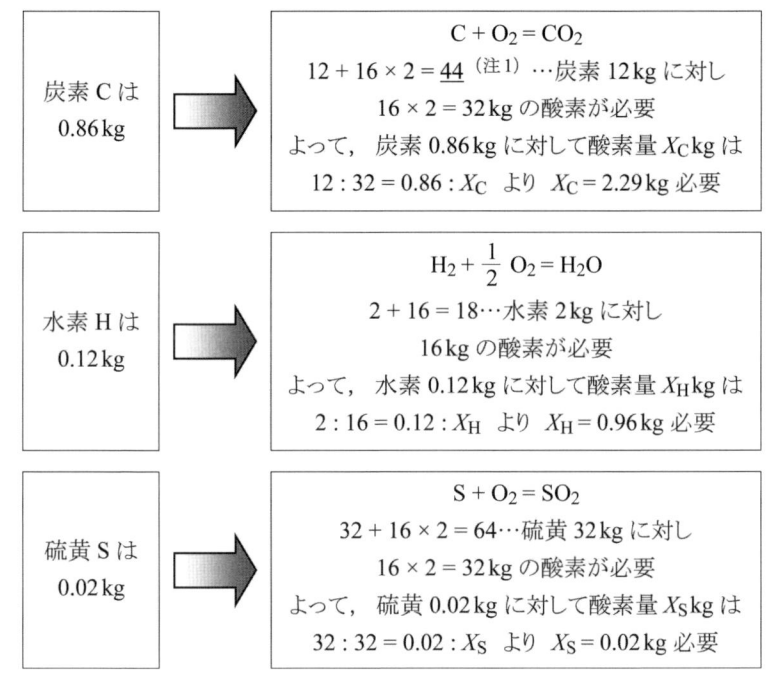

炭素Cは 0.86kg
$C + O_2 = CO_2$
$12 + 16 \times 2 = \underline{44}$ (注1) … 炭素12kgに対し
$16 \times 2 = 32$ kgの酸素が必要
よって, 炭素0.86kgに対して酸素量$X_C$kgは
$12 : 32 = 0.86 : X_C$ より $X_C = 2.29$ kg必要

水素Hは 0.12kg
$H_2 + \dfrac{1}{2} O_2 = H_2O$
$2 + 16 = 18$ … 水素2kgに対し
16kgの酸素が必要
よって, 水素0.12kgに対して酸素量$X_H$kgは
$2 : 16 = 0.12 : X_H$ より $X_H = 0.96$ kg必要

硫黄Sは 0.02kg
$S + O_2 = SO_2$
$32 + 16 \times 2 = 64$ … 硫黄32kgに対し
$16 \times 2 = 32$ kgの酸素が必要
よって, 硫黄0.02kgに対して酸素量$X_S$kgは
$32 : 32 = 0.02 : X_S$ より $X_S = 0.02$ kg必要

よって, 必要酸素量は $2.29 + 0.96 + 0.02 = 3.27$ kg
酸素量は空気中の23%なので, 必要な理論空気量は $3.27 \div 0.23 = 14.22$ kg

【答】14.22 [kg]

解説

(注1) 燃焼によって発生した二酸化炭素（炭酸ガス）の量
◆ 理論空気量：燃料が完全燃焼するために理論上必要な空気量

問12 炭素86%を含む燃料油1kgが燃焼するのに18kgの空気を要し，その排気ガスを分析したところ，二酸化炭素の質量割合は13%であった。完全燃焼しなかった炭素は，全部一酸化炭素になったとすれば，排気ガス中の一酸化炭素の質量割合は，いくらか。ただし，原子量は炭素12，酸素16とする。
(1607/1810/2004/2204/2310)

機関その三

解答

燃料 1kg が燃焼したときの排気ガス量[kg]は，燃料量＋空気量＝1＋18＝19[kg]となる。よって，排気ガス中の CO_2（二酸化炭素）量[kg]は

$$\text{排気ガス量} \times \text{排気ガス中の} CO_2 \text{割合} = 19 \times \frac{13}{100} = 2.47 \text{ [kg]} \quad \cdots\cdots ①$$

となる。①式で求めた CO_2 中の C（炭素）量[kg]は，反応式 $C + O_2 = CO_2$ より

$$\text{排気ガス中の} CO_2 \text{量} \times \frac{12}{44} = 2.47 \times \frac{12}{44} = 0.67 \text{ [kg]} \quad \cdots\cdots ②$$

となる。よって，題意より，燃料 1kg 中の C 量は 0.86 [kg]であるから，不完全燃焼して CO_2 にならなかった C 量[kg]は

$$0.86 - 0.67 = 0.19 \text{ [kg]} \quad \cdots\cdots ③$$

となる。③式で求めた C 量 0.19 [kg]が不完全燃焼して CO（一酸化炭素）になった量[kg]は反応式 $2C + O_2 = 2CO$ より

$$\text{不完全燃焼して} CO_2 \text{にならなかった C 量} \times \frac{56}{24} = 0.19 \times \frac{56}{24} = 0.44 \text{ [kg]}$$

となる。よって，排気ガス中の CO の質量割合は

$$\frac{0.44}{19} \times 100 = 2.32 \text{ [\%]}$$

【答】 2.32 [%]

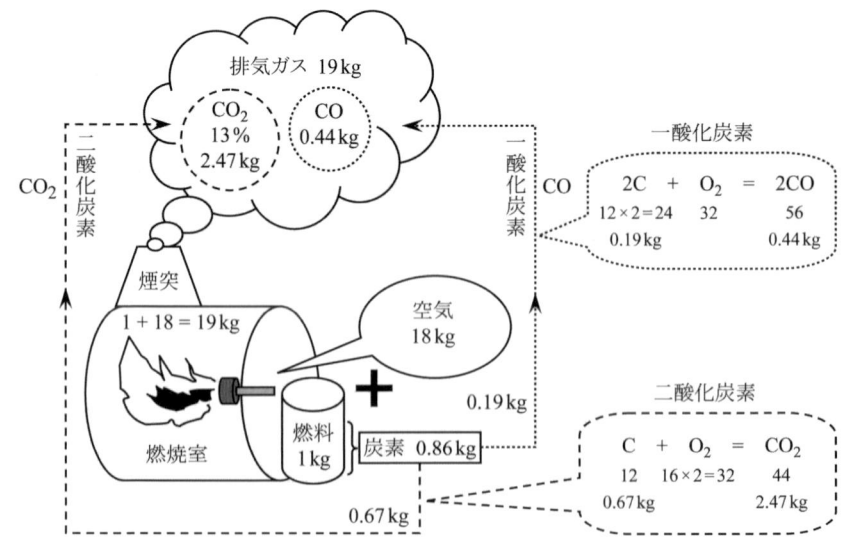

解説

4 計算問題

問13 圧力計が 1MPa を示しているボイラの水面下に直径 1.0mm のピンホールがあいた場合，このピンホールから 1 時間にどのくらいのボイラ水が噴出するか。ただし，ボイラ水の密度 1000kg/m³，流量係数を 0.6 とする。また，圧力 p_1 の流体が圧力 p_2 の空間に噴出する速度 v は，次式で表されるものとする。 (1504/1704/2002/2202)

$$v = \sqrt{2 \times \frac{p_1 - p_2}{\rho}}$$

ただし，p_1, p_2 は圧力，ρ は流体の密度

解答

ピンホールからの噴出量 Q [m³/s]は

$$Q = C \times A \times v$$
$$= C \times \left(\frac{\pi \times d^2}{4}\right) \times \sqrt{2 \times \frac{p_1 - p_2}{\rho}} \text{ [m}^3\text{/s]} \cdots\cdots ①$$

より求まる。ただし，C：流量係数，A：ピンホールの面積[m²]，v：噴出速度[m/s]，p_1：ボイラ内圧力[Pa] (注1)，p_2：大気圧[Pa] (注1)，d：穴の直径[m]，ρ：ボイラ水の密度[kg/m³]

①式に，与えられた数値を代入して，求める噴出量 Q [m³/s]は

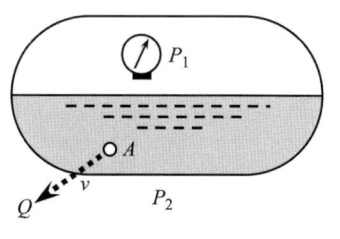

$$Q = 0.6 \times \frac{3.14 \times (1 \times 10^{-3})^2}{4} \times \sqrt{2 \times \frac{1 \times 10^6 - 0}{1000}} = 2.1 \times 10^{-5} \text{ [m}^3\text{/s]}$$

となる。1 時間当たりに直して

$$2.1 \times 10^{-5} \times 3600 = 0.0756 \text{ [m}^3\text{/h]}$$

となる。　　　　　　　　　　　　　　　　　　【答】 0.0756 [m³/h]

解説

(注1) p_1 及び p_2 の単位は[Pa]に直す。
◆ピンホール：針で開けたような小さな穴
◆流量係数：理論流出流量を実際流出流量に変換するための係数

問14 タンクの水面下 8m の位置に開いた丸い穴から毎時 36m³ の水が流

出するものとすれば，この穴の直径はいくらか。ただし，流量係数 0.5 とし，流出中の水面の高さは変わらないものとする。　(1510/1710/2307)

解答

タンクの穴から流出する水量 Q [m³/s] は

$$Q = C \times A \times v = C \times A \times \sqrt{2gH}$$
$$= C \times \left(\frac{\pi}{4} \times d^2\right) \times \sqrt{2gH} \text{ [m}^3\text{/s]} \quad \cdots\cdots ①$$

より求まる。ただし，C：流量係数，A：穴の面積[m²]，v：流出速度[m/s]，g：重力の加速度[m/s²]，H：液面の高さ[m]，d：穴の直径[m]

また，与えられた流出量は毎時なので，これを毎秒に変換し

$$Q = \frac{36}{3600} = 0.01 \text{ [m}^3\text{/s]}$$

となる。①式に，与えられた数値を代入すると

$$0.01 = 0.5 \times \frac{3.14}{4} \times d^2 \times \sqrt{2 \times 9.8 \times 8} \text{ [m}^3\text{/s]} \quad \cdots\cdots ②$$

②式から穴の直径 d [m] は，$d = 0.0451$ [m] となる。

【答】0.0451 [m] または 4.51 [cm]

問15 高さ 2.0m の円筒たて形油タンクがある。タンク底から 30cm の高さの位置に中心を持つ円形の取出し穴をつくる場合，油量がタンク容積の 80% のときに毎秒 2.0L の流量にするためには，穴の直径をいくらにすればよいか。ただし，流量係数を 0.6 とし，流出中は油面の高さに変化はないものとする。　(1702/1902)

解答

タンクの穴から流出する油量 Q [m³/s] は

$$Q = C \times A \times v = C \times \left(\frac{\pi}{4} \times d^2\right) \times \sqrt{2gH} \text{ [m}^3\text{/s]} \quad \cdots\cdots ①$$

より求まる。ただし，C：流量係数，A：穴の面積[m²]，v：流出速度[m/s]，g：

重力の加速度[m/s²]，H：液面の高さ[m]，d：穴の直径[m]

また，与えられた流量 Q の単位は[L]なので，[m³]に変換する。

1[L] = 1 × 10⁻³ [m³] なので

$Q = 2.0$ [L/s] $= 2 × 10^{-3}$ [m³/s]

となる。①式に，与えられた数値を代入すると

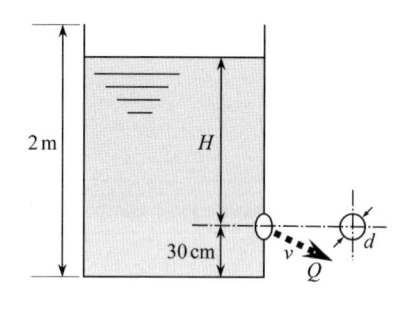

$$2 × 10^{-3} = 0.6 × \left(\frac{3.14}{4} × d^2\right) × \sqrt{2 × 9.8 × (2 × 0.8 - 0.3)} \text{ [m}^3\text{/s]} \quad \cdots\cdots\cdots ②$$

②式から穴の直径 d [m]は，$d = 0.029$ [m]となる。

【答】0.029 [m] または 2.9 [cm]

問16 クランクジャーナルをクランクアームに焼ばめするのに，15 ℃のときのクランクアームの穴の直径が 299.7 mm で，クランクジャーナルの直径が 300.4 mm であれば，クランクアームを少なくとも何度以上に加熱しなければならないか。ただし，クランクアームの材料の線膨張率を $1.24 × 10^{-5}$ ℃⁻¹ とする。 (1507/1904/2307)

解答

クランクアームの加熱温度を t [℃]とすると，題意より次の関係が成り立つ。

クランクアームの穴の直径 × (t - 加熱前の温度) × 線膨張率
= クランクジャーナルの直径 - クランクアームの穴の直径

上式に，与えられた数値を代入すると

$$299.7 × (t - 15) × 1.24 × 10^{-5} = 300.4 - 299.7 \text{ [mm]} \quad \cdots\cdots\cdots ①$$

①式から，加熱温度 t [℃]は

$$t = \frac{0.7}{299.7 × 1.24 × 10^{-5}} + 15 = 203.4 \text{ [℃]} \quad \text{となる。} \quad \text{【答】} 203.4 \text{ [℃]}$$

解説

◆焼きばめ：軸と軸穴を結合する場合，穴を加熱し径を拡げて軸を挿入し，常温まで冷やすと，穴が軸を締め付け密着させる結合法

機関その三

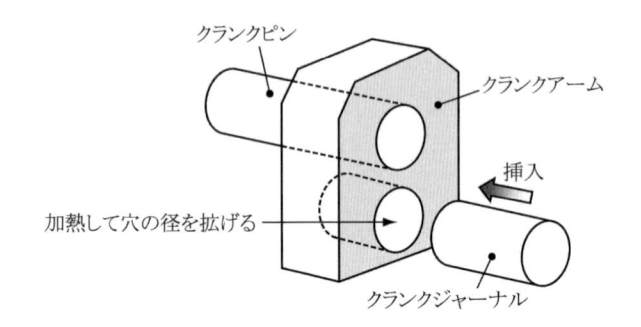

クランクピン / クランクアーム / 挿入 / クランクジャーナル / 加熱して穴の径を拡げる

◆クランク軸：ピストンの往復運動を回転運動に変える。
◆線膨張率：温度1℃当たりの膨張の割合

問17 長さ4m，横断面積 5cm² の鋼製の棒に，衝撃的に 20kN の引張荷重をかけると，材料に生じる応力，ひずみ及び伸びは，それぞれいくらになるか。ただし，衝撃荷重のときに生じる応力は，静荷重のときの応力の2倍とし，材料の縦弾性係数を 200 GPa とする。　(1602/1910)

解答
(1) 静的応力 σ_s [Pa] は

$$\sigma_s = \frac{W}{A} \text{ [Pa]} \quad \cdots\cdots ①$$

より求まる。ただし，W：引張荷重[N]，A：断面積[m²]
また，題意より動的応力 σ_d [Pa] は

$$\sigma_d = 2 \times \sigma_s \text{ [Pa]} \quad \cdots\cdots ②$$

となるので，材料に生じる応力 σ_d [Pa] は

$$\sigma_d = 2\sigma_s = 2 \times \frac{W}{A} \text{ [Pa]} \quad \cdots\cdots ③$$

より求まる。③式に，与えられた数値を代入して

$$\sigma_d = \frac{2 \times 20 \times 10^3}{5 \times 10^{-4}} = 8 \times 10^7 \text{ [Pa]}$$

となる。　【答】8×10^7 [Pa] または 80 [MPa]

(2) 引張ひずみ ε は，縦弾性係数 E [Pa] を用いて

$$\varepsilon = \frac{\sigma_d}{E} \quad \cdots\cdots ④$$

4　計算問題

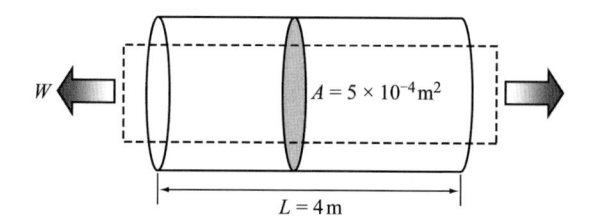

より求まる。④式に，与えられた数値を代入して

$$\varepsilon = \frac{8 \times 10^7}{200 \times 10^9} = 4 \times 10^{-4}$$

となる。

【答】4×10^{-4}

(3) 伸び λ [m]は，元の長さを L [m]とすると

$$\lambda = L \times \varepsilon \text{ [m]} \quad \cdots\cdots\cdots\cdots\cdots\cdots\cdots\cdots\cdots\cdots\cdots\cdots\cdots\cdots\cdots\cdots\text{⑤}$$

より求まる。⑤式に，与えられた数値を代入して

$$\lambda = 4 \times 4 \times 10^{-4} = 1.6 \times 10^{-3} \text{ [m]}$$

となる。

【答】1.6×10^{-3} [m]または 1.6 [mm]

解説

◆応力：物体が荷重を受けたとき，内部に生じる抵抗力を内力といい，単位面積当たりの内力の大きさを応力という。

◆静荷重：静止している大きさ一定の荷重

◆動荷重：時間と共に変動する荷重。動荷重には荷重が急激に作用する衝撃荷重及び周期的に変化する繰返し荷重がある。

◆縦弾性係数 E：材料に荷重（外力）がかかると内部には抵抗として応力を生じ，ひずみが発生する。縦軸に応力，横軸にひずみをとると，縦弾性係数はその傾きを表す。右図は，同じ応力で縦弾性係数の大きい材料はひずみが小さいことを示す。$E = \dfrac{応力}{ひずみ}$

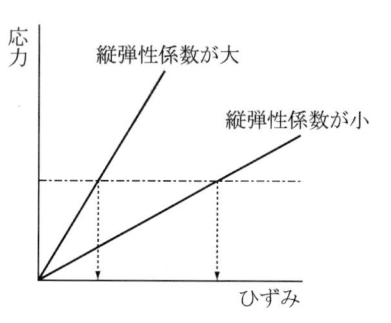

◆ひずみ ε：荷重が作用したときの変形の割合。$\varepsilon = \dfrac{変形量}{元の長さ}$

◆伸び（縮み）λ：荷重が作用したときの変形量

> **問 18** 外径 250 mm，内径 200 mm，長さ 1200 mm の中空円筒を長さ方向に 500 kN の圧縮荷重をかけると，円筒の長さはいくら減少するか。ただし，この材料の縦弾性係数を 120 GPa とする。　　　　(1402/1807/2010/2110)

解答

圧縮荷重 W [N] をかけることにより中空円筒に生ずる変形量 λ [m] は

$$\text{縦弾性係数} = \frac{\text{圧縮応力}}{\text{ひずみ}} = \frac{\dfrac{W}{A}}{\dfrac{\lambda}{L}} = \frac{W \times L}{A \times \lambda} \ [\text{Pa}]$$

の関係より

$$\lambda = \frac{W \times L}{A \times E} \ [\text{m}] \quad \cdots\cdots\cdots ①$$

より求まる。ただし，A：中空円筒の断面積 [m²]，L：円筒の長さ [m]，E：縦弾性係数 [Pa]

ここで，中空円筒の断面積 A [m²] は，外径 D [m]，内径 d [m] とすると

$$A = \frac{\pi}{4}D^2 - \frac{\pi}{4}d^2 = \frac{\pi(D^2 - d^2)}{4} \ [\text{m}^2] \quad \cdots\cdots\cdots ②$$

となる。①式に，②式を代入すると

$$\lambda = \frac{W \times L}{\dfrac{\pi(D^2 - d^2)}{4} \times E} \ [\text{m}] \quad \cdots\cdots\cdots ③$$

となる。③式に，与えられた数値を代入して，求める変形量 λ [m] は

$$\lambda = \frac{500 \times 10^3 \times 1.2}{\dfrac{3.14 \times (0.25^2 - 0.2^2)}{4} \times 120 \times 10^9} = 2.83 \times 10^{-4} \ [\text{m}]$$

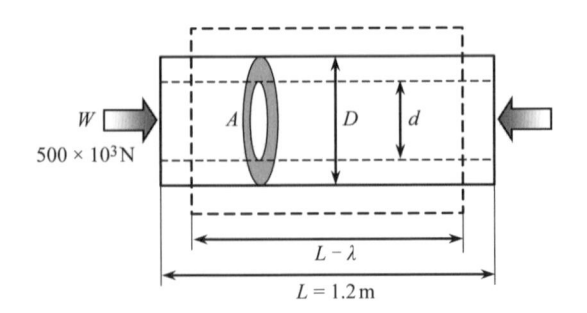

となる。よって、円筒の長さは 0.283 [mm] 減少する。　　　【答】0.283 [mm]

解説
（注）本問では、長さの単位は [m]、荷重の単位は [N]、縦弾性係数の単位は [Pa] に統一すること。

問 19 20 ℃ のとき、長さが 1.2 m の鋼の丸棒の両端を固定し、80 ℃ まで加熱した場合、この丸棒に生じる応力は、いくらか。ただし、この鋼の線膨張率を 10.6×10^{-6} ℃$^{-1}$、縦弾性係数を 210 GPa とする。(1604/1907/2207)

解答
温度上昇による鋼棒の伸び λ は
$$\lambda = \ell \times \alpha \times t = 120 \times 10.6 \times 10^{-6} \times (80 - 20) = 0.0763 \text{ [cm]}$$
となる。ただし、ℓ：鋼棒の長さ [cm]、α：鋼の線膨張率 [℃$^{-1}$]、t：上昇温度 [℃]
よって、鋼棒の全長は
$$\ell + \ell \alpha t = 120.0763 \text{ [cm]} \quad \cdots\cdots ①$$
となる。

題意より①の長さを ℓ まで圧縮することになるので、圧縮ひずみ ε は
$$\varepsilon = \frac{\ell \alpha t}{\ell(1 + \alpha t)} = \frac{\alpha t}{1 + \alpha t} = \frac{0.0763}{120.0763}$$
となる。よって圧縮応力（丸棒に生じる応力）σ [Pa] は、E を縦弾性係数 [Pa]（注1）とすると
$$\sigma = \varepsilon \times E = \frac{0.0763}{120.0763} \times 210 \times 10^9 = 133.44 \times 10^6 \text{ [Pa]} = 133.44 \text{ [MPa]}$$
となる。　　　【答】133.44 [MPa]

解説
（注1）本問では、縦弾性係数の単位 [GPa] は [Pa] とし、長さの単位は [cm] とする。
◆熱応力：材料が加熱されたとき材料の自由な膨張が阻害されると、材料は圧縮荷重を受けた場合と同じ状況となり、内部に応力を生じる。
◆代表的な SI 接頭語：G（ギガ）= 10^9、M（メガ）= 10^6、k（キロ）= 10^3

機関その三

問20 鋼製ボルトで，その長さの方向にかかる 100 kN の荷重を安全に支えるには，ボルトの直径及びボルトの頭の高さをいくらにすればよいか。ただし，ボルトの引張強さを 400 MPa とし，ボルトの引張強さとせん断強さの比を 5：4，安全係数をいずれも 5 とする。　　　(1607/2102)

解答

(1) ボルトの直径 d [m] は

$$W = A_1 \times \frac{\sigma}{S} = \left(\frac{\pi}{4} \times d^2\right) \times \frac{\sigma}{S} \text{ [N]} \cdots\cdots①$$

の関係より求まる。ただし，W：長さ方向にかかる荷重 [N]，A_1：径部の断面積 [m²]，σ：ボルトの引張強さ [Pa]，S：安全係数

　①式に，与えられた数値を代入して

$$100 \times 10^3 = \left(\frac{3.14}{4} \times d^2\right) \times \frac{400 \times 10^6}{5} \text{ [N]} \cdots\cdots②$$

　②式より，$d = 0.0399$ [m] となる。　　　【答】39.9 [mm]

(2) ボルトの頭の高さ h [m] は

$$W = A_2 \times \frac{\tau}{S} = (\pi \times d \times h) \times \frac{\tau}{5} \text{ [N]} \cdots\cdots③$$

の関係より求まる。ただし，W：長さ方向にかかる荷重 [N]，A_2：頭部の断面積 [m²]，τ：ボルトのせん断強さ [Pa]，S：安全係数

　③式に，与えられた数値を代入して

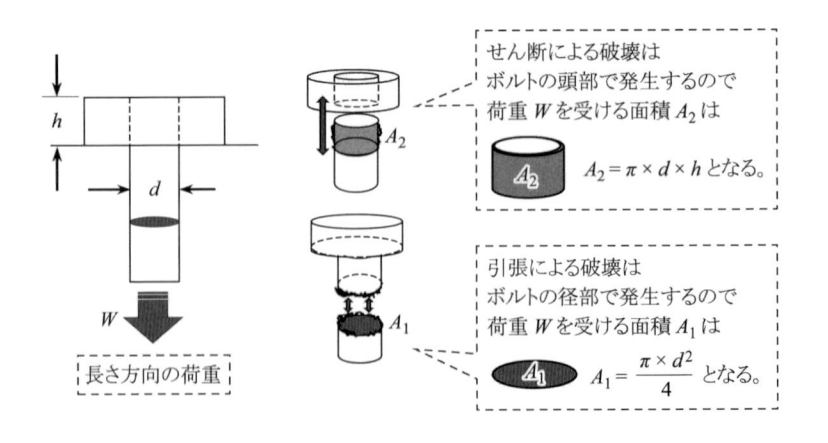

> せん断による破壊は
> ボルトの頭部で発生するので
> 荷重 W を受ける面積 A_2 は
> $A_2 = \pi \times d \times h$ となる。

> 引張による破壊は
> ボルトの径部で発生するので
> 荷重 W を受ける面積 A_1 は
> $A_1 = \dfrac{\pi \times d^2}{4}$ となる。

長さ方向の荷重

$$100 \times 10^3 = (3.14 \times 0.0399 \times h) \times \frac{\frac{4}{5} \times 400 \times 10^6}{5} \text{ [N]} \quad \cdots\cdots ④$$

④式より，$h = 0.0125$[m]となる。　　　　　　　　　　　【答】12.5[mm]

解説

◆安全係数 $= \dfrac{\text{引張強さ（極限強さ）}}{\text{許容応力}}$

問21 図に示す状態にある鋼製ピンを矢印の方向に引っ張った場合，径部（d の部分）が切れる力の 2 倍の力でも，頭部（h の長さの部分）が破線の部分で長さの方向に切れないようにするには，ピンの直径（d）と頭部の高さ（h）との割合をいくらにすればよいか。ただし，材料の引張強さとせん断強さの比を 5：4 とする。
(1510/1904/2204)

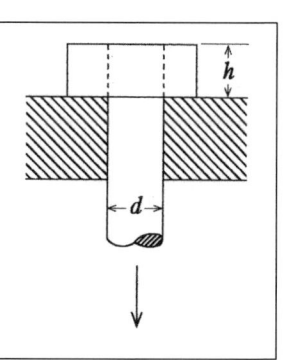

解答

題意より
$$(A_1 \times \sigma) \times 2 = A_2 \times \tau$$
$$\left(\frac{\pi}{4}d^2 \times \sigma\right) \times 2 = \pi \times d \times h \times \tau \quad \cdots\cdots ①$$

が成り立つ。ただし，A_1：径部の断面積，A_2：頭部の断面積，σ：引張強さ，τ：せん断強さ，d：ピンの直径，h：頭部の高さ

①式を整理して
$$\frac{d}{h} = \frac{2\tau}{\sigma} \quad \cdots\cdots ②$$

となる。また，題意より σ と τ の関係は，$\sigma:\tau = 5:4$ から
$$\tau = \frac{4 \times \sigma}{5} \quad \cdots\cdots ③$$

③式を②式に代入して $\dfrac{d}{h} = \dfrac{2 \times \frac{4 \times \sigma}{5}}{\sigma} = \dfrac{8}{5}$ となる。　　　【答】$\dfrac{d}{h} = \dfrac{8}{5}$

> **問22** 内径が 1.6 m の円筒形鋼製圧力容器において，最大圧を 4.0 MPa とすれば，この容器の胴部の厚さは，いくら以上なければならないか。ただし，鋼板の許容引張応力を 150 MPa とする。　　　　　　　(1402/1610/2002)

解答

<u>円筒形圧力容器が内圧で破壊する場合，半径方向と長さ方向の二通りの破壊が考えられるが，強度面から半径方向の破壊を対象とする</u>(注1)。

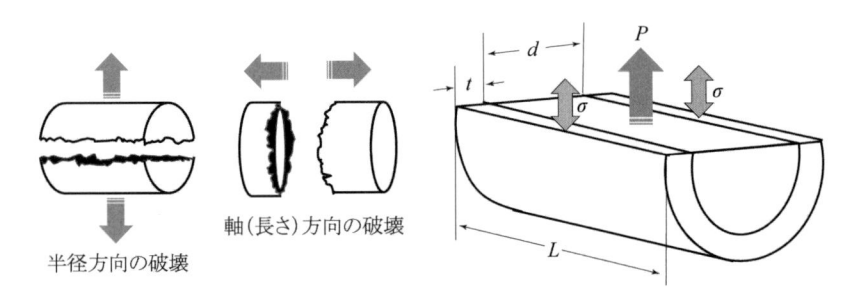

圧力容器を破壊しようとする力，外力は

　　　外力 = 最大圧 (内圧) P × (内径 d × 円筒長さ L)　………………………①

から求まる。

一方，鋼板に働く抵抗力，内力は

　　　内力 = 許容引張応力 σ × 2 × (胴部の厚さ t × 円筒長さ L)　………②

から求まる。

題意より，外力 = 内力（①式 = ②式）の関係から厚さ t を求める。

　　　$P \times d \times L = \sigma \times 2 \times t \times L$　より

　　　$t = \dfrac{P \times d \times L}{2 \times \sigma \times L} = \dfrac{P \times d}{2 \times \sigma}$　………………………………………③

となる。③式に，与えられた数値を代入して，求める厚さ t は

　　　$t = \dfrac{4 \times 10^6 \times 1.6}{2 \times 150 \times 10^6} = 0.0213$ [m]

となる。　　　　　　　　　　　　　【答】2.13 [cm] 以上の厚さが必要

解説

(注1) 円筒形鋼製圧力容器に内圧が加わる場合，半径方向の破壊が軸方向の破壊より先に生じる。

4　計算問題

問23　3600min^{-1} で運転されている直径 120 mm の軸に設けた有効長さ 150 mm の横軸受の軸受圧が 400 kPa であるとすれば，摩擦で失われる動力は，いくらか。ただし，軸受の摩擦係数を 0.004 とする。

(1507/1710/2107/2304)

解答

摩擦により失われる動力 Q [W] は

$$Q = v \times F \text{ [W]} \quad \cdots \cdots \text{①}$$

より求まる。ただし，v：軸表面の周速度 [m/s]，F：軸受摩擦力 [N]

ここで，軸表面の周速度 v [m/s] は

$$v = 円周の長さ \times 毎秒回転速度 = (\pi \times d) \times \frac{N}{60} \text{ [m/s]} \quad \cdots \cdots \text{②}$$

より求まる。ただし，d：軸の直径 [m]，N：毎分回転速度 [min^{-1}]

②式に，与えられた数値を代入して，周速度 v [m/s] は

$$v = (3.14 \times 0.12) \times \frac{3600}{60} = 22.6 \text{ [m/s]} \quad \cdots \cdots \text{③}$$

となる。また，軸受摩擦力 F [N] は

$$F = \mu \times W = \mu \times (d \times L \times P) \text{ [N]} \quad \cdots \cdots \text{④}$$

より求まる。ただし，μ：摩擦係数，W：軸受荷重 [N]，L：軸の有効長さ [m]，P：軸受圧 [Pa]

④式に，与えられた数値を代入して，軸受摩擦力 F [N] は

$$F = 0.004 \times 0.12 \times 0.15 \times 400 \times 10^3 = 28.8 \text{ [N]} \quad \cdots \cdots \text{⑤}$$

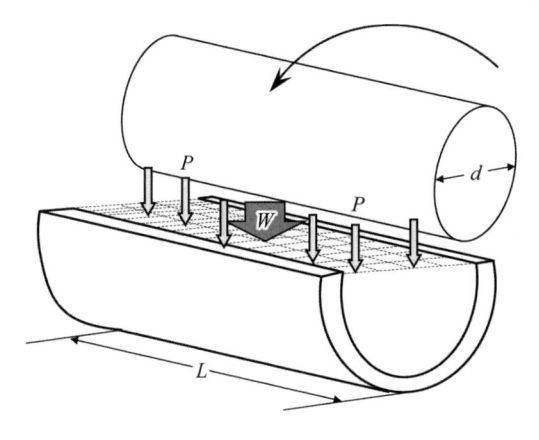

$$軸受圧 P = \frac{軸受荷重 W}{軸受面積 (d \times L)}$$

となる。①式に，③式と⑤式で求めた値を代入して，動力 Q [W] は

$Q = v \times F = 22.6 \times 28.8 = 651$ [W] 　となる。　　　　【答】651 [W]

解説

◆摩擦力：物体を動かすとき，進行方向と逆向きに働く抵抗力

◆ W（ワット）：動力，仕事率の単位。1 秒当たり 1J の仕事をする場合を 1W という。

　　1 [W] = 1 [Nm/s] = 1 [J/s]

◆周速度：円運動している物体の円周に沿った速度

　　$v = \dfrac{L}{t}$ [m/s]

ただし，t は A から B までの所要時間

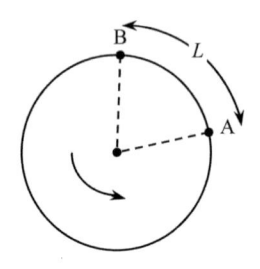

問24 横軸の直径 18 cm，回転速度 210 min⁻¹，軸受に働く力 50 kN，摩擦係数 0.02 とすれば，軸受の摩擦による抵抗モーメント及び摩擦により毎時発生する熱量は，それぞれいくらか。　　(1407/1804/2210)

解答

(1) 摩擦による抵抗モーメント M [Nm] は

　　$M = F \times r$ [Nm] ……………………………………………①

より求まる。ただし，F：軸受摩擦力 [N]，r：軸の半径 [m]（注1）

　ここで，軸受摩擦力 F [N] は

　　$F = \mu \times W$ [N] …………………………………………②

より求まる。ただし，μ：摩擦係数，W：軸受に働く力 [N]

　①式に②式を代入して，摩擦による抵抗モーメント M [Nm] は

　　$M = F \times r = \mu \times W \times r$ [Nm] ……………………③

となる。③式に，与えられた数値を代入して，求める抵抗モーメント M [Nm] は

　　$M = 0.02 \times 50 \times 10^3 \times \dfrac{0.18}{2} = 90$ [Nm] 　となる。　【答】90 [Nm]

(2) 摩擦により毎時発生する熱量 Q [J/h] は

　　$Q = F \times v \times 60$ [J/h] …………………………………④

より求まる。ただし，v：軸表面の周速度 [m/分]

　ここで，軸表面の周速度 v [m/分] は

$$v = \pi \times d \times N \text{ [m/分]} \quad \cdots\cdots\cdots\cdots\cdots\cdots\cdots\cdots\cdots\cdots\cdots\cdots\cdots\cdots ⑤$$

より求まる。ただし，N：毎分回転速度 [min⁻¹]，d：軸の直径 [m]
　④式に，②及び⑤式を代入して，摩擦により毎時発生する熱量 Q [J/h] は

$$Q = \mu \times W \times \pi \times d \times N \times 60 \text{ [J/h]} \quad \cdots\cdots\cdots\cdots\cdots\cdots\cdots\cdots\cdots ⑥$$

となる。⑥式に，与えられた数値を代入して，求める熱量 Q [J/h] は

$$Q = 0.02 \times 50 \times 10^3 \times 3.14 \times 0.18 \times 210 \times 60 = 7121.5 \times 10^3 \text{ [J/h]}$$

となる。　　　　　　　　　　　　【答】7121.5×10^3 [J/h] または 7121.5 [kJ/h]

[解説]
（注1）本問では，長さの単位は [m]，力の単位は [N] に統一する。

問25 ある圧力の蒸気 10 kg を 25 ℃ の水 100 kg の中に吹き込んだところ，水の温度は 75 ℃ となった。吹き込んだ蒸気の乾き度は，いくらであったか。ただし，この蒸気圧に相当する乾き飽和蒸気の比エンタルピを 2762 kJ/kg，飽和水の比エンタルピを 697 kJ/kg とする。
（1310/1702/1807/2104/2202/2304）

[解答]
題意より次式が成り立つ。

$$Q_1 + Q_2 = Q_3 \quad \cdots\cdots\cdots\cdots\cdots\cdots\cdots\cdots\cdots\cdots\cdots\cdots\cdots\cdots\cdots\cdots\cdots\cdots\cdots ①$$

ただし，Q_1：乾き度 χ の蒸気 10 kg がもつ熱量 [kJ]
　　　　Q_2：水温 25 ℃ の水 100 kg がもつ熱量 [kJ]
　　　　Q_3：水温 75 ℃ の水 110 kg がもつ熱量 [kJ]

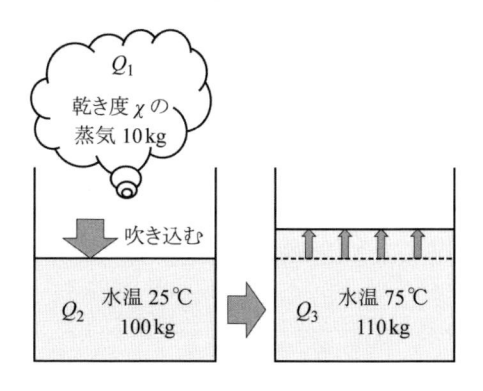

ここで，Q_1, Q_2, Q_3 は

Q_1 = 蒸気量 10 kg ×｛飽和水の比エンタルピ＋乾き度（乾き飽和蒸気の比エンタルピ－飽和水の比エンタルピ）｝[kJ]

Q_2 = 水量 100 kg × 水の比熱 (注1) × 水温 [kJ]

Q_3 = 水量 110 kg × 水の比熱 × 水温 [kJ]

①式に，与えられた数値を代入して

$$10 \times \{697 + \chi (2762 - 697)\} + 100 \times 4.2 \times 25 = 110 \times 4.2 \times 75 \cdots\cdots ②$$

となる。②式より，乾き度 χ は $\chi = 0.832$ となる。　　　【答】83.2 [%]

解説
(注1)　水の比熱は 4.2 [kJ/(kg・K)]
◆乾き度：湿り蒸気（飽和水と飽和蒸気が共存している蒸気）中の飽和蒸気の占める割合
◆比熱：質量 1 kg の物質を温度 1 K 上げるのに必要な熱量
◆エンタルピ：流体がもつ総熱量で，比エンタルピは流体 1 kg 当たりのエンタルピ

5　製図

問1　2 本の植込みボルトで取り付けるパッキン押えの製作図を，下記の寸法によって，尺度 1 : 1 で描け。　　　（1504/1802/2002/2302）

記

筒部の内径	48 mm
筒部の外径	72 mm
筒部の長さ（つばの厚さを含む長さ）	57 mm
つば面の長い方向の長さ（ボルト穴のあるほうの長さ）	166 mm
つば面の短い方向の長さ（ボルト穴のないほうの長さ）	84 mm
つばの厚さ	20 mm
植込みボルトの穴の直径	26 mm

5 製図

植込みボルトのねじの呼び及び数　………………………… M24，2本
筒部の穴の中心から植込みボルトの穴の中心までの距離 ………… 60 mm
パッキン押えのパッキンが当たる面の傾斜　………………………… 15°
注：指示された寸法以外の寸法，その他は適宜とする。

|解答|

|解説|

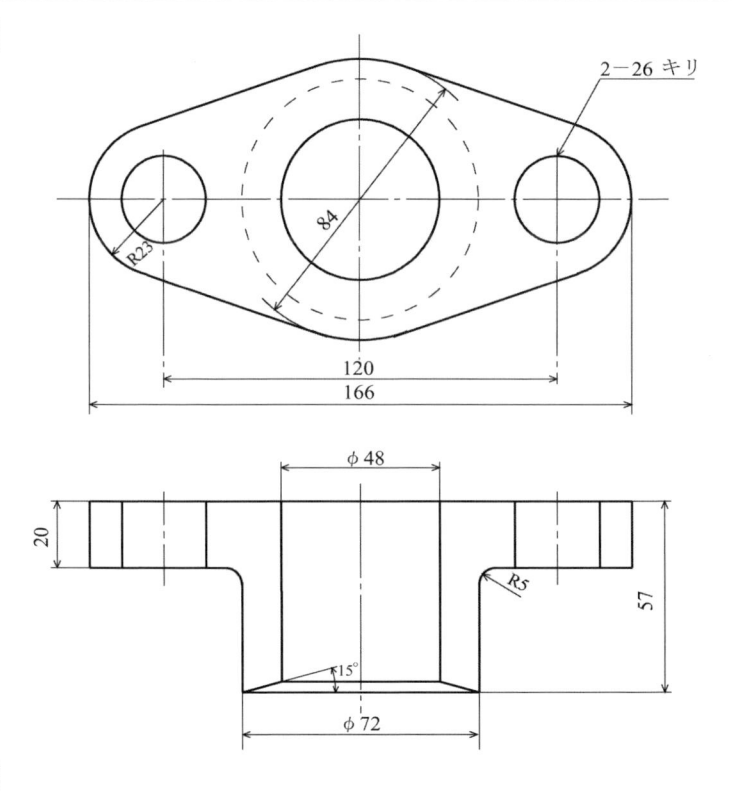

◆線の種類と用途
① 線の太さは，細線と太線があり，その比率は細線を1とすれば太線はおよそ2の割合とする。
② 線形と太さの組み合わせ
  ● 太い実線………外形線
  ● 細い実線………寸法線，寸法補助線，引出線
  ● 細い破線………かくれ線

機関その三

- 細い一点鎖線…中心線，ピッチ線

問2 六角ボルトの製作図を下記により尺度1:1で描け。
(1410/1707/1910/2207)

記

頭の高さ	26mm
頭の対角距離	75mm
頭の二面幅	65mm
頭の頂部平面の直径	62mm
首下の丸み	2mm
呼び長さ	200mm
ねじ部長さ	96mm
円筒部とねじ部との境界の不完全ねじ部の長さ	9mm
円筒部の直径	42mm
おねじの外径（呼び径）	42mm
おねじの谷の径	37.192mm
ねじ先端面取り部の長さ	4.5mm
ねじ先端面取り部の形状	平先
ねじの種類	メートル並目ねじ（M42）
仕上げ程度	並

注：指示された寸法以外の寸法，その他は適宜とする。

解答

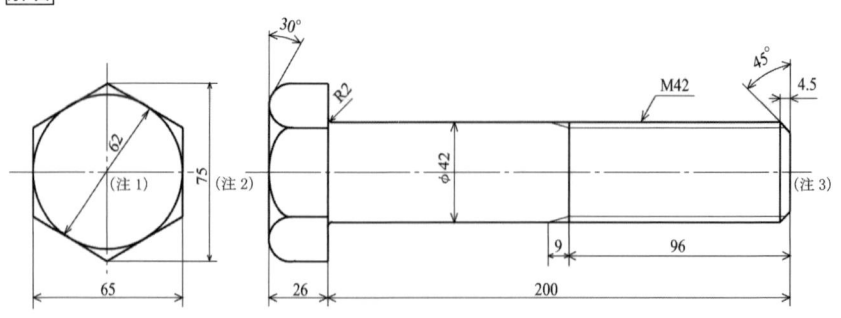

解説

◆中心線の引き方

(注1) 中心線の直交部は長線同士で交差する。

(注2) となりの中心線とは連続にしない。

(注3) 中心線の両端は長線とし，中心線端部の延長は 5～10 mm 程度とする。

問3 図は，軸支えの見取図である。この図から同軸支えの製作図を尺度 1：1 で描け。　　　　　　　　　　　　　　　　　（1407/1607/1904/2107）

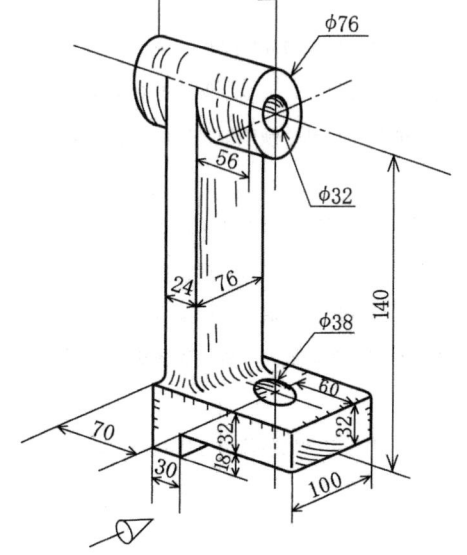

注：指示された寸法以外の寸法，その他は適宜とする。

機関その三

|解答|

(図:寸法入りの機械部品図)

|解説|

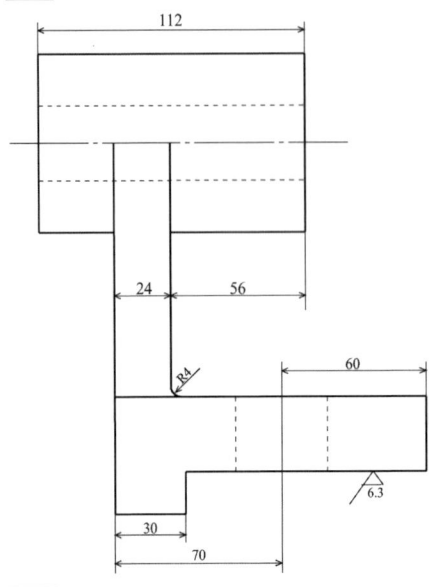

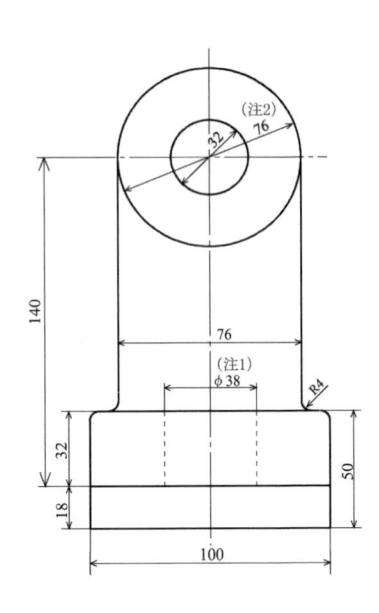

◆直径の寸法記入
(注1) 円形なので，直径記号φを付ける。
(注2) 円形であることが明らかな場合は，記号φは不要

|問|4　下記によってディーゼル機関の段付き連接棒ボルト（クランクピンボルト）の製作図を尺度1：1で描け。　　　　（1502/1804/2104/2310）

記

ボルトの全長 ･･･340mm
リーマ部の直径 ･･･42mm
頭部はだ付け面から下部リーマ部（リーマ部は3箇所あって，頭部に近いところから下部，中央及び上部とする。）までの削取り部の直径
　･･･38mm
上記以外の削取り部の直径 ･････････････････････････････････････36mm
頭部の直径 ･･･60mm

》312《

5 製図

頭部の高さ	30 mm
ねじの規格……メートル細目ねじ	
ねじの呼び径（外径）	40 mm
谷底の径	36.752 mm
ピッチ	3 mm
ねじ部の長さ	60 mm
ねじの逃がし部の直径	35 mm
ねじの逃がし部の長さ	25 mm
ねじの逃がし部の丸みの半径	8 mm
中央リーマ部の中心位置（頭部はだ付け面からの距離）	95 mm
中央リーマ部の長さ	50 mm
上部リーマ部の中心位置（頭部はだ付け面から連接棒下面と軸受上面の合わせ目までの距離）	200 mm
上部リーマ部の長さ	40 mm
下部リーマ部の中心位置（頭部はだ付け面からの距離）	20 mm
下部リーマ部の長さ	20 mm

注：指示された寸法以外の寸法，その他は適宜とする。

[解答]

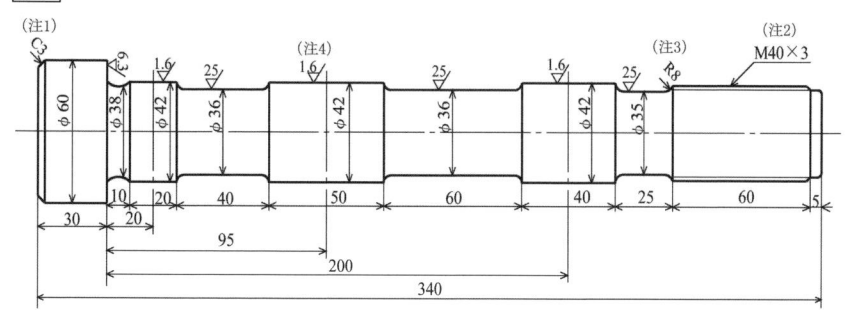

[解説]

（注1）（C：面取り記号）-（3：カット数値）
（注2）（M：メートル細目ねじ）-（40：ねじの呼び径）-
　　　（3：ピッチ）
（注3）（R：丸み）-（8：半径）

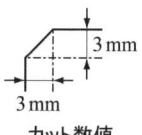

(注4) 仕上げ記号：粗さを表す数字には，0.2，1.6，6.3，25 などがあり，大きくなるに従い荒仕上げになる。

問5　図は，軸の見取図である。この図から軸の製作図を尺度1：1で描け。
（1402/1702/1907/2204）

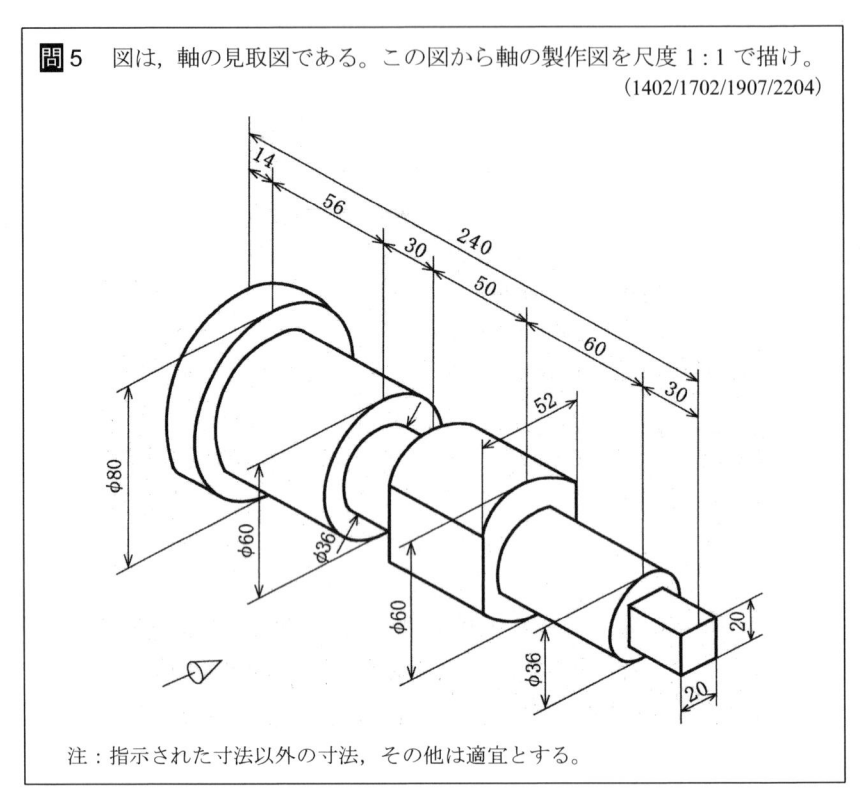

注：指示された寸法以外の寸法，その他は適宜とする。

解答

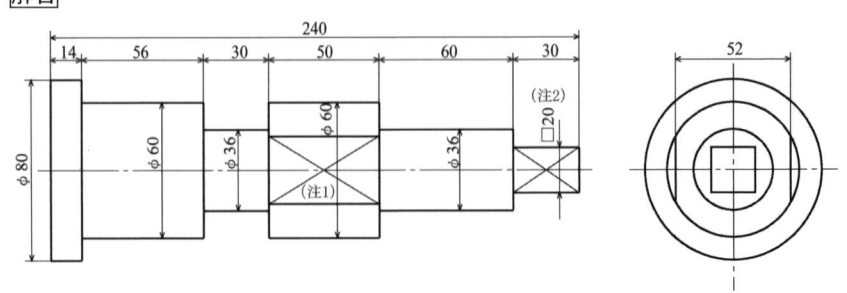

5 製図

解説

◆平面の表示

(注1) 平面は，細い実線で対角線を記入する。
(注2) 正方形は，寸法数値の前に，正方形を表す記号□を付ける。

問6 内径 80 mm の管の T 形フランジ管継手（一体形）の製作図を下記によって尺度 1：1 で描け。　　　　　　　　　　　　　（1604/1902/2202）

記

管の外径 …………………………………………………	90 mm
フランジの外径 …………………………………………	185 mm
フランジの厚さ …………………………………………	18 mm
フランジ面間の長さ ……………………………………	260 mm
ボルト穴の中心円の直径 ………………………………	150 mm
ボルト穴の直径 …………………………………………	19 mm
ボルトのねじの呼び ……………………………………	M16
ボルト穴の数 ……………………………………………	8
継手の高さ（直管部の中心線よりフランジ面まで） ………	130 mm

注：指示された寸法以外の寸法，その他は適宜とする。

機関その三

解答

(図)

解説

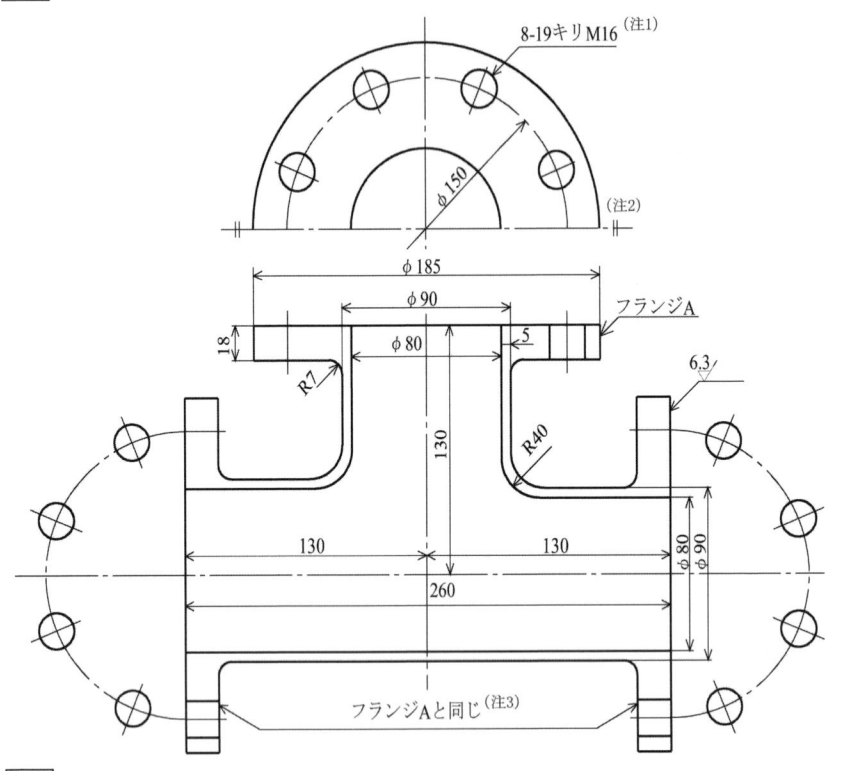

(注1) （8：穴の数）-（19：穴の径）-（キリ：ドリル加工）-（M16：ねじの呼び）
(注2) 対称図示記号：対称中心線の片側の図面を描く場合に記入する。
(注3) 図面の中に全く同一寸法の部分が2箇所以上ある場合，1箇所に寸法を記入し，他の箇所には注意書きを付ける。

5 製図

問7 下記によって，軸が平行でかみ合う一対の動力伝達用平歯車の製作図を，尺度1:2で描け。 (1610/2304)

記

(表)

区　　　　別	大歯車	小歯車
軸　　　　径	80 mm	40 mm
歯　　　　幅	60 mm	
キー溝の幅	24 mm	18 mm
キー溝の深さ	8 mm	6 mm

(表)

平　　　　歯　　　　車					
区　　　別		大歯車	小歯車	精度　JIS　B1702　1級	
歯車歯形		標　　準	備考	相手歯車との中心距離 190 mm	
工具	歯　形	並　　歯		
	モジュール	4		
	圧力角	20°		
歯　　　　数		60	35		
基準ピッチ円直径		240 mm	140 mm		
歯　先　円　直　径		248 mm	148 mm		
全　歯　た　け		9 mm		
仕　上　方　法		研　削　仕　上		

注：①正面図（歯車軸に直角な方向から見た図を断面で図示するものとする。）
　　　及び側面図を描け。
　　②歯車の幅は，歯幅と同じものとする。
　　③図には歯車の（表）は，記入しなくてもよいものとする。
　　④指示された寸法以外の寸法，その他は適宜とする。

機関その三

解答

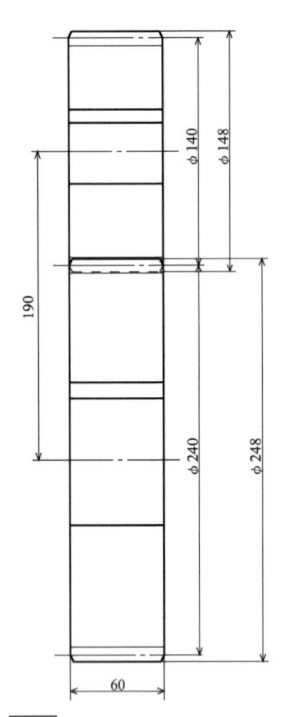

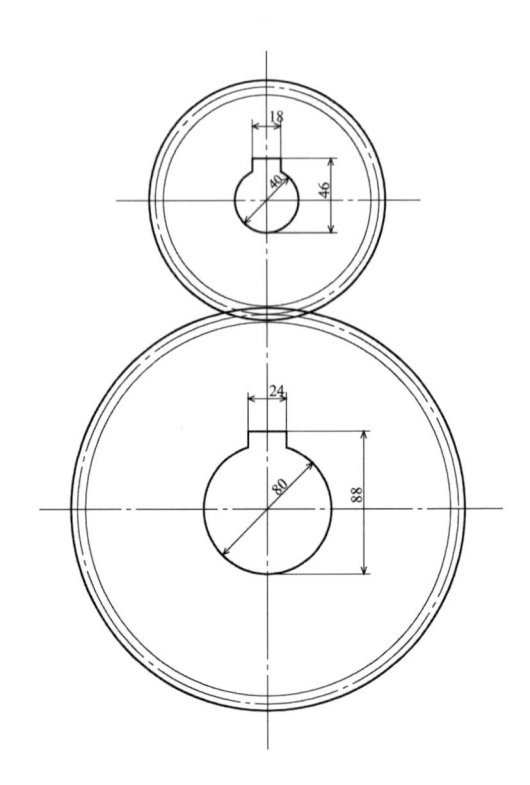

解説

◆歯車の図示
- 歯車の外形…太い実線
- ピッチ線……細い一点鎖線
- 歯底線………細い実線

◆モジュール：ピッチ円直径を歯数で除した値で，この値が大きいほど歯形は大きくなる。

5　製図

問8　図は，一体形の滑り軸受（軸受メタルなし）の見取図である。この図から同軸受の製作図を尺度1：1で描け。　　　　　　（1704/2004）

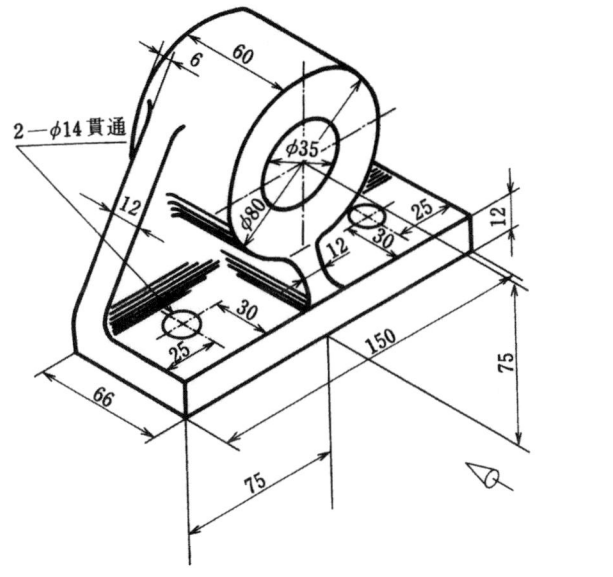

注：指示された寸法以外の寸法，その他は適宜とする。

解答

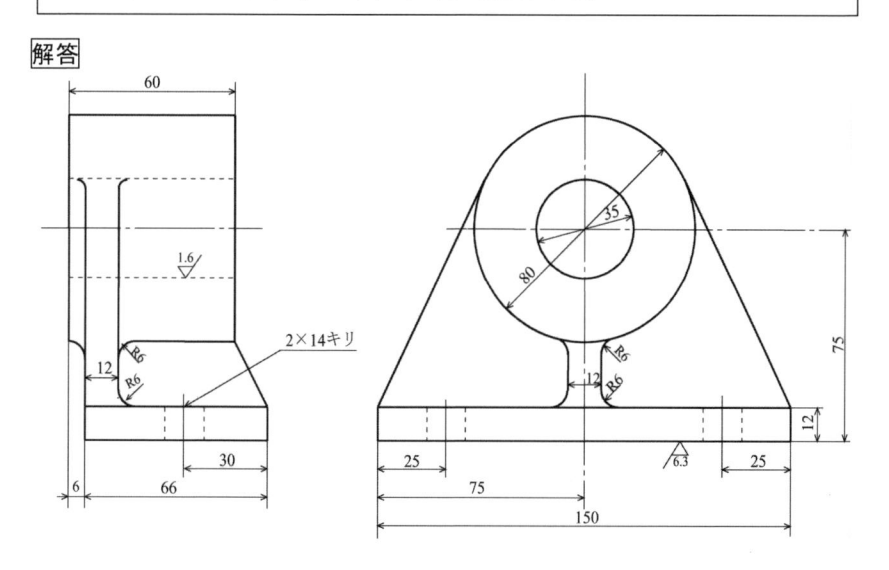

問9　図は，軸支えの見取図である。この図から同軸支えの製作図を尺度1：1で描け。
　　　　　　　　　　　　　　　　　　　　　　　　（1404/1710/2010）

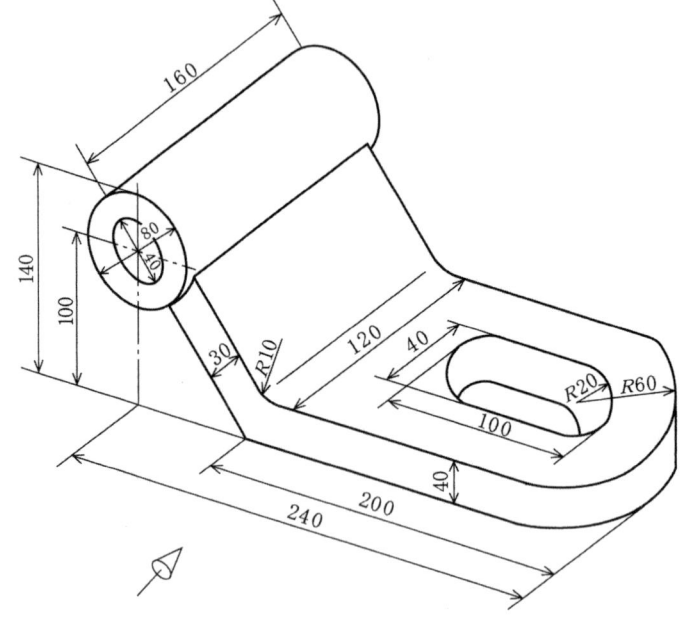

注：指示された寸法以外の寸法，その他は適宜とする。

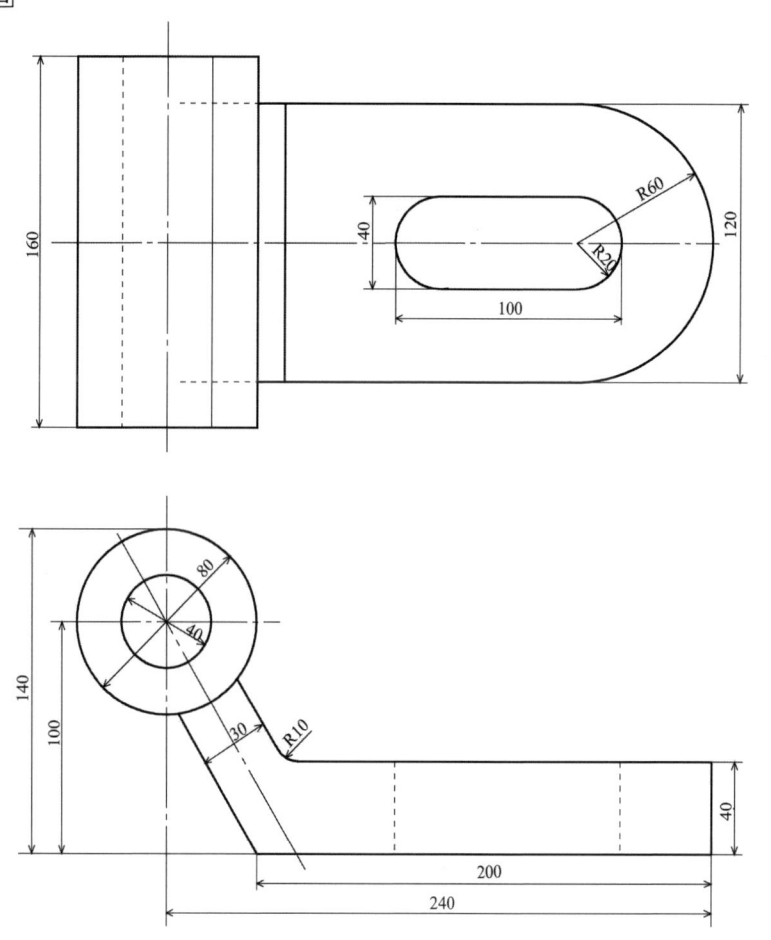

5 製図

解答

機関その三

問10 ディーゼル機関用排気弁（ポペット弁）の製作図を，下記の項目に従って，尺度1：1で描け。　　　　　　　　　　(1507/1807/2007/2210)

記

(1) 弁の全長 …………………………………………………………………363 mm
(2) 弁棒部
　　　弁棒の頂部焼入れ面から弁ばね受用溝までの長さ ……………30 mm
　　　〃　　　〃　　　　　　　　　　　　直径 ………………28 mm
　　　〃　　弁ばね受用溝部の長さ …………………………………26 mm
　　　〃　　〃　　　　直径 …………………………………………23 mm
　　　〃　　弁案内部の長さ ………………………………………210 mm
　　　〃　　〃　　　直径 ……………………………………………30 mm
　　　〃　　弁案内部下端から丸みのある
　　　　　　　　　　　　ラッパ状末広部上端までの長さ …………27 mm
　　　〃　　　〃　　　　〃　　　　　　　直径 ………………28 mm
(3) 弁がさ部
　　　弁棒に続く丸みのあるラッパ状末広部の
　　　　　　　　　　　弁棒中心線方向の長さ ………………………35 mm
　　　〃　　　〃　　　最下位の直径 …………………………………70 mm
　　　〃　　　〃　　　丸みの半径（丸みの投影曲線の半径） ……40 mm
　　　ラッパ状末広部に続く直線的末広部の
　　　　　　　　　　　弁棒中心線方向の長さ ………………………15 mm
　　　〃　　　〃　　　最大直径（当たり面部最小直径） …………130 mm
(4) 弁　部
　　　弁の当たり面部の高さ（弁棒中心線方向の長さ）………………8 mm
　　　〃　　　〃　　　最大直径…………………………………………146 mm
　　　当たり面部最下部から弁の底面までの厚さ ……………………12 mm
　　　弁すり合わせ用穴の個数×直径×深さ ……………2×6 mm×6 mm
　　　〃　　　〃　　　中心円の直径 …………………………………70 mm
注：指示された寸法以外の寸法，その他は適宜とする。

5　製図

解答

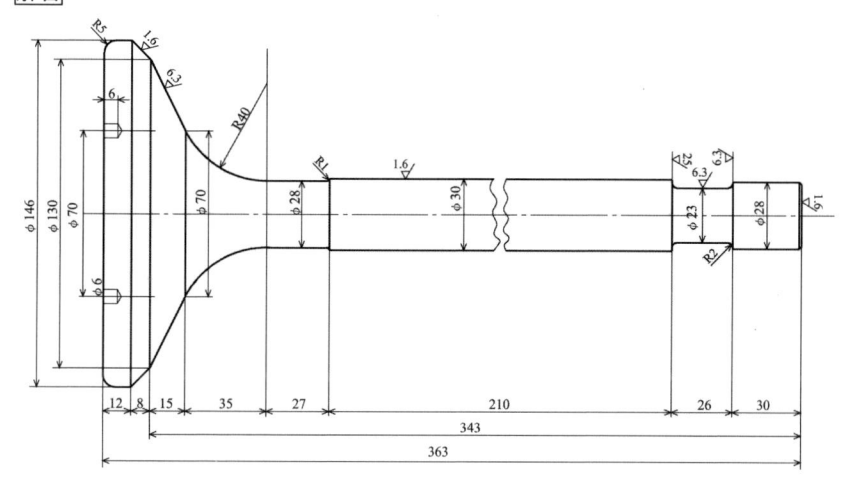

問 11　下記によって，止め弁の開閉用ハンドル車の製作図を尺度 1：1 で描け。
　　　　　　　　　　　　　　　　　　　　　　　　　（1510/1810/2110）

記

リムの外径（ハンドル車の外径）	280 mm
リムの内径	228 mm
リムの断面の直径（断面は円形）	26 mm
ボスの外径	70 mm
ボスの高さ	30 mm
ボスの弁棒差込み穴	23 mm 角
アームの数	4 本
アームの幅　ボスとの接続部	24 mm
リムとの接続部	20 mm
アームの高さ　ボスとの接続部	15 mm
リムとの接続部	10 mm

注：指示された寸法以外の寸法，その他は適宜とする。

機関その三

解答

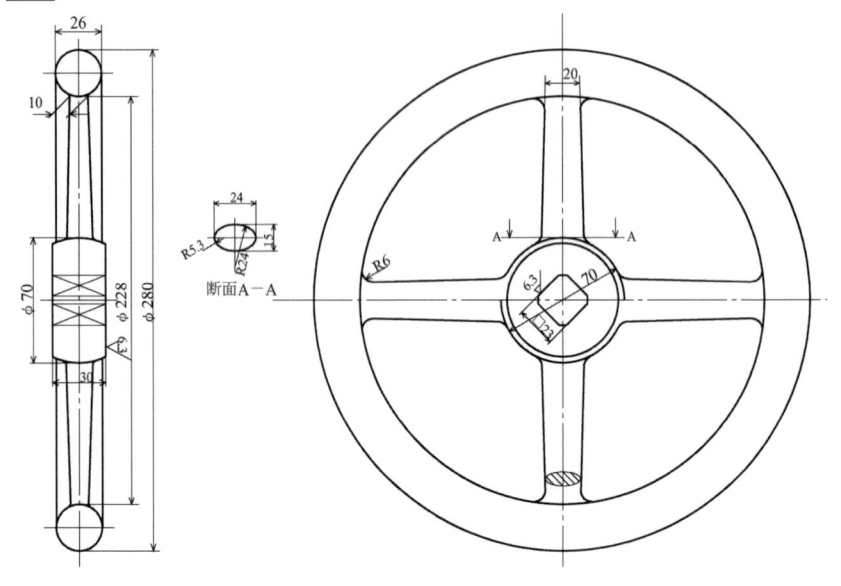

問12 四サイクルディーゼル機関の吸気カムの製作図を下記によって，尺度1：1で描け。
(1602/2102/2307)

記

カムの形状	接線カム
カム基礎円の直径	90 mm
カム頂円（カム最大高さ部の弧）の半径	63 mm
カムの頂部の丸み円（接線から頂円に至る部分）の半径	15 mm
カムの軸の直径	50 mm
カムの全角度（弁の開いている期間）	116°
カムの幅	20 mm
カム取付け部の幅	30 mm
カム取付け部ボスの全幅 ｛（カムの幅）＋（カム取付け部の幅）｝	50 mm
カム取付け部の直径	86 mm
カム取付け部の固定用ネジ穴の直径	10 mm

5　製図

カム取付け部ボスのキー溝の深さ……………………………………4mm
カム取付け部ボスのキー溝の幅　……………………………………15mm
注：①カム頂円の中心は，カム基礎円の中心と一致するものとする。
　　②ローラすきまは，ないものとする。
　　③指示された寸法以外の寸法，その他は適宜とする。

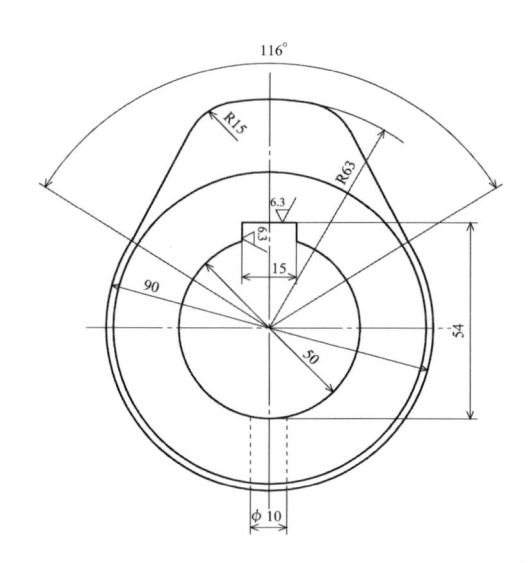

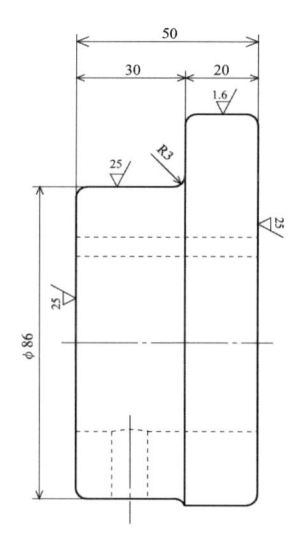

解答

執務一般

問1 新造船の補償工事に関する次の問いに答えよ。
(1502/1604/1810/2004/2310)
(1) 補償工事とは，どのようなものか。
(2) 補償期間は，一般にどのくらい認められるか。
(3) 補償工事の対象となる事故や故障の原因には，どのようなものがあるか。

解答
(1) 就航後，補償期間中に，造船所側に責任がある要修理箇所が生じたとき，造船所が無償で行う設計変更，修理工事または新替え工事
(2) 一般に引渡し後，1年である。
(3) ① 設計の不良及び設計上の不備
　　② 材料の不良及び異なった材質の使用
　　③ 工作組立て及び加工などの不良

問2 機関艤装における艤装員に関して，次の問いに答えよ。 (2210)
(1) 艤装員として派遣されるのは，どのような者か。
(2) 艤装員が造船所に派遣されるのは，どのような時期か。
(3) 艤装員が行う業務内容には，どのようなものがあるか。

解答
(1) 本船乗船の予定者である船長以下の乗組員
(2) 完成引渡しまでの2～3ヶ月前
(3) ① 本船装備の装置，機器，計器などの工事の確認

執務一般

② 試運転，諸試験の立合い
③ 装置や機器の操作要領の確認
④ 書類や予備品の確認

> **問3** 入渠(きょ)工事に関する次の問いに答えよ。　（1402/1510/1710/2002/2104）
> (1) 修繕工事仕様書を立案及び作成する場合，どのような要領で行うか。
> (2) 入渠(きょ)中，定期検査を受ける場合，検査の立会いは，どのようにするか。

解答
(1) ① 原案は，各機器別に担当機関士のもとで立案し，所定の様式に従って作成する。
　　② 工事内容や受検箇所は，見積りがしやすいように丁寧に書く。このために必要なデータ（メーカ，形式，出力，容量，材質，寸法など）はできるだけ詳細に記入する。
　　③ 文章で表現しにくい工事については，図を添付する。寸法の単位はメートル法（原則[mm]）で表示する。
　　④ 部品の注文に中古品を見本として提出する場合は，摩耗などによる誤差を注記する。
　　⑤ 一等機関士が原案を取りまとめ，まとめられた内容を機関長が十分精査・検討して工事項目を決定する。
　　⑥ 工事仕様書は船長を経て会社に提出する。
(2) ① 機関部の法定検査立会人は機関長であるが，担当機関士は担当の機器に不良箇所がないか事前によく点検しておく。
　　② 不良箇所は検査前に機関長に報告する。
　　③ 検査の立会人は検査官に必要な援助を与え，書類を見やすいように整理して公正な検査が行われるように協力する。
　　④ 検査官から改善など指摘を受けた箇所については，監督責任者と交渉し，適正な処置を講ずる。

解説
◆船舶検査：船舶の安全航行の確保のために行われる検査。検査には強制的に行われる定期検査，中間検査，臨時検査，特別検査，製造検査の5種類と，

予備検査などの任意検査がある。
◆仕様書：詳細な工事計画書

> 問4　船舶を乾ドックに入れる前，機関部として注意しなければならない事項を述べよ。
> 　　　　　　　　　　　　　　　　　　　　　　（1407/1704/1907/2010）

解答
① 　工事の円滑な進行：入渠工事の概要や予定，船内作業などを乗組員に周知・徹底して，計画通り入渠工事が終了するよう万全を期す。
② 　船体のバランス（注1）：船体を傾斜させることなく船台に乗せるため，乾ドックに入れる前に油タンク，水タンクなどを左右均等にし，重量物は移動しないよう固定する。
③ 　ボイラ水の吹出し：乾ドックの排水が終わらないうちに吹出しを終了させる。
④ 　運転機器の停止：冷却水がなくなるので，運転機器を停止する。
⑤ 　電源の確保：陸上電源への切替え準備をする。
⑥ 　ビルジ，汚水は事前に処理するか陸揚げする。
⑦ 　入渠工事では溶接など火気が多く使用されるので，消火器を点検のうえ火気使用現場に配置しておく。

解説
（注1）乾ドックに入って，ドック内の海水を排出した後，船体をバランスよく船台に乗せなければならない。
◆乾ドック（ドライドック）：船の建造や修理のため海水の出し入れができる設備
◆ビルジ：船底に溜まる水と油の混合物。油水分離器を通して水だけは船外に排出し，油は焼却するか陸揚げする。

乾ドック

> 問5　入渠中，工事側が行う修繕工事について，機関士が注意しなければならない事項をあげよ。
> 　　　　　　　　　　　　　　　　　　　　　　（1404/1602/1902/2302）

執務一般

解答
① 安全：工場側や船内各部との連絡を密にし，工事の安全確保に努める。
  ● 災害防止：足場，照明，換気など作業環境に注意し，検知器，保護具などを準備して，災害防止に万全の対策を講ずる。
  ● <u>火災防止</u>(注1)：可燃物を整理し，溶接など火気使用現場には消火器を準備して，火災防止に万全の対策を講ずる。
② 工事の円滑な進行：工事の進行状態を常に確認し，特に追加工事には注意して，出渠の日程に支障がないように努める。
③ 工事の立会い：機器の開放時，復旧時の点検や工事終了後の確認運転には必ず立ち会う。特にプロペラや船底弁など喫水線下の工事については確実な復旧を確認する。
④ 工事変更・追加工事：機関長及び監督責任者と連絡を取り，適切な処置を行う。
⑤ 工事で使用した予備品：早急に手配して補充する。
⑥ 工場側に貸与した特殊工具などは，工事終了後，返却及び格納を確認する。

解説
(注1) 入渠工事では，ガス切断やガス溶接，電気溶接など火気を使用する機会が増えるので，特に火災に注意が必要である。
◆船底弁：船底に設けた船体付きの弁

問6 入渠(きょ)中の船舶の機関士が注意しなければならない事項をあげよ。
(1410/1802)

解答
① 安全：工場側や船内各部との連絡を密にし，工事の安全確保に努める。
  ● 災害防止：足場，照明，換気など作業環境に注意し，検知器，保護具などを準備して，災害防止に万全の対策を講ずる。
  ● 火災防止：可燃物を整理し，溶接など火気使用現場には消火器を準備して，火災防止に万全の対策を講ずる。
② 盗難の防止：各種備品や工具類の管理に注意し，保管庫の施錠に努める。
③ 工事の円滑な進行：工事の進行状態を常に確認し，特に追加工事には注意

して，出渠の日程に支障がないよう努める。
④　工事の立会い：機器の開放時，復旧時の点検や工事終了後の確認運転には必ず立ち会う。特にプロペラや船底弁など喫水線下の工事については確実な復旧を確認する。
⑤　汚水や油，ごみなど汚物の船外廃棄を禁止し，汚染防止に努める。
⑥　外来者の動静に注意し，保安に努める。

問7　船舶を出渠（きょ）させるため張水する場合，機関士としての一般的な注意事項をあげよ。　　　　　　　　　　　　　　　　　　（1702/2202）
類　船舶を乾ドックから出渠（きょ）させる前の一般的な注意事項をあげよ。

解答

① 張水前
- 張水（注1）により船が浮上したとき船体が傾斜しないよう，水タンクや燃料油タンクなどの残量を確認し，重量物については，必要ならば前もって移動し，またはロープなどで固定しておく。
- 船底を一巡し，プロペラやシーチェスト，船底プラグの復旧を確認する。
- 船尾管軸封装置の復旧を確認する。
- 船底弁や船外弁の復旧と作動状況を確認する。

② 張水中
　張水の開始時は開放した船底弁や船外弁あるいは船尾管付近に見張り人を配置し，甲板部との連絡を密にして，漏水などの異常にすぐに対応できる警戒体制をとる。

③ 張水後
　海水管系の空気抜きを十分行うとともに，各部からの浸水や漏水の無いことを確認する。

解説

（注1）張水の際は，船が浮上したとき船体が傾斜しないこと，開放整備した船外弁などからの漏水が

船外弁　　　　シーチェスト

ないことに注意する。
- ◆シーチェスト：海水取水口
- ◆船尾管（スターンチューブ）：船尾管の中にプロペラ軸が挿入される。船体で唯一の開口部で，海水の浸入に注意する。

問8 航海当直基準（運輸省告示）において，航行中，機関部の当直を行う職員が，当直を維持するために定められた事項をあげよ。
(1402/1507/1804/1910/2107/2210)

解答

① 機関を安全かつ効率的に操作し，及び維持するとともに，必要に応じて機関長の指揮のもとに機関及び諸装置の検査及び操作を行うこと。
② 定められた当直体制が維持されることを確保すること。
③ 航海当直を開始しようとするときは，あらかじめ機関の状態を確認すること。
④ 機関が適切に作動していないとき，機関の故障が予想されるとき，または特別の作業を必要とするときは，これらに対して取られた措置を確認するとともに，必要に応じて取るべき措置の計画を作成すること。
⑤ 主機及び補機が継続的な監視のもとにあるよう措置すること。
⑥ 機関区域及び操舵機室を適当な間隔をおいて点検するよう措置すること。
⑦ 機関の故障を発見したときは，適切な修理を行うよう措置し，予備の部品の保有状態を確認すること。
⑧ 機関区域が有人の状態にある場合には，船舶の推進方向及び速力の変更の指示に応じて，主機を迅速に操作できるよう措置すること。
⑨ 機関区域が定期的な無人の状態にある場合には，警報により，直ちに機関区域に行くことができるよう措置すること。
⑩ 船橋からの指示を直ちに実行すること。
⑪ 船舶の推進方向または速力の変更を記録すること。（ただし，曳船その他の推進方向または速力を頻繁に変更する船舶であって当該記録を行うことが困難であると認められるものについては，この限りではない。）
⑫ すべての機関を切り離し，バイパス及び調整を責任をもって行い，かつ，実施した作業を記録すること。

執務一般

⑬ 非常事態等船舶の安全を確保する必要が生じた場合には，機関区域においてとる緊急措置を直ちに機関長及び船橋に連絡し，必要に応じて緊急措置をとること。この通報は，可能な限り，当該措置をとる前に行うこと。
⑭ 機関室が機関用意の状態にある場合には，用いられるすべての機関及び装置を利用可能な状態に維持するとともに，操舵装置その他の装置に必要な予備動力を確保すること。
⑮ 機関区域の設備が必要に応じて直ちに手動操作に切り換えることができる状態にしておくこと。
⑯ 航海の安全に関して疑義がある場合には，機関長にその旨を連絡すること。さらに，必要に応じて，ためらわず緊急措置をとること。

|解説|
（注）　告示を全て記載したが，代表的（下線部など）な項目の概要が示されていればよい。
◆航海当直：機関士と機関部員が，3 グループに分かれて船舶の安全運航のため 24 時間機関を監視する業務

|問9|　通常航行中の船舶において，機関室で職員が当直を行っているとき，船橋から突然，主機の停止，続いて後進の指令（オーダー）が出された場合，機関部の当直職員が処置しなければならない事項をあげよ。ただし，主機は蒸気タービンまたは自己逆転式ディーゼル機関で，プロペラは固定ピッチの船舶とする。　　　　　　　　　　　(2102/2204/2307)

|解答|
① 直ちにテレグラフに応答する。
   ● 主機の停止または後進の操作
   ● 時間を記録する(注1)。
② 次の指令に対応できる準備をする。
   ● 起動空気関係諸弁を開き再起動の準備をする。
   ● 機関長に報告し，指示を仰ぐとともに予備員を招集する。
③ 主機停止が長い場合は
   ● 排ガスボイラの圧力に注意し，圧力が低下するようであれば補助ボイラを

点火する。
- 各部の温度の変化に注意する。

解説

(注) 航海中，急に主機を停止あるいは後進の指令が来るのは，他船や漂流物との衝突，座礁などからの回避が考えられ，本船の安全に関わる非常事態なので，当直機関士としては沈着・冷静そして敏速・正確な処理が望まれる。このため日頃から非常時の対処法を整理しておくことが重要である。

主機操縦台

(注1) 特に海難事故の場合に重要となる。

◆機関区域無人化（M0運転）：機関の運転及び監視のための機関当直者がいない状態で航海すること。

◆起動空気：自動車はモータで始動するが，大形船は高圧空気で始動する。このため，船では圧縮空気がなくなると始動できなくなるので，空気圧縮機を自動発停して常に起動空気槽（空気タンク）に高圧空気を確保する。

◆排ガスボイラ（排ガスエコノマイザ）：大形ディーゼル機関からの排気ガスは400～500℃と高温なので，航海中は煙突内でこの排ガスの熱を回収し蒸気を発生させる熱交換器

◆補助ボイラ：排ガスボイラが使用できない停泊中，重油を燃焼させて蒸気を発生させるボイラで，蒸気タービン主機用蒸気を発生させるボイラは主ボイラという。

問10 荒天航行中，機関部の当直を行う職員として，次の(1)～(3)について注意しなければならない事項をそれぞれ記せ。
(1502/1607/1810/2007/2304/2310)
(1) ディーゼル主機の空転（レーシング）
(2) ボイラの水位
(3) 燃料油タンク及び燃料油管装置

執務一般

解答
(1) ① 主機関の空転が激しくなるので調速機の作動に注意し，状況によっては調速機の感度を鋭敏にする。また，必要であれば手動操作に切り替え機関の急回転を防ぐ。
② 燃料加減ハンドルを下げる場合は，舵の効きやトルクリッチに注意する。
③ 使用回転速度の範囲内に危険回転速度がある場合は，危険回転速度を避けるように操作する。
④ シリンダ内最高圧力，排気温度に注意する。
⑤ 急回転により軸受が発熱しないよう，潤滑油圧力や給油量，軸受の温度変化に注意する。
(2) 動揺によって水位が変動するので，水位を低めに保ち，プライミングが発生しないように注意する。
(3) 動揺によって燃料油タンクの底に沈殿していたゴミやスラッジなどが浮遊し，ポンプに吸引されて燃料管系に流入するので，ストレーナの切替えや掃除を適宜行い，燃料系統の圧力低下や閉塞などに注意する。

解説
◆レーシング：荒天時，船体の動揺によってプロペラが水中から空中にさらされ急回転すること。
◆調速機（ガバナ）：機関の回転速度を一定に保つ装置
◆トルクリッチ：船体の汚れなどによって同一回転速度を維持するのに，燃料が通常より多めに必要となる状態をいう。
◆危険回転速度：機関の振動が増幅する回転速度をいい，この回転速度を長く続けると軸の折損などの原因となる。
◆プライミング（水け立ち）：蒸気ドラム水面の蒸気泡が破裂し，微細な水滴が蒸気室内に飛散する現象

問11 荒天航行中，機関部として注意しなければならない事項をあげよ。
(1602/1710/2202)

解答
① ディーゼル主機関の空転（レーシング）

- 主機関の空転が激しくなるので，調速機の作動に注意し，状況によっては調速機の感度を鋭敏にする。
- 燃料加減ハンドルを下げる場合は，舵の効きやトルクリッチに注意する。
- 使用回転速度の範囲内に危険回転速度がある場合は，危険回転速度を避けるように操作する。

② ボイラの水位
- プライミングを起こさないように，ボイラの水面を低めにする。

③ 燃料油タンク及び配管装置
- 動揺によって燃料油タンクの底に沈殿していたゴミやスラッジなどが燃料系統に排出されるので，管系やストレーナの詰まりなどに注意する。

④ その他
- 滑り止めマットを敷いたり，ロープを張るなどして，機関室内の歩行の安全を図る。
- 移動の可能性のある重量物は，整理するか固縛(こばく)する。
- ポンプの空気の吸込み (注1) に注意する。
- ビルジの量は最少に維持する (注2)。
- 水面計や油面計の読み間違いに注意する。
- 船橋との連絡は密にし，場合によっては当直要員を増員し万全を期す。

解説
(注1) 遠心ポンプは空気を吸い込むと揚水不能となる。
(注2) ビルジの量が多いと，動揺により，タンクトップのスラッジやごみなどもビルジとともに激しく移動し，漏れなどの発見が困難になる。

問12 荒天航行中，機関室内で整備作業を行う場合，注意しなければならない事項をあげよ。　　　　　　　　　　(1604/1904/2010/2107/2302)

解答
＜整備作業の選定：極力軽作業のみとする。＞
① 高所作業はできるだけ避ける。やむを得ず行う場合は，安全ベルトを着用するなど，安全を確保して転落防止に努める。
② 重量物に関わる作業はできるだけ避ける。やむを得ず行う場合は，船体

の傾斜や動揺を念頭に置き，十分強度のあるロープやワイヤで移動防止に努める。
　③　回転機などの整備作業は，不意の傾斜によって巻き込まれやすいので，できるだけ避ける。
　④　長時間かかるような作業はできるだけ避ける。
＜作業前の注意事項＞
　①　作業が短時間で円滑に行えるような作業計画を立て，作業者に周知する。
　②　作業環境の整備
　　● 移動しやすい物や工具類は整理し，特に重量物は固縛しておく。
　　● 作業現場の床面にマットなどを敷いて，滑止めを施すとともに，ロープを張って作業員の安全を図る。
　　● 作業現場の周囲は，立入り制限区域とする。
＜作業中の注意事項＞
　①　船橋とは連絡を密にし，いつでも緊急事態に対応できるように万全を期す。
　②　体力の低下，集中力の低下を考慮して適当に休憩を取る。
　③　作業計画を変更するときは機関長の許可を得る。
＜作業後の注意事項＞
　①　作業現場の整理・整頓を確認して，機関長及び船橋に報告する。

問13　船内の燃料油貯蔵タンクに燃料油を積み込むため，作業計画を立てるにあたって，注意しなければならない事項をあげよ。(1507/1807/2007)

解答
①　各タンクの残油量を正確に確認し，油の温度(注1)や船体の動揺を考慮し余裕をもった補油量とする。
②　各タンクごとに測深尺での補給目盛りを決めておく。
③　船体の極端な傾斜が起きないよう補油順序を決める。
④　緊急時，応急用の逃がしタンクを決めておく。
⑤　補油作業の責任者と各作業員との間で連絡が確実にできる作業の分担，配置とする。
⑥　残油と積み込む油が混合しないように，可能であれば残油を前もって1か

所にまとめる^(注2)。

解説
- (注) 補油計画を立てるにあたっては，発注量の確実な受取りと，船外への油流出事故の防止を念頭に作成する。
- (注1) オイルバージの油は流動性を良くするため加熱されている。このため体積膨張しているので油量の温度補正が必要である。
- (注2) 異種の油を混合するとスラッジ発生の原因になる。

◆測深尺：先端におもりのついた巻尺

問14 燃料重油を油タンク船（オイルバージ）から自船に積み込む場合，油タンク船の油量及び船内の燃料油タンクの油量を確かめる要領（積込み前後）をそれぞれ述べよ。　　　　　　　　　(1407/1610/2110/2304)

解答
＜油タンク船の油量確認＞
① 積込み前
- タンクのハッチカバなどに施された封印に異常がないことを確認する。
- タンクの測深を数回行い^(注1)，その平均値をとり，油タンク船備付けのタンク容量表により見掛けの油量を求める。
- 見掛けの油量，油の温度，油の密度（比重）から，15℃における油の容量または質量（真の油量）を算出する。

② 積込み後
- ハッチカバからタンク内が空になっていることを確認する。
- 流量計が設置されている場合は，積込み油量を数値で確認する。

＜自船の燃料油タンクの油量確認＞
① 積込み前
　　タンクの測深を数回行い，その平均値をとり，トリム・ヒールを計測し，備付けのタンク容量表から見掛けの油量を算出し残量を確認する。

② 積込み後

執務一般

- 泡立ち（注2）が収まってから測深し，見掛けの油量を算出する。
- 積込み後の見掛けの油量と積込み前の見掛けの油量の差を求め，油の温度と密度から 15 ℃における油の容量または質量を算出し，契約量の油が積み込まれていることを確認する。

【解説】
（注1）船体は揺れているため，平均値を求める。
（注2）積込み直後は油面が泡立って正確な測深ができない。
◆オイルバージ：燃料油や潤滑油の補給船
◆封印：オイルバージのタンク開口部（ハッチカバー，測深管，取出し弁など）には，無断で油が抜き取られないように封じ目に鉛の封印が押してある。（重要な書類の入った封筒も無断で閲覧されないよう封印を行う。）
◆タンク容量表：タンクテーブルともいう。タンクの容量は船体の傾斜（トリムとヒール）によって異なるため，測深管で測った計測値から傾斜に合わせて容量を換算するための備付けの換算表
◆トリムとヒール：トリムは船体の縦方向の傾き，ヒールは船体の左右方向の傾き

問15 燃料油を油タンク船（オイルバージ）から自船に積み込む場合に発生する漏油事故の原因をあげよ。　　　　　　　　　　（1504/1702/2207）

【解答】
＜補油前の原因＞
　① 油タンク船からのホースの接続不良
　② エア抜き管の漏油対策の不備
　③ 甲板上スカッパの栓（木栓など）の不備
　④ 補油計画の計算間違い
　⑤ 電話やトランシーバなど通信装置の不備・不適
　⑥ 作業員配置の不備・不適
＜補油中の原因＞
　① 補油タンクの切換ミス（弁の誤操作）
　② 作業員間の連絡ミス

③　サウンディング，油面計の未確認
④　油タンク船側のポンプ送油圧力の高過ぎ
⑤　不適切なエアブロー

＜補油終了時の原因＞
　接続ホース取外し時のホース内残油処理の不適

[解説]
◆スカッパ：甲板上の水（雨水，海水など）を排出するための排水口
◆サウンディング（測深）：測深尺で油面高さ（深さ）を計測すること。
◆エアブロー（空気吹き，空気押し）：補油終了後，油タンク船から本船の燃料油タンクまでの配管内の残油を，高圧空気で燃料油タンクに排除すること。

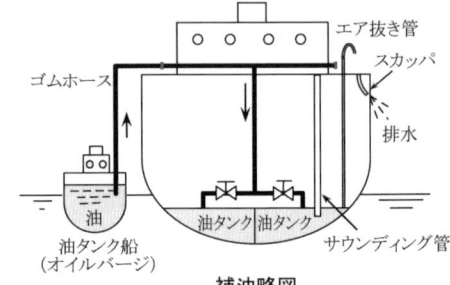

補油略図

[問16] 燃料油が船から海面に流出した場合に用いられる流出油防除資材を3つあげ，それぞれの役目を記せ。　　　　（1510/1802/1904/2202）

[解答]
①　オイルフェンス：流出油の拡散を防止する。
②　油吸着材（油吸着マット）：流出した油を吸着させて回収する。
③　油処理剤：流出油を微粒子化して海中に乳化分散し，海底への沈殿を防止する。

[解説]
◆その他の防除資材として，④油ゲル化剤：油をゲル（固）化して流動性をなくしたあと，ネット等を使って回収する。

オイルフェンス

[問17] 船内応急工作において，鋼管を曲げる場合の要領を述べよ。

執務一般

(1504/1710/1904/2302/2307)

|解答|
① 大口径で肉厚管の場合は，油圧式のパイプベンダなど管曲げ専用器具を用いる。専用器具がない場合は管中によく乾燥した砂を固く詰めて，両端に木栓を打ち込み，扁平(へんぺい)にならないよう注意して曲げる。局部的に加熱を要する場合は，木栓にガス抜きを設ける。終了後は完全に砂を除去する。
② 薄肉管の場合は，松やにを溶かして詰め込み，曲げ施行後は加熱して完全に松やにを除去する。
③ 小口径で薄肉管の場合は管内に針金などを入れて曲げる。

|解説|
◆ベンダ：曲げ機械
◆松やに：松から採取される樹脂

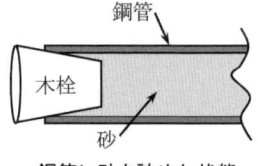

鋼管に砂を詰めた状態 　　油圧式パイプベンダ

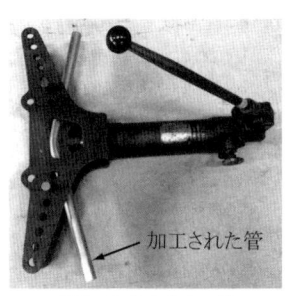

問18 船内応急工作のガス切断作業において，切断の良否に影響する事項は，何か。また，その良否は，どのようにして判定するか。それぞれ記せ。
(1404/1507/2004/2110/2207)

|解答|
① 切断の良否に影響する事項
 ● 切断する材料の板厚や材質，表面の状況
 ● 切断酸素の純度と圧力
 ● アセチレンと酸素の量
 ● 火口の番号
 ● 切断速度・角度，火口の材料からの距離
 ● 予熱の程度

- 材料の固定方法
② 良否の判定 (注1)
- 断面が平滑で，けがき線どおりに切断されていること。
- ドラグが適当なこと。
- スラグの吹出し，断面の盛上がりは最小であること。
- 切断後，熱によるひずみが少ないこと。

|解説|
(注1) 切断面の粗さにより判定する。
◆けがき：工作物の表面に，けがき針などで加工のための寸法線を引くこと。
◆ガス切断：火口から出たガス炎で鋼材を加熱し，溶融したところで酸素噴流で吹き飛ばし切断する。火炎には主に酸素アセチレン炎が使用される。
◆スラグ：溶接や切断の際に発生する非金属物質や酸化物
◆ひず（歪）み：材料が外力や加熱・冷却などを受けて生じた変形

|問19| 船内応急工作におけるガス溶接に関して，次の問いに答えよ。
(1610/1804/2310)
(1) 溶接により母材に発生するひずみと残留応力の間には，どのような関係があるか。
(2) 溶接により母材に発生するひずみをできるだけ少なくするためには，どのような対策を講じればよいか。

|解答|
(1) ひずみと残留応力 (注1) とは相反する関係にある。溶接部の膨張・収縮を抑えるとひずみを少なくできるが，残留応力は大きくなる。反対に膨張・収縮を自由にすると残留応力は残らないが，ひずみは大きくなる。
(2) ① ひずみを小さくするには大きな温度差が生じないようにすることが重要なので，母材の加熱範囲をできるだけ小さくし，溶着金属の量もできるだけ少なくする。

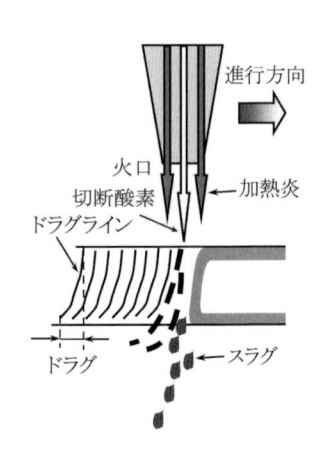

② 溶接ひずみを予測し，あらかじめ母材に逆方向ひずみを与えておく。
③ <u>溶接部数か所を仮付けし，対称位置を交互に溶接していく</u>(注2)。
④ 溶接中または溶接後，ピーニングにより，母材に塑性変形を与えてひずみをとる。
⑤ ひずみの発生を防止するため固定具を用いて母材を拘束し，溶接後，熱処理によって残留応力を除去する。

解説
(注1) 溶接の場合，溶接部と周囲母材との温度差が大きいため，膨張・収縮が生じひずみができ，材料内に残留応力が残る。
(注2) 溶接によるそりを防止できる。
◆ガス溶接：ガス溶接は「融接」と言われる溶接方法で，一般にアセチレンガスと酸素の燃焼熱（3000～3500 ℃）を利用して，接合部を溶融し，溶接棒を同時に溶融添加して，凝固させ，金属同士を接合する。鉄の融点（溶ける温度）は約 1500 ℃
◆母材：溶接またはガス切断される金属
◆残留応力：材料が外力や加熱・冷却などで永久変形したとき，材料内部に残った応力
◆ピーニング：材料表面をハンマで高速で打ち付けることで，表面の硬化と疲れ限度を増す加工法
◆塑性変形：物体に外力を加えると変形するが，外力を取り去ってもひずみが残る変形

問20 船内応急工作において，鋳鉄製の部品を補修のため，ガス溶接する場合の注意事項をあげよ。（安全管理上の注意事項は除く。）
(1502/1607/2010/2204)

解答
① 溶接前の注意事項
 ● 母材表面の油などを除去し清浄にする。
② 溶接中の注意事項
 ● できるだけ全体を予熱し，局部加熱しかできないときは，予熱部位を考慮

して不均等な熱応力を与えないよう注意する。
③　溶接後の注意事項
- 溶接後は急冷を避け，わら灰などで覆って徐々に冷やす。
- 溶接後は溶接部及び周辺を十分に焼きなましをして，ひずみを完全に除去しておく。

解説
◆焼きなまし：硬化した材料の軟化や内部ひずみの除去などを目的とした熱処理

問21　船内応急工作における鋳物用低温アーク溶接に関して，注意事項を述べよ。（安全管理上の注意事項は除く。）　　（1510/1707/1810/2002/2304）
　類　船内応急工作において，鋳鉄製の部品を補修のため，アーク溶接する場合の注意事項をあげよ。（安全管理上の注意事項は除く。）
（1502/1607/2010/2204）

解答
①　溶接前の注意事項
- <u>鋳物用溶接棒を使用する</u>(注1)。
- <u>母材表面の油などを除去し清浄にする</u>(注2)。

②　溶接中の注意事項
- できるだけ全体を 100〜200 ℃ 程度に予熱し，局部加熱しかできないときは，予熱部位を考慮して不均等な熱応力を与えないよう注意する。

③　溶接後の注意事項
- 溶接後は急冷を避け，わら灰などで覆って徐々に冷やす。
- 溶接後は溶接部及び周辺を十分に焼きなましをして，ひずみを完全に除去しておく。

解説
（注1）鋳物用溶接棒は溶ける温度が低いので，母材への熱的影響が小さい。
（注2）油はブローホールなどの欠陥部を形成する。
◆鋳鉄：鋼も鋳鉄も鉄と炭素の合金であるが，炭素量が 2% までを鋼と呼び，2% を超えると鋳鉄と呼ばれる。鉄に炭素を加えると，炭素量が増えるとともに硬くなるがもろくなる。また，溶接性も悪く，不均一が生じると割れの

原因になるので，溶接の際は母材と溶接部が均一な加熱・冷却になるようにすることが重要である。

問22 船内応急工作において，アーク溶接を行った場合，溶接の結果の良否は，どのようにして判定するか。また，その良否は，どのような事項によって左右されるか。それぞれ記せ。　　　　（1402/1704/1902/2104）

解答
<溶接の良否の判定>
① 外観検査
- 仕上がり面のビードの幅，高さの均一性
- 溶着の均一性
- アンダカット，オーバラップ，スラグの巻込みの有無
- き裂や変形の有無

② 探傷検査：染色浸透探傷法によるき裂の有無
③ 耐圧検査：水圧または空気圧による漏洩の有無
④ X線検査：内部欠陥の有無

<良否を左右する事項>
① 溶接棒の太さ　　② 溶接電流^(注1)の強さ　　③ 溶接速度^(注2)
④ アークの長さ^(注3)　　⑤ 溶接技術の優劣

解説
（注）溶接の良否はその他，⑥開先の形状，⑦溶接棒の角度，⑧母材の材質及び厚さがある。
（注1）弱すぎると溶込み不良やオーバラップができ，強すぎるとアンダカットを生じる。
（注2）速すぎるとアンダカットを生じ，溶込み不良となり，遅すぎるとオーバラップができる。
（注3）一定でないと良好な溶込みが得られない。
◆アーク溶接（電気溶接）：アーク（電弧）による4000～5000℃の高温を利用し，母材及び溶接棒を溶かして溶接する。
◆ビード：溶接部の波形の模様

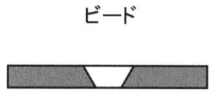

◆開先：溶接の強度を上げるため溶接部分に設ける溝

問23　船内応急工作におけるアーク溶接に関して，次の問いに答えよ。
下記㋐〜㋒の溶接欠陥は，それぞれどのようなものか。
　㋐　ブローホール　　㋑　アンダカット　　㋒　オーバラップ

解答
㋐　冷却速度が速い場合，溶接金属に侵入した空気などのガスが外に逃げ出す余裕がなく空洞として残った欠陥
㋑　溶接電流が強くアークなどによって削られた部分が，溶接金属に満たされないで溝状となった欠陥
㋒　溶接電流が弱すぎたり，溶接速度が遅すぎる場合に，過剰な溶接金属が母材に融合しないで重なった欠陥

解説

アンダカット　　　　オーバラップ
ブローホール　　　母材

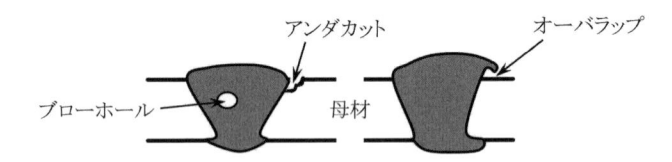

問24　船内応急工作におけるアーク溶接の欠陥に関する次の問いに答えよ。　　　　　　　　　　　　　　　　　　　　（1410/1604/1910/2102）
(1)　下記㋐及び㋑の原因は，それぞれ何か。
　㋐　オーバラップ　　　㋑　ブローホール
(2)　溶接割れは，どのようにして防止するか。

解答
(1)　㋐　溶接電流が弱すぎたり，溶接速度が遅すぎる場合
　　㋑　溶接後の冷却速度が速い場合
(2)　①　溶接棒や開先面は清浄かつ乾燥状態を保つ。
　　②　予熱，後熱を実施する。
　　③　残留応力を除去する。

解説
◆溶接割れ：溶接部近傍（溶接金属及び母材熱影響部）に生じる割れ

問25 機関艤装に関する次の問いに答えよ。
(1) 主機組立て完了後，潤滑油系統のフラッシングを実施するのは，なぜか。
(1802/2004/2204)
(2) ディーゼル船において行われる，主機の始動試験とは，どのような試験か。
(1707/1904)

解答
(1) 主機の運転に先立ち，艤装期間中に侵入したり付着した機関及び潤滑油系統内のゴミや異物，錆などを取り去り清浄にするためフラッシング(注1)を行う。これにより主機の故障を未然に防ぎ，潤滑油の寿命を延ばすことができる。
(2) 無負荷における始動機能を確認するための試験。空気槽に途中で空気を補給することなく，始動と停止を交互に繰り返し，始動できなくなるまでの始動回数と始動可能最低空気圧力を確認する試験で，自己逆転式機関の場合は前後進を交互に行う。

解説
(注1) フラッシングとは，初めて機関を使用する前に潤滑油管系をフラッシング油を用いて循環洗浄すること。フラッシングには，防錆剤を含んだ油を使用する。軸受には油が清浄になるまで通油しない。
◆自己逆転式機関：前進用カムと後進用カムを切り換えて逆転させる機関

問26 機関艤装に関する次の問いに答えよ。　　（1707/1904/2102）
機関室内にブルドン管圧力計を設置する場合，どのような事項に注意しなければならないか。

解答
① 測定範囲が適正な圧力計を選定する。
② 垂直に取り付ける。

③ 圧力計指示値を読み間違えないよう，大きさ，設置位置，設置方向などを決定する。
④ 保守・点検が容易な場所に設置するとともに，交換作業を考えて元弁または元コックを設ける。
⑤ 設置箇所の環境（温度や振動の有無など）が厳しい場合，耐熱型や耐震型を選定する。
⑥ 圧力計内部が 50 ℃ 以上の高温になる場合は，導管にループを付けるなど熱膨張の対策を講ずる。
⑦ 圧力変化が急激な場合は適当な絞り装置など緩衝装置を設ける。
⑧ 測定箇所と圧力計の設置位置が異なる場合は，指示圧力の補正を行う。

ブルドン管圧力計

問27 機関室の配管に弁を取り付ける場合，どのような事項に注意しなければならないか。　　　　　　　　　　　(1802/2004/2110/2307)

解答
① 流体の種類や圧力，温度などを考慮して適正な弁を選定する。
② 弁の開放や弁のすり合わせ(注1)が容易にできるよう弁の周りに十分な空間を確保する。
③ 弁のハンドルは，操作がしやすい位置や高さ，方向とする。
④ 補機器に関連する切換え弁や調整弁は，操作を容易にするためその補機器の近くにまとめて配置する。
⑤ 弁の設置は，電動機や始動器など電気機器の上部を避ける。
⑥ 蒸気管に設置する弁でドレンが溜まりやすい弁にはドレン抜きを設ける(注2)。
⑦ 弁の機能低下にならないよう，ストレーナの設置や適切なこう配，出・入口側の直管長さなどに配慮する。
⑧ 弁の流路方向を確認して取り付ける。

解説
（注1）研磨剤を用いて弁と弁座をすり合わせ，気密を高める，弁において重要な整備作業
（注2）ドレンが常時溜まっていると錆の原因になる。

◆ドレン：蒸気が冷えて水になった状態

問28 機関艤装に関する次の問いに答えよ。　　　（1610/1807/1910）
(1) 水圧試験は，どのような試験か。また，ディーゼル機関では，どのような部分について行われるか。（代表例を4つあげよ。）（2102/2110/2307）
(2) 下記㋐及び㋑は，それぞれどのような試験か。　　　（2204）
　　㋐　最低回転速度試験　　　㋑　機関室無人運転試験

解答
(1) ① 水圧試験とは，機関，ボイラなどの耐圧部分を密閉し，規定の水圧を加えて各部の強度や水漏れの有無，変形の状態など構造上の欠陥を調べる試験
　　② 水圧試験を行う部分 (注1)
　　　● シリンダヘッドの冷却側　　● 排気弁箱の冷却側
　　　● ピストンの冷却側　　　　● シリンダジャケットの冷却側
(2) ㋐ 航走中，ディーゼル主機関の回転速度を徐々に低下させ，機関を円滑確実に運転できる最低の回転速度を求めるために行う試験。回転速度整定後は適宜舵を操作し，機関が停止しないことを確認する。
　　㋑ M0船において，在来船と同等以上の安全性を確保するために行う試験。通常航海状態で船橋から安全かつ確実に機関設備の監視及び制御ができることを確認する。

解説
(注1) その他，熱交換器や過給機の冷却側などがある。

問29 ビルジ排出装置に関する次の問いに答えよ。　　　（1502/1704/2304）
(1) 油水分離器を通す前のビルジ処理装置（前処理装置）には，どのようなものがあるか。
(2) 油水分離器において，油分を分離するには，どのような方法があるか。
(3) 排出されるビルジの油分濃度を測定するには，どのような方法があるか。（測定法の1つをあげて説明せよ。）

執務一般

解答
(1) ビルジをビルジタンクに移す前に，ビルジカスケードタンクやビルジセットリングタンクなどで前処理を行い，油水分離器の負荷を軽減する。
(2) ① 重力分離方式：油と水の密度差により分離するもので，その性能は油粒径の大きさに左右される。
　　② 凝集分離方式：凝集剤を使って，油をゲル化して吸着分離する。
(3) 濁度法：油粒子を微細化した油水に光を当て，透過光や散乱光の強度によって濃度を測定する方法

解説
◆セットリングタンク（澄ましタンク）：油中の水分やごみは，重力により沈降し油と分離される。

問30　油水分離器に関する次の問いに答えよ。　　　(1407/1607/1907/2104)
(1) 重力分離方式の分離能力は，油粒の大小によって，どのような影響を受けるか。
(2) 重力分離方式において，狭いすきまに油水混合物を通すのは，なぜか。
(3) 下記⑦及び⑦の場合，分離能力は，よくなるか，それとも悪くなるか。
　　⑦　油水がエマルジョン化している。
　　⑦　ビルジポンプに往復式を用いる。

解答
(1) 油粒が大きいほど密度差が大きくなり分離能力は高くなる。
(2) 油水混合物を狭いすきまを通し，その間に油粒を捕捉・結合させて油粒径を増大させ，分離能力を高める。
(3) ⑦　悪くなる　　⑦　良くなる（注1）

解説
(注1) ビルジポンプに往復式を用いる理由は，うず巻ポンプを使用すると，油水混合物を攪拌してエマルジョン化または微粒化するので分離が困難になる。
◆油水分離器：ビルジを油と水に分離

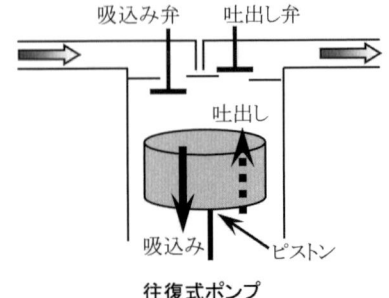

往復式ポンプ

し，水分のみを船外に排出する装置。油は焼却するか陸揚げ処理する。
◆ビルジ：機関室で発生した油水混合物
◆エマルジョン（乳化）：油と水が混ざり合った状態

> 問31 ビルジ排出装置において，重力分離法による油水分離器によって処理され，船外へ排出される排水（処理水）の油分濃度が上昇する場合の原因をあげよ。　　　　　　　　　　　　　　　　　　(1602/1804/2007)

解答
① 油水分離器の誤った運転操作
 ・低水位運転 (注1) を続ける。
② 油水分離器の保守・点検不良
 ・油水分離器内が異常に汚染している。
 ・油水分離器内にスラッジや異物が異常に堆積している。
 ・油水分離器内の分離板が破損している。
 ・油分濃度計の誤作動
③ 洗剤など薬物の混入による油水の異常なエマルジョン化

解説
(注1) 低水位運転を行うと器内が汚損するので，使用中は常に満水とする。

> 問32 油水分離器の点検及び整備に関する次の(1)及び(2)の事項について，それぞれ概要を説明せよ。　　　　　　　　　　　　(1410/1807/2210)
> (1) 時期
> (2) 要領

解答
(1) ① 点検の時期：使用する前に行う。
　　② 整備の時期：分解整備を1年ごとに行う。
(2) ① 点検の要領
　　　・通常の使用時には，器内が満水状態にあるかどうか，また自動排出装置，排出油分警報装置の作動を点検する。
　　　・分解した場合は器内及び分離板の腐食状況を点検する。

- 定期的に簡易測定器を用いて排出油分の濃度が基準値以下であることを点検する。
② 整備の要領
- 内部に付着または沈積したワックスやスラッジを除去する。
- 開放した分離板を掃除する。
- コアレッサフィルタを取り替える。
- 加熱蒸気で器内を洗浄する。

解説
(注) 船内で発生するビルジは油水分離器を通して水は船外へ排出し，油は焼却するか陸揚げする。油水分離器の機能が劣化して海洋を汚染しないよう，定期的な点検と整備が重要である。

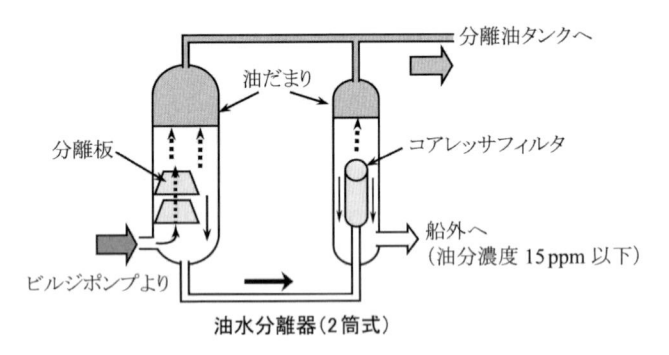

油水分離器（2筒式）

問33 船内の焼却装置（油及び廃棄物の処理装置）に関する次の問いに答えよ。　　　　　　　　　　　　　　　　　　　　(1402/1604/1902/2010)
(1) 焼却装置は，焼却の対象物によって分けると，どのようなものがあるか。
(2) 廃油の焼却には，どのようなバーナを用いるか。（名称をあげよ。）
(3) 船内の焼却装置で加熱しただけの廃油を焼却できるのは，一般に廃油中の水分が何%くらいまでか。また，水分の多い廃油は，どのようにして焼却するか。

解答
(1) 焼却炉の種類

① 廃油焼却炉：機関室内で発生する廃油を焼却する。
② ゴミ焼却炉：船内で発生するウエス，紙くず，木くず，プラスチックなどの固形物を焼却する。
③ 廃油と固形物を焼却する炉
④ 油だきボイラを兼用した廃油処理ボイラ
(2) バーナの種類
　① 圧力噴霧式バーナ
　② 蒸気噴霧式バーナ
　③ ロータリバーナ
(3) 廃油の含水率 30〜50％程度まで可能である。それ以上の場合は廃油タンクで十分に静置・加熱して，水分を排除したり，助燃剤またはA重油を混合して，含水率を下げて焼却する。

解説
◆ウエス：拭取り用のぼろ布
◆助燃剤：燃焼促進剤

廃油バーナ
廃油・廃棄物焼却炉

問34　船内の焼却装置（油及び廃棄物の処理装置）の取扱い上，運転時に注意しなければならない事項をあげよ。　　　　　（1404/1710/2004/2207）

解答
① 焼却前に，廃油を十分加熱して水分を分離し，除去して，廃油中の水分含有率を下げる。
② 焼却開始前にプレパージを十分行い，バックファイヤを防止する。
③ 燃焼中，排気温度が過昇しないよう，適宜燃焼量を調整する。
④ 失火の原因となる，バーナの詰まりや吸入ストレーナの目詰まりに注意する。
⑤ 煙突からのすすや火の粉の飛散に注意する[注1]。
⑥ 燃焼炉の周囲は高温になるので，火災防止のため可燃物を置かない。

解説
(注1)　廃油焼却炉は不完全燃焼を起こしすすを発生しやすい。
◆プレパージ：点火前に炉内の可燃性ガスを排除すること。
◆バックファイヤ：逆火

執務一般

> 問35 船内の焼却装置（油及び廃棄物の処理装置）において，焼却中にダイオキシンの発生を抑制するため，機器の取扱い上，必要とされる事項をあげよ。 (2102/2310)

解答
① 燃焼温度を最高 1200 ℃，最低 850 ℃とする (注1)。
② 排ガス温度は速やかに冷却する (注2)。
③ 燃焼ガスが漏れないよう炉内は負圧とする。
④ 排ガス中のすす濃度は，バカラックスモーク濃度計で 3 以内とする。

解説
(注1) ダイオキシンは，完全燃焼した高温状態では分解される。
(注2) 燃焼ガスの冷却過程（350〜500 ℃）で合成が進行し，再びダイオキシンになる。
◆ダイオキシン：炭素，水素，酸素，塩素の燃焼過程で生じる有害な化学物質の総称

> 問36 船舶の汚水処理装置とは，どのようなものか。また，どのような方式があるか。それぞれ記せ。 (1507/1702/1810/2107)

解答
① 船内で発生するふん尿などを浄化処理する装置
② ・活性汚泥式（曝気式）：汚物をバクテリアにより浄化する。
　・保持タンク式：汚水をタンクに貯蔵し，外洋で排出もしくは陸揚げする。
　・洗浄水循環使用式：汚物は分離しタンクに貯蔵，消毒処理された水は再利用する。
　・水洗燃焼式：固形分は分離焼却，水分は消毒して排出する。

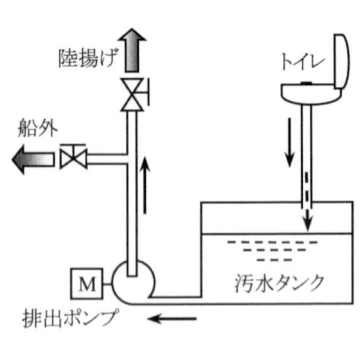

汚水処理装置

執務一般

> **問37** 機関室に浸水事故を起こし，通常使用するビルジポンプでは排水しきれなくなった場合の排水手段及び浸水防止手段について具体的に記せ。
> （1410/1607/1807/2002/2107/2207/2307）

解答

① 排水手段：バラストポンプや機関室で一番大きな海水ポンプである主冷却海水ポンプなどの危急ビルジ系統を併用して排水する。

② 浸水防止手段
- 浸水破孔部が小さい場合は，まきはだをすきまに詰めるか，適当な大きさの木栓またはくさびを打ち込んだ後，更にまきはだを詰める。
- 破孔部を覆う程度の大きさの遮防箱を当て，円材で支える。
- 船体破孔部は船外から防水マットを当て，排水を行う。
- 水密隔壁の水密戸を閉鎖し，浸水区域に隣接する隔壁には当て板，支柱，くさびなどを用いて補強する。
- バラストを調整し，船体の傾斜を修正する。

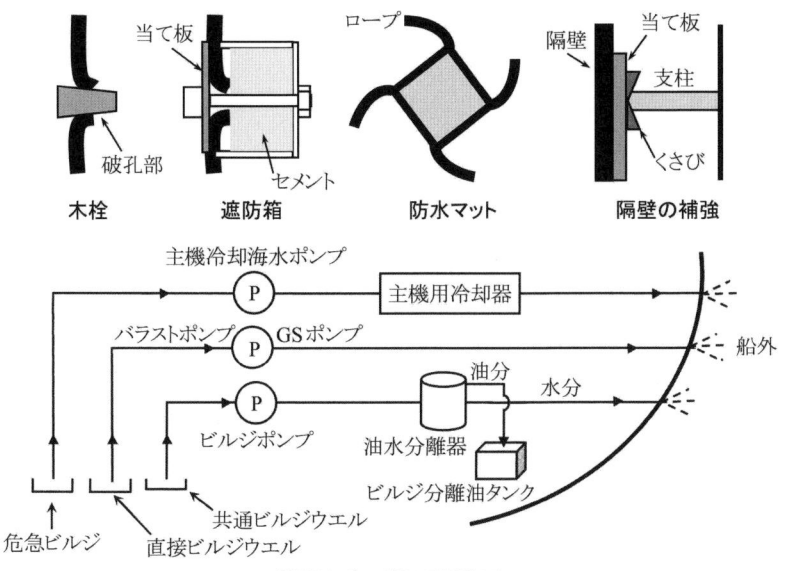

解説

（木栓／遮防箱／防水マット／隔壁の補強 の図）

機関室ビルジ処理系統図

◆まきはだ：耐水性のあるひも状の木の皮
◆バラストポンプ：船のバランスをとるためバラストタンクに海水を出し入れするポンプ
◆主冷却海水ポンプ：主機関連の海水冷却熱交換器に送水するポンプ

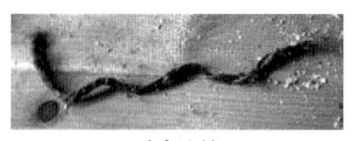

まきはだ

◆船内ビルジ系統：船内のビルジ（共通ビルジ）は，ビルジポンプで吸引し油水分離器で処理して船外に排出されるが，船体や海水系統の損傷により多量の海水が船内に浸入した場合に対応するため，共通ビルジ管系以外に GS ポンプやバラストポンプで直接排出できる直接ビルジ管系，機関室で容量のもっとも大きい主機冷却海水ポンプで排出する危急ビルジ管系を設けている。
◆ GS ポンプ（雑用ポンプ）：ビルジの排出やバラストの注排水，甲板の洗浄，消防など多目的に用いられる海水ポンプ

問38 水密隔壁に設ける水密滑り戸の保守整備上の注意事項をあげよ。
（1510/1702/1804/1907/2110/2204/2210）

解答
① 水密滑り戸の可動部分は，定期的に掃除し注油して，常にスムーズに作動できるように手入れする。
② 水密滑り戸の溝のゴミは閉鎖に支障をきたすので常に掃除しておく。
③ 水密機構に取り付けられるガスケットは硬化に注意し，定期的に取り換える。
④ 定期的に遠隔及び現場の両方で開閉を実施し，迅速かつ確実に開閉することを確認する。

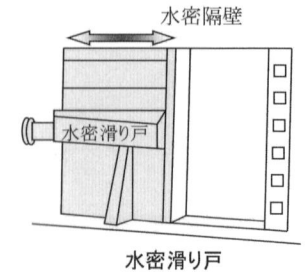

解説
◆水密隔壁：浸水が他の区画に及ぶのを食い止めるために設ける隔壁
◆水密滑り戸：水密隔壁の開口部に設置する水密を確保したスライド式の扉

問39 船内において，感電のおそれのある作業を行う場合，災害防止上注

意しなければならない事項をあげよ。　　　　　　　（1407/1602/1704/2104）

解答
① 作業前に電源を断つ(注1)。また，遮断箇所には「投入不可」と書いた札を下げるなど再投入されない安全対策をとる。
② 絶縁用マットや絶縁用靴，絶縁用手袋など安全保護具を使用する。
③ 指輪をはじめ金属製の物を身につけない。
④ 汗をかいた状態や濡れた作業着で作業を行わない。
⑤ ロープを張るなどして関係者以外の立入りを制限する。
⑥ 監視員を配置し，万一の場合は直ちに適切な処置ができるようにする。
⑦ 電撃により，高所作業の場合は転落，周りに構造物がある場合は頭部の強打など2次災害が起こらないよう，高所作業では安全ベルトを使用し，狭い場所ではヘルメットを確実に着用する。

解説
(注1) 感電のおそれのある場所での作業では，「電源を断つ」ことが最も有効な安全対策である。
◆電撃：電気ショック

問40 船内において，アーク溶接を行う場合，災害防止上注意しなければならない事項をあげよ。　　　　　　　　　　　　　　　（1907/2202）

解答
① 感電の防止
　・絶縁用手袋や絶縁用前掛け，絶縁用マットなどの保護具を準備する。
　・汗をかいた状態や濡れた作業着で作業を行わない。
　・アースの状態が完全であることを確認する。
② 保護衣を着用し，やけどを防止する。
③ 保護メガネや遮光板でアーク光線から目を保護する(注1)。
④ めっきした金属を溶接するときなど，有毒ガスが発生するおそれがある場合は，防毒マスクを着用して作業を行う。
⑤ 溶接作業現場付近にある可燃性質は取り除いておく。取り除けない場合

は不燃材で覆うなど火災の防止に努める。
⑥ 可燃性ガスが存在するおそれがある場合は換気を十分に行い，ガス検知器などで安全を確認して作業を開始する。
⑦ 消火器を準備しておく。

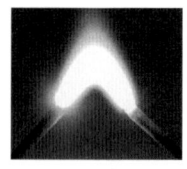

アーク

解説
(注1) アークの光を直(じか)に長時間見続けると眼炎を起こす。

問41 燃料油貯蔵タンクの内部に入る場合の災害防止上の注意事項をあげよ。
（1404/1707/1902/2007）

解答
① タンクに入る前の準備
- 十分に換気(注1)するとともに火気の使用を厳禁する。
- 酸素濃度検知器，可燃性ガス検知器で安全であることを確認する。ただし，測定値の過信は禁物である(注2)。
- 消火器を準備しておく。
② タンクに入る時の注意事項
- 防爆型の工具及び照明器具を使用する。
- 帯電防止用の滑り止めのある安全靴を使用し，金属の打ってある靴や滑りやすいゴム靴は使用しない。
- 静電気の発生しやすい衣類を着用しない。
- 必要のないものはタンク内に持ち込まない。
- 監視員を配置し，万一の場合は直ちに救助できる体制をとる。

解説
(注1) タンク内に滞留する可燃性ガスにより火災や爆発が起きないよう十分換気する。また，酸欠にも注意する。
(注2) 検知器の測定結果は測定箇所の一点のみで，空間全体を表示するものではない。

問42 船内において，酸素が欠乏するおそれのある場所で作業を行う場合，

災害防止上注意しなければならない事項をあげよ。　　　(1504/1910)

解答
① 作業の開始前及び作業中は，<u>十分換気をする</u>(注1)。
② 作業現場での火気やガソリン機関などは，換気が確保できなければ使用しない。
③ 検知器により酸素濃度を測定し，安全を確認する。ただし，測定値の過信は禁物である。
④ 作業者は，呼吸具，命綱など必要な保護具を着用し，複数名で作業を行う。
⑤ 監視員を配置するとともに，作業場所との連絡を密に取り合う。<u>救出の際は，共倒れ（多重災害）に注意する</u>(注2)。
⑥ 頭痛，耳鳴り，めまい，眠気，吐き気などの症状を認めたときは，直ちに作業を中止し，安全が確認されるまで再開しない。
⑦ 酸素ボンベを準備しておく。
⑧ 軽症であっても後に障害が現れることがあるので，必ず医療機関で受診する。
⑨ その他必要な救急体制を準備しておく。
⑩ 日頃から，酸欠に関する知識を作業員に周知する。無知・無理が災害を招く。

解説
(注1) 酸欠や有毒ガスが発生するおそれのある場所での作業では，「換気」が最も有効な安全対策である。
(注2) 作業者に異常が発生すれば助けに行くのではなく，命綱で引き寄せることが重要である。さもないと救助者も酸欠事故に巻き込まれる多重災害となる。
◆酸欠：通常，空気中の酸素濃度は 21% であるが，酸欠とは酸素濃度が 18% 以下をいう。

問43 一酸化炭素中毒による災害の防止に関して，次の問いに答えよ。
　　　(1610/1802/2302)
(1) 船内において，一酸化炭素中毒のおそれがあるのは，どのような場所でどのような作業を行う場合か。
(2) 一酸化炭素中毒のおそれがある場所で作業を行う場合，災害防止上どのような注意をしなければならないか。

執務一般

解答
(1) ① 通風や換気の悪い密閉した室内や船倉：火気やガソリン機関などを使用して応急工作を行う場合
② 機関室：内燃機関やボイラの排ガスが漏えいしている場所での作業や，火災時に消火または救出の作業を行う場合
③ 船倉：荷役作業中のフォークリフトからの排気ガスや，自動車専用船では自動車荷役時の排気ガスが充満した場所で作業を行う場合
(2) ① 作業の開始前及び作業中は，十分換気をする。
② 検知器により一酸化炭素濃度を測定し，安全を確認する。ただし，測定値の過信は禁物である。
③ 作業者は，呼吸具，命綱など必要な保護具を着用し，複数名で作業を行う。
④ 監視員を配置するとともに，作業場所との連絡を密に取り合う。救出の際は，共倒れ（多重災害）に注意する。
⑤ 頭痛，耳鳴り，めまい，眠気，吐き気などの症状を認めたときは，直ちに作業を中止し，安全が確認されるまで再開しない。
⑥ 酸素ボンベを準備しておく。
⑦ 軽症であっても後に障害が現れることがあるので，必ず医療機関で受診する。
⑧ その他必要な救急体制を準備しておく。
⑨ 日頃から，一酸化炭素中毒に関する知識を作業員に周知する。無知・無理が災害を招く。

解説
◆一酸化炭素（CO）：不完全燃焼によって大量に発生する無色，無臭の可燃性ガスで猛毒（許容濃度は50 ppm）

問44 船舶による大気の汚染に関して，排気ガスに含まれる次の(1)～(3)の物質が環境に及ぼす害は何か。また，これらの発生量は，どのような事項に影響されるか。それぞれについて記せ。　　(1504/1707/2002)
(1) 二酸化炭素（CO_2）
(2) 硫黄酸化物（SO_X）

執務一般

(3) 窒素酸化物（NO_X）

解答
(1) ① 環境に及ぼす害：地球温暖化の原因となる。
    ② 発生量に影響する事項：燃料消費量及び油中の炭素含有量
(2) ① 環境に及ぼす害：<u>酸性雨</u>(注1)の原因となる。
    ② 発生量に影響する事項：油中の硫黄含有量
(3) ① 環境に及ぼす害：光化学スモッグや<u>酸性雨</u>(注2)の原因となる。
    ② 発生量に影響する事項：<u>油中の窒素含有量</u>(注3)及び<u>燃焼ガス温度</u>(注4)

解説
(注1) 硫黄酸化物は硫酸（H_2SO_4）になる。
(注2) 窒素酸化物は硝酸（HNO_3）になる。
(注3) Fuel（燃料）NO_X ともいう。燃料中の窒素が燃焼により酸化されて窒素酸化物になる。
(注4) Thermal（熱的）NO_X ともいう。燃焼ガス温度が高温になるほど，空気中の窒素が酸素と反応して窒素酸化物になる。

◆硫黄酸化物（SO_X）：二酸化硫黄（SO_2），三酸化硫黄（SO_3）など。
◆窒素酸化物（NO_X）：一酸化窒素（NO），二酸化窒素（NO_2）など。

索　引

[あ]
アーク溶接　345
アスファルテン　254
圧縮比　89
圧力比　26, 77, 173
アルカリ価　43, 258
アルカリぜい化（か性ぜい化）　126
アルカリ度（酸消費量）　126
アルカリ腐食　127
安全係数　269, 303
安全弁　109
アンローダ装置　173
アンロード弁　226

[い]
位相差　193
インダクタンス　188
インピーダンス　187

[う]
ウォッシュバック　132
うず電流探傷器　22
うず巻ポンプ　162

[え]
HD油　258
エコノマイザ（節炭器）　104
ACC　103
エマルジョン　255, 351
遠心調速機の原理　81
遠心力　81, 286
エンタルピ　308
鉛銅リング　38

[お]
横流　193

応力　265, 299
オーバレイ　57, 276
オフセット（定常偏差）　215

[か]
回転界磁形　189
回転磁界　197
回転子（ロータ）　13
海洋生物付着防止装置　244
過給機　79
カスケードタンク　121
ガス切断　342
ガスタービン　25
ガス溶接　343
か性ぜい化（アルカリぜい化）　126
加速度　285
過熱器　98
過冷却　23
乾き度　11, 169, 308
慣性　282
慣性力　91
緩熱蒸気　99

[き]
機械効率　90
機械損失　88
危険回転速度　335
気水分離器　95
逆相制動法　199
キャビテーション　44, 116, 132
キャリオーバ　7, 101
境界潤滑　257
凝固点　257
局部電池　123, 132
許容応力　269
キーレスプロペラ　141

【く】
空気エゼクタ　25
空気比　104
空気予熱器　105
クラッシュ　50
クランクデフレクション　54
クリープ　268
クロスヘッド形　54, 283

【け】
ケルメット　276
減速装置　19

【こ】
硬度　125
コーンパート　139
コンポジットボイラ　94

【さ】
再生サイクル　12
サイリスタ　181
サージ圧（衝撃圧）　231
サージング　77, 241
酸化防止剤　259
酸消費量（アルカリ度）　126
三相交流　183

【し】
軸出力　88
軸流圧縮機　26
軸流ポンプ　162
自己保持　204
システム油　257
自然発火温度　74
締切比　90
霜取り（デフロスト）　177
ジャーナル軸受　14, 18
周速度　7, 157, 306
衝撃圧（サージ圧）　231
正味熱効率　90

シリンダ油　256

【す】
水冷壁　97
スカフィング　41
スキッシュ　52
スケール　120
図示出力　88
すす吹き装置　107
スタフィングボックス（パッキン箱）
　　54, 155
スチームトラップ　251
スートファイヤ　94
すべり　198
スライド形伸縮継手　249
スラスト軸受　14
スラッジ　126, 234, 255
スリーブ　146, 155

【せ】
清浄剤　93
成績係数　170
セタン価　255
絶縁抵抗　206
絶対圧力　290
絶対温度　290
絶対速度　5, 157
節炭器（エコノマイザ）　104
船舶検査　328
船尾管　145, 332
線膨張率　298

【そ】
掃気効率　66
相対速度　5, 157
相当蒸発量　130
側圧　44
速度線図　4, 157
速度比　4
塑性変形　343

》363《

[た]
ダイオード　180
体積効率　67
ダイヤフラム　221, 240
脱気器　116
縦弾性係数　299
たわみ軸　19
断熱膨張　11

[ち]
窒化　272
チャタリング　109, 228
抽気　12, 35, 105
鋳鉄　42, 344
調速　15

[つ]
ツェナー電圧　180

[て]
定常偏差（オフセット）　215
低発熱量　130
ディフューザ　78, 167
デフロスト（霜取り）　177
電機子反作用　185
点食（ピッチング）　20, 44, 93
転造加工　276

[と]
銅鉛合金　57
同期検定灯　191
トリメタル　57
トルクリッチ　335

[な]
軟化処理　121

[に]
2胴D形水管ボイラ　97
ニードル弁　72, 229

[ね]
熱応力　42
熱応力　301
熱落差　9
粘度　254
燃料噴射ポンプ　69

[の]
ノズル　2
ノズル　73

[は]
排ガスエコノマイザ　94
排気タービン過給機　76
バイメタル　209
はずみ車　287
パッキン箱（スタフィングボックス）
　54, 155
バックファイヤ　353
バックラッシ　20
ハンチング　59, 240

[ひ]
ピストン速度　91
ひずみ　268, 342
比速度　154
ピッチ　144
ピッチング（点食）　20, 44, 93
引張強さ　265
ヒドラジン　128
比熱　308
比容積　9
表面焼入れ　57

[ふ]
フィンスタビライザ　246
吹出し（ブロー）　103
復原力　280
複合サイクル　90
復水器　95

》364《

プライミング　335
フラッシュガス　178
フラッシング　59, 87, 128
フレッチング　50, 142
プレパージ　119, 353
フレームアイ　119
ブローバイ　41
ブロー（吹出し）　103
プロペラ効率　133
噴射遅れ　70

[へ]
ヘアクラック　56
並行運転　191
ベーパロック　59
ベルヌーイの定理　4

[ほ]
飽和温度　170
補助ボイラ　93
ホワイトメタル　57

[ま]
摩擦力　306

[み]
ミストセパレータ　33

[め]
メカニカルシール　163

[も]
モーメント　284

[や]
焼入れ　274
焼なまし　344
焼きばめ　60, 146, 297
焼もどし　274

[ゆ]
遊星歯車　21
油水分離器　350
油性　257

[よ]
溶解塩類　120

[ら]
ラビリンスパッキン　17, 76

[り]
リアクタンス　187
力率　199
理想気体　290
リーマ仕上げ　48
流動点　255
リリーフ弁　225
臨界圧　3
リングフラッタ　39

[る]
ループ封じ　25

[れ]
励磁電流　192, 199
冷凍効果　169
冷凍サイクル　168
冷媒　169

[ろ]
ロータ（回転子）　13
ロングストローク機関　91

編集委員（所属は初版発行時のものです）

元関東運輸局首席海技試験官	森田　純
富山高等専門学校	山田圭祐
鳥羽商船高等専門学校	嶋岡芳弘・竹内和彦
弓削商船高等専門学校	松永直也
大島商船高等専門学校	角田哲也
広島商船高等専門学校	大内一弘・大山博史・茶園敏文
	中島邦廣・濱田朋起・村岡秀和

ISBN978-4-303-45070-0

海技士2E解説でわかる問題集

2015年3月10日　初版発行　　　　　　　　　　　　　　　Ⓒ 2015
2024年2月25日　4版発行

編　者　商船高専海技試験問題研究会　　　　　　　　　検印省略
発行者　岡田雄希
発行所　海文堂出版株式会社

　　　　本　社　東京都文京区水道2-5-4（〒112-0005）
　　　　　　　　電話 03(3815)3291(代)　FAX 03(3815)3953
　　　　　　　　https://www.kaibundo.jp/
　　　　支　社　神戸市中央区元町通3-5-10（〒650-0022）

日本書籍出版協会会員・工学書協会会員・自然科学書協会会員

PRINTED IN JAPAN　　　　　　　　　印刷　東光整版印刷／製本　誠製本

JCOPY ＜出版者著作権管理機構　委託出版物＞

本書の無断複製は著作権法上での例外を除き禁じられています。複製される場合は、そのつど事前に、出版者著作権管理機構（電話03-5244-5088、FAX 03-5244-5089、e-mail: info@jcopy.or.jp）の許諾を得てください。